高等职业教育“十三五”规划教材
数控专业高技能型人才教学用书

数控车削一体化教程

仲健维　马延庭　主编

U0823258

中国农业大学出版社
·北京·

内 容 简 介

本教材为数控技术理论实训模块式一体化教材，主要内容由6个模块组成，前4个模块主要介绍数控编程与操作应具备的基本知识和技能，为模块5、模块6做基础铺垫；模块5、模块6分别以日本FANUC数控系统和国产武汉华中数控系统，结合典型零件的加工，以“任务驱动”教学法为教学目标，完成知识学习、技能训练、成绩评定、思考练习。

本教材适用于高职高专、高级技校、技师学院、继续教育的数控专业、模具专业、机电等相关专业的课程学习教材，同时也可作为各类院校的师生用书和从事数控车技术的广大工程技术人员的参考用书。

图书在版编目(CIP)数据

数控车削一体化教程/仲健维，马延庭主编．—北京：中国农业大学出版社，2018.7

ISBN 978-7-5655-2041-9

Ⅰ.①数… Ⅱ.①仲…②马… Ⅲ.①数控机床-车削-高等职业教育-教材 Ⅳ.①TG519.1

中国版本图书馆CIP数据核字(2018)第119131号

书　　名　数控车削一体化教程

作　　者　仲健维　马延庭　主编

策划编辑　张　玉　张　蕊　　　**责任编辑**　张　玉

封面设计　郑　川

出版发行　中国农业大学出版社

社　　址　北京市海淀区圆明园西路2号　　　**邮政编码**　100193

电　　话　发行部 010-62818525,8625　　　读者服务部 010-62732336

编辑部 010-62732617,2618　　　出　版　部 010-62733440

网　　址　http://www.caupress.cn　　　**E-mail** cbsszs@cau.edu.cn

经　　销　新华书店

印　　刷　涿州市星河印刷有限公司

版　　次　2018年7月第1版　　2018年7月第1次印刷

规　　格　787×1092　16开本　17.25印张　430千字

定　　价　47.00元

图书如有质量问题本社发行部负责调换

编审人员
CONTRIBUTORS

主　编　仲健维　佳木斯职业学院
　　　　马延庭　佳木斯职业学院

副主编　谢天忠　广西农业职业技术学院
　　　　曾小虎　江西生物科技职业学院

参　编　倪玉寒　佳木斯技师学院
　　　　张　武　佳木斯技师学院
　　　　任达广　佳木斯技师学院

主　审　王　爽　佳木斯职业学院

前言

PREFACE

我国产业结构的调整、生产技术进步和社会经济的快速发展，为职业教育事业提供了巨大的推动力量和发展空间，同时也对职业教育教学改革提出了新的要求和挑战。

“数控加工技术”专业集多学科高新制造技术于一体，理论知识与实践能力相互渗透、互为作用，实践性强。根据现代职业教育特点及近几年的教学实践，在教学设计的指导思想上，我们本着“实用、够用”，贯彻“理论为实践服务”“满足职业岗位的需求、贴近生产实践”的无缝对接原则，注重应用能力的培养，结合国家职业技能鉴定标准，编写了这本《数控车削一体化教程》，与以往的教材相比，具有如下特点：

1. 在教学结构上，打破传统的理论与实践教学的分工界限，将实训教学内容明确纳入本教材；以企业典型产品作为案例直接引进课堂，由简单到复杂，将课程的相关理论知识和技能分成若干个课题，每个课题都围绕等级工的具体工艺理论和技能要求进行，理论、实践教学围绕同一任务展开，驱动整个教学过程。

2. 在内容上，将目前国内使用广泛的日本 FANUC 数控系统和国产武汉华中数控系统，分两个模块结合典型零件的加工对比介绍，有益于学生理解和记忆，提高学习效率。

3. 在形式上，通过知识点、技能点、任务引入、相关知识、任务实施、技能训练、成绩评分标准、注意事项、思考与练习等环节引导学生，在学中做、做中学，避免理论教学与实际教学相脱节。

本教材由仲健维、马延庭主编，谢天忠、曾小虎任副主编。其中模块 1、模块 2 由马延庭、张武编写；模块 3、模块 4 由仲健维、任达广编写；模块 5 由谢天忠编写；模块 6 由曾小虎编写。全书由仲健维统稿，倪玉寒制图，王爽主审。在编写过程中借鉴了同行的许多资料和文献，在此表示衷心的感谢。本书配套教学资源请扫描二维码下载。

由于我们的水平有限，书中难免有谬误欠妥之处，恳请读者指正并提出宝贵的意见。

编　者

2018 年 3 月

目录 CONTENTS

模块 1

安全、文明操作与日常维护

任务 1　文明生产和安全操作技术

知识点：

了解数控车床安全文明生产和安全操作技术。

技能点：

掌握数控车床操作规程。

【任务引入】

数控车床是一种自动化程度高、结构复杂、价格昂贵的加工设备。它与普通车床相比具有加工精度高、加工灵活、通用性强、生产率高、质量稳定等优点。管好、用好、维护好设备，显得尤为重要，操作者除了掌握数控机床的性能，精心操作以外，还必须养成文明生产的良好工作习惯和严谨工作作风，具有较好的职业素质、责任心和良好的合作精神。所以，数控车床的操作者必须要做到文明生产，严格遵守数控车床的安全操作规程。

【相关知识】

一、文明生产和安全操作技术

1. 文明生产

操作时应做到以下几点：

(1)严格遵守数控机床的安全操作规程，熟悉数控机床的操作顺序。

(2)保持数控机床周围的环境整洁。

(3)操作人员应穿戴好工作服、工作鞋、不得穿戴有危险性的服饰品。

2. 安全操作技术

(1)机床启动前的注意事项。

①数控机床启动前，要熟悉数控机床的性能、结构、传动原理、操作顺序及紧急停机方法。

②检查润滑油和齿轮箱内的油量情况。

③检查紧固螺钉，不得松动。

④经常清扫机床周围场地，机床和控制部分保持清洁，不得取下罩盖开动机床。

⑤校正刀具，并达到使用要求。

(2)调整程序时的注意事项。

①使用正确的刀具，严格检查机床原点，刀具参数是否正常。

②确认运转程序和加工顺序是否一致。

③不得承担超出机床加工能力的作业。

④在停机时进行刀具调整，确认刀具在换刀过程中不会和其他部位发生碰撞。

⑤确认工件的夹具是否有足够的强度。

⑥程序调整好后，要再次检查，确认无误后，方可开始加工。

(3)机床运转中的注意事项。

①机床启动后，在机床自动连续运转前，必须监视其运转状态。

②确认切削液输出通畅，流量充足。

③机床运转时，应关闭防护罩，不得调整刀具和测量工件尺寸，手不得靠近旋转的刀具和工件。

④停机时除去工件或刀具上的切屑。

(4)加工完毕时的注意事项。

①清扫机床。

②涂防锈油润滑机床。

③关闭系统，关闭电源。

二、数控车床操作规程

为了正确合理地使用数控车床，保证机床正常运转，必须制订比较完整的数控车床操作规程，通常应当做到：

(1)机床通电后，检查各开关、按钮和按键是否正常、灵活，机床有无异常现象。

(2)检查电压、气压、油压是否正常，有手动润滑的部位先要进行手动润滑。

(3)各坐标轴手动回零(机床参考点)，若某轴在回零前已在零位，必须先将该轴移动到离零点有效距离内，再进行手动回零点。

(4)在进行零件加工时，工作台上不能有工具或任何异物。

(5)机床空运转达 15 min 以上，使机床达到热平衡状态。

(6)程序输入后，应认真核对，保证无误，其中包括对代码、指令、地址、数值、正负号、小数点及语法的查对。

(7)按工艺规程安装找正夹具。

(8)正确测量和计算工件坐标系，并对所得结果进行验证和验算。

(9)将工件坐标系输入到偏置页面，并对所得结果进行验证和验算。

(10)未装工件以前，空运行一次程序，看程序能否顺利执行，刀具长度选取和夹具安装是否合理，有无超程现象。

(11)刀具补偿值(刀长，半径)输入偏置页面后，要对刀补号、补偿值、正负号、小数点进行认真核对。

(12)装夹工件，注意卡盘是否妨碍刀具运动，检查零件毛坯的尺寸是否超长。

(13)检查各刀头的安装方向是否合乎程序要求。

(14)查看刀杆前后部位的形状和尺寸是否合乎加工工艺要求,能否碰撞工件与夹具。

(15)镗刀头尾部露出刀杆直径部分,必须小于刀尖露出刀杆直径部分。

(16)检查每把刀柄在主轴孔中是否都能拉紧。

(17)无论是首次加工的零件,还是周期性重复加工的零件,首件都必须对照图样工艺、程序和刀具调整卡,进行逐段程序的试切。

(18)单段试切时,快速倍率开关必须打到最低挡。

(19)每把刀首次使用时,必须先验证它的实际长度与所给刀补值是否相符。

(20)在程序运行中,要重点观察数控系统上的几种显示。

①坐标显示:可了解目前刀具运动点在机床坐标及工件坐标系中的位置。了解程序段落的位移量,还剩余多少位移量等。

②工作寄存器和缓冲寄存器显示,可看出正在执行程序段各状态指令和下一个程序段的内容。

③主程序和子程序,可了解正在执行程序段的具体内容。

(21)试切进刀时,在刀具运行至工件表面30～50 mm处,必须在进给保持下,验证Z轴剩余坐标值和X、Y轴坐标值与图样是否一致。

(22)对一些有试刀要求的刀具,采用"渐进"的方法,如镗孔,可先试镗一小段长度,检测合格后,再镗到整个长度。使用刀具半径补偿功能的刀具数据,可由小到大,边试边修改。

(23)试切和加工中,刃磨刀具和更换刀具后,一定要重新对刀并修改好刀补值和刀补号。

(24)程序检索时应注意光标所指位置是否合理、准确,并观察刀具与机床运动方向坐标是否正确。

(25)程序修改后,对修改部分一定要仔细计算和认真核对。

(26)点动进给和手动连续进给操作时,必须检查各种开关所选择的位置是否正确,弄清正负方向,认准按键,然后再进行操作。

(27)整批零件加工完成后,应核对刀具号、刀补值,使程序、偏置页面、调整卡及工艺中的刀具号、刀补值完全一致。

(28)从刀台上卸下刀具,按调整卡或程序清理编号入库。

(29)卸下夹具,某些夹具应记录安装位置及方向,并做出记录、存档。

(30)清扫机床。

(31)将各坐标轴停在参考点位置。

【技能训练】

在实习、实训中按规程认真操作。

【思考题与练习题】

1. 安全文明操作时应做到哪几点?

2. 机床运转中应注意哪些事项?

3. 调整程序中应注意哪些事项?

任务2 机床的日常维护

知识点：

熟知数控机床的操作规程和日常维护保养知识。

技能点：

能按数控车床的操作规程正确操作。

掌握数控车床的日常维护与保养方法。

【任务引入】

为了延长机械和电器部件的使用寿命和零部件的磨损周期，防止各种故障，特别是恶性事故的发生，延长整台数控机床的使用寿命，加强数控系统的日常维护保养是十分必要的。

【相关知识】

一、维护保养的有关知识

1. 维护保养的意义

数控机床使用寿命的长短和故障的多少，不仅取决于机床的精度和性能，很大程度上也取决于它的正确使用和维护。正确地使用能防止设备非正常磨损，避免突发故障，精心的维护可使设备保持良好的技术状态，延缓劣化进程，及时发现和清除隐患，从而保障安全运行，保证企业的经济效益，实现企业的经营目标。因此，机床的正确使用与精心维护是贯彻设备管理以防为主的重要环节。

2. 维护保养必备的基本知识

数控机床具有机、电、液集于一体，技术密集和知识密集的特点。因此，数控机床的维护人员不仅要有机械加工工艺及液压、气动方面的知识，也要具备电子计算机、自动控制、驱动及测量等知识，这样才能全面了解、掌握数控机床以及做好机床的维护保养工作。维护人员在维修前应详细阅读数控机床有关说明书，对数控机床有一个详细的了解，包括机床结构特点、数控的工作原理及框图，以及它们的电缆连接。

二、设备的日常维护

对数控机床进行日常维护、保养的目的是延长元器件的使用寿命；延长机械部件的更换周期，防止发生意外的恶性事故，使机床始终保持良好的状态，并保持长时间的稳定工作。不同型号数控机床的日常保养内容和要求不完全一样，机床说明书中已有明确的规定，但总的来说主要包括以下几个方面：

(1)每天做好各导轨面的清洁润滑，有自动润滑系统的机床要定期检查、清洗自动润滑系统，检查油量，及时添加润滑油，检查油泵是否定时启动打油及停止。

(2)每天检查主轴的自动润滑系统工作是否正常，定期更换主轴箱润滑油。

(3)注意检查电器柜中冷却风扇是否工作正常，风道过滤网有无堵塞，清洗黏附的尘土。

(4)注意检查冷却系统，检查液面高度，及时添加油或水，油、水脏时要更换清洗。

(5)注意检查主轴驱动带，调整松紧程度。

(6)注意检查导轨镶条松紧程度，调节间隙。

(7)注意检查机床液压系统油箱、液压泵有无异常噪声，工作幅面高度是否合适，压力表指示是否正常，管线及各接头有无泄漏。

(8)注意检查导轨、机床防护罩是否齐全有效。

(9)注意检查各运动部件的机械精度，减少形状和位置偏差。

(10)每天下班前要做好机床清扫卫生，清扫切屑，擦净导轨部位的切削液，防止导轨生锈。

三、数控系统的日常维护

数控系统使用一定时间之后，某些元件或机械部件总要损坏。为了延长元器件的寿命和零部件的磨损周期，防止各种故障，特别是恶性事故的发生，延长整台数控系统的使用寿命，是数控系统进行日常维护的目的。具体的日常维护保养的要求，在数控系统的使用、维修说明书中一般都有明确的规定。总的来说，要注意以下几个方面：

(1)制订数控系统日常维护的规章制度。根据各种部件的特点，确定各自保养条例。如明文规定，哪些地方需要天天清理，哪些部件要定时加油或定期更换等。

(2)应尽量少开数控柜和强电柜的门。机加工车间空气中一般都含有油雾、漂浮的灰尘甚至金属粉末。一旦它们落在数控装置内的印制电路板或电子器件上，容易引起元件间绝缘电阻下降，并导致元器件及印制电路的损坏。因此，除非进行必要的调整和维修，否则不允许随时开启柜门，更不允许加工时敞开柜门。

(3)定时清理数控装置的散热通风系统。应每天检查数控装置上各个冷却风扇工作是否正常。视工作环境的情况，每半年或每季度检查一次风道过滤网是否有堵塞现象。如过滤网上灰尘积聚过多，需及时清理，否则将会引起数控装置内温度过高(一般不允许超过 55～60℃)，致使数控系统不能可靠地工作，甚至发生过热报警现象。

(4)定期检查和更换直流电动机。虽然在现代数控机床上有交流伺服电动机和交流主轴电动机取代直流伺服电动机和直流主轴电动机的倾向，但广大用户所用的，大多还是直流电动机。而电动机电刷的过度磨损将会影响电动机的性能，甚至造成电机损坏。为此，应对电动机电刷进行定期检查和更换。检查周期随机床使用频繁程度而异，一般为每半年或一年检查一次。

(5)经常监视数控装置用的电网电压。数控装置通常允许电网电压额定值的±(10%～15%)的范围内波动。如果超出此范围就会造成系统不能正常工作，甚至会引起数控系统内的电子元器件损坏。为此，需要经常监视数控装置用的电网电压。

(6)存储器用电池的需要定期更换。存储器如采用 CMOSRAM 器件，为了在数控系统不通电期间能保持存储的内容，设有可充电电池维持电路。在正常电源供电时，由+5 V 电源经一个二极管向 CMOSRAM 供电，同时对可充电电池进行充电，当电源停电时，则改由电池供电维持 CMOSRAM 的信息。在一般情况下，即使电池尚未失效，也应每年更换一次，以确保系统能正常地工作。电池的更换应在 CNC 装置通电状态下进行。

(7)数控系统长期不用时的维护。为提高系统的利用率和减少系统的故障率，数控机床长期闲置不用是不可取的。若数控系统处在长期闲置的情况下，需注意以下两点：一是要经常给系统通电，特别是在环境温度较高的多雨季节更是如此。在机床锁住不动的情况下，让系统空运行。利用电器元件本身的发热来驱散数控装置内的潮气，保证电子部件性能的稳定可靠。实践表明，在空气湿度较大的地区，经常通电是降低故障率的一个有效措施；二是如果数控机床的进给轴和主轴采用直流电动机来驱动，应将电刷从直流电动机中取出，以免由于化学腐蚀作用，使换向器表面腐蚀，造成换向器性能变坏，使整台电动机损坏。

(8)备用印制电路板的维护。印制电路板长期不用是容易出故障的。因此，对于已购置的备用印制电路板应定期装到数控装置上通电，运行一段时间，以防损坏。

数控机床的日常保养见表1-1，数控车床的一般操作步骤见表1-2。

表1-1 数控机床的日常保养一览表

序号	检查周期	检查部位	检查要求
1	每天	导轨润滑油箱	检查游标，油量，及时添加润滑油，润滑油泵能定时启动打油及停止
2	每天	X、Z轴向导轨面	清除切屑及脏物，检查润滑油是否充分，导轨面有无划伤损坏
3	每天	压缩空气气源力	检查气动控制系统压力，应在正常范围
4	每天	气源自动分水滤气器	及时清理分水滤气器中滤出的水分，保证自动工作正常
5	每天	气液转换器和增压器油面	发现油面高度不够时及时补足油
6	每天	主轴润滑恒温油箱	工作正常，油量充足并调节温度范围
7	每天	机床液压系统	油箱、液压泵无异常噪声，压力指示正常，管路及各接头无泄漏，工作油面高度正常
8	每天	液压平衡系统	平衡压力指示正常，快速移动时平衡阀工作正常
9	每天	CNC的输入/输出单元	光电阅读机清洁，机械结构润滑良好
10	每天	各种电器柜散热通风装置	各电器柜冷却风扇工作正常，风道过滤网无堵塞
11	每天	各种防护装置	导轨、机床防护罩等应无松动，漏水
12	每半年	滚珠丝杠	清洗丝杠上旧的润滑脂，涂上新油脂
13	每半年	液压油路	清洗溢流阀、减压阀、过滤器，清洗油箱底，更换或过滤液压油
14	每半年	主轴润滑恒温油箱	清洗过滤器，更换润滑脂
15	每年	检查并更换直流伺服电动机电刷	检查换向器表面，吹净灰粉，去除毛刺，更换长度过短的电刷，并应跑合后才能使用
16	每年	润滑油泵，过滤器清洗	清理润滑油池底，更换过滤器
17	不定期	检查各轴导轨上镶条、压滚轮松紧状态	按机床说明书调整
18	不定期	冷却水箱	检查液面高度，切削液太脏时需要更换并清理水箱底部，经常清洗过滤器
19	不定期	排屑器	经常清理切屑，检查有无卡住等现象
20	不定期	清理废油池	及时清除滤油池中废油，以免外溢
21	不定期	调整主轴驱动带松紧	按机床说明书调整

表 1-2　数控车床的一般操作步骤

操作步骤	简要说明
1. 书写或编程	加工前应首先编制工件的加工程序，如果工件的加工程序较长且比较复杂时，最好不在机床上编程，而采用编程机编程或手动编程，这样可以避免少占用机器时间，对于短程序，也应写在程序单上
2. 开机	一般是先开机床，再开系统，有的设计二者是互锁的，机床不通电就不能在 CRT 上显示信息
3. 回参考点	对于增量控制系统(使用增量式位置检测元件)的机床，必须首先执行这一步，以建立机床各坐标的移动基准
4. 加工程序的输入	根据程序的存储介质(纸带或磁带，磁盘)，可以用纸带阅读机或盒式磁带机，编程机输入，若是简单程序，可直接采用键盘在 CNC 装置上输入，若程序非常简单，且只加工一件，程序没有保存的必要，可采用 MDI 方式，逐段输入，逐段加工。另外，程序中用到的工件原点，刀具参数，偏置量，各种补偿量在加工前也必须输入
5. 程序的编辑	输入的程序若需要修改，则要进行编辑操作。此时，将方式选择开关置于 EDIT (编辑)位置，利用编辑键进行增加，删除，更改。关于编辑方法可见相应的说明书
6. 机床锁住，运行程序	此步骤是对程序进行检查，若有错误，则需重新进行编辑
7. 装工件，找正，对刀	采用手动增量移动，连续移动或采用手拨盘移动机床。将起刀点对到程序的起始处，并对好刀具的基准
8. 启动坐标进给进行连续加工	一般是采用存储器中程序加工。这种方式比采用纸带上程序加工故障率低。加工中的进给速度可采用进给倍率开关调节。加工中可以按进给保持按钮 FEED-HOLD，暂停进给运动，观察加工情况或进行手工测量。再按 CYCLESTART 按钮，即可恢复加工。为确保程序正确无误，加工前应再检查一遍。在车削加工时，对于平面曲线工件，可采用铅笔代替刀具在纸上画工件轮廓，这样比较直观。若系统具有刀具轨迹模拟功能则可用其检查程序的正确性
9. 操作显示	利用 CRT 的各个画面显示工作台或刀具的位置，程序和机床的状态，以使操作工人监视加工情况
10. 程序输出	加工结束后，若程序有保存的必要，可以留在 CNC 的内存中，若程序太长，可以把内存中的程序输出给外部设备(例如穿孔机)，在穿孔纸带(或磁带，磁盘等)上加以保存。
11. 关机	一般应先关系统，再关机床

【技能训练】

按规程认真操作，完成机床的日常维护项目。

【思考题与练习题】

1. 数控车床为何要进行维护保养？
2. 数控车床日常维护与保养的项目有哪些？
3. 数控机床的一般操作步骤有哪些？

模块 2

数控技术基础

任务 1　数控技术与数控机床

知识点：

了解数控技术。

技能点：

能够熟悉数控机床的产生与发展。

【任务引入】

随着科学技术的不断发展，对机械产品的质量和生产效率提出了越来越高的要求。机械加工工艺过程的自动化是实现上述要求的重要举措之一。它不仅能够提高产品的质量，提高生产效率，降低生产成本，还能够大大改善工人的劳动条件。因此，一种新型的数字程序控制机床应运而生。数控技术在数控机床加工中的应用，成功地解决了形状复杂、一致性要求较高的中、小批量零件的加工自动化问题，不仅大大提高了生产效率和加工精度，而且减轻了工人的劳动强度，缩短了生产准备周期，并推动了航空、航天、船舶、国防、机电等工业的发展。目前，数控技术已逐渐普及，数控机床在工业生产中得到了广泛应用，成为机床自动化的一个重要发展方向。

【相关知识】

一、数控技术

数控技术，即计算机数字控制技术（computer numerical control，CNC）。数控的实质是通过经特定处理的数字信息（不连续变化的数字量）去自动控制机械装置进行动作，它与通过连续变化的模拟量进行的程序控制（即顺序控制）有着截然不同的性质。

1. 数控的广泛性

随着计算机技术的高速发展，数控除用于机床加工外，还广泛用于测量、理化试验与分析、物质与信息传播的传输、建筑以及科学管理等领域。

2. 数控的专一性

实施数字控制的设备是一种自动控制装置，但各种自动控制装置并非都是数控设备。数控的专一性，是指自动控制的方式，必须是通过数字化信息进行的。

(1)数控与其他自动控制的区别。多轴自动车床、液压仿形铣床及靠模车床等进行的自动加工,都不属于数控。因为它们实施自动控制的方式是通过预先配置并调整好的凸轮、挡块、靠模板、行程开关和液压控制阀等装置去完成的,而数控则是通过数字信息这一特定控制指令,完成其复杂的自动控制功能。

(2)数控与数显的区别。数显是一种数字显示技术,是通过实际测量和显示的方式,较精确地提供仍需由手工控制其坐标位移所需的数值,其性质同机床上的刻度盘一样。

(3)数控与可编程控制器的区别。可编程控制器(简称 PLC),虽然也是以中央处理器(CPU)为主体,但通常不用微机的编程语言,而是通过它编制其所需要的顺序程序,配合数控机床,与数控系统交换不同的处理方式下的控制信息,以便完成数控机床的主轴速度(S)、刀具管理(T)及各种辅助功能(M)控制。在与机床强电柜一起传递其控制的执行信号时,PLC可代替大量的继电器,从而提高机床强电控制的可靠性和灵活性。使用 PLC 还可以大大减轻数控系统的工作负担,以完成更加复杂的工作。因此,完全用 PLC 控制的机床,不能称为数控机床,当它设置在数控系统中充当助手时,这种新型机床称为 PCNC 数控机床。

二、数控机床、系统的产生与发展

1.数控机床的产生

1948 年,美国帕森斯公司在研制加工直升机叶片轮廓检验用样板的机床时,首先提出了应用电子计算机控制机床来加工样板曲线的设想。后来受美国空军委托,帕森斯公司与麻省理工学院伺服机构研究所合作进行研制。1952 年试制成功第一台三坐标立式数控机床。后来,又经过改进并开展自动编程技术的研究,于 1955 年正式在美国军队使用,这对于加工复杂曲面和促进美国飞机制造业的发展起了重要作用。1958 年,我国开始研制数控机床。近年来,由于引进了国外的数控系统与伺服系统的制造技术,使我国数控机床在品种、数量和质量方面得到了迅速发展。

2.数控系统的发展

从 1952 年美国麻省理工学院研制出第一台试验性数控系统,到现在已经走过了 50 多年历程。数控系统由当初的电子管式起步,经历了以下几个发展阶段:分立式晶体管式→小规模集成电路式→大规模集成电路式→小型计算机式→超大规模集成电路→微机式的数控系统。

数控系统在控制性能上向智能化发展。随着人工智能在计算机领域的渗透和发展,数控系统引入了自适应控制、模糊系统和神经网络的控制机理,不但具有自动编程、前馈控制、模糊控制、学习控制、自适应控制、工艺参数自动生成、三维刀具补偿、运动参数动态补偿等功能,而且人机界面极为友好,并且具有故障诊断专家系统,使自动诊断和故障监控功能更趋完美。

总之,新一代数控系统技术水平的提高,促进了数控机床性能向高精度、高速度、高柔性化方向发展,使柔性自动化加工技术水平不断提高。

3.数控机床的发展趋势

为了满足市场和科学技术发展的需要,达到现代制造技术对数控技术提出的更高的要求,当前,世界数控技术及其装备发展趋势主要体现在以下几个方面:

(1)高速、高效、高精度、高可靠性。

(2)引进自适应控制技术。

(3)CAD/CAM图形交互式自动编程已得到较多应用。这是数控技术发展的新趋势。它是利用CAD绘制的零件加工图样,再经计算机内的刀具轨迹数据进行计算和后置处理,从而自动生成NC零件加工程序,以实现CAD与CAM的集成。随着CIMS技术的发展,当前又出现了CAD/CAPP/CAM集成的全自动编程方式,它与CAD/CAM系统编程的最大区别是其编程所需加工工艺参数不必由人工输入,可直接从系统的CAPP数据库获得。

(4)控制系统和数控系统小型化。控制系统与数控系统小型化便于将机、电装置结合为一体。目前主要采用超大规模集成元件、多层印制电路板,采用三维安装方法,使电子元器件得以高密度安装,缩小系统的占用空间。而利用新型的彩色液晶薄型显示器代替传统的阴极射线管,将使数控操作系统进一步小型化。

【思考题与练习题】

1. 什么是数控技术?
2. 世界上第一数控机床是哪年生产出来的?
3. 数控机床的主要特点有哪些?
4. 数控机床的发展趋势是什么?

任务2 数控机床的原理和结构

知识点:

了解机床的组成及工作原理。

技能点:

熟悉并掌握机床的坐标系和运动方向。

【任务引入】

了解数控机床的组成及工作原理,是为更好地掌握和操作数控机床的必要条件,数控机床的坐标系和运动方向又是数控编程与操作的基本知识,所以必须很好地掌握。

【相关知识】

一、数控机床的组成及工作原理

数控机床由四个基本部分组成,即控制介质、数控装置、伺服系统和机床。下面分别就各组成部分的基本工作原理作简要说明。

1. 控制介质

对数控机床进行控制,必须在人与机床之间建立某种联系,这种联系物质称为控制介质。

常见的控制介质有磁带和磁盘等,在控制介质上存储着零件加工过程中所需要的全部数据和指令,即机床上刀具和工件的相对运动轨迹、工艺参数和辅助运动等信息。

2. 数控装置

数控装置是数控机床的核心。它根据接收到的指令和数据进行译码、运算、寄存及控制,并将其结果输送到机床各个坐标的伺服系统,用以驱动机床运动。数控装置一般由译码器、运算器、存储器、控制器、显示器、输入装置及输出装置等组成。如图2-1所示为数控装置逻辑框图。

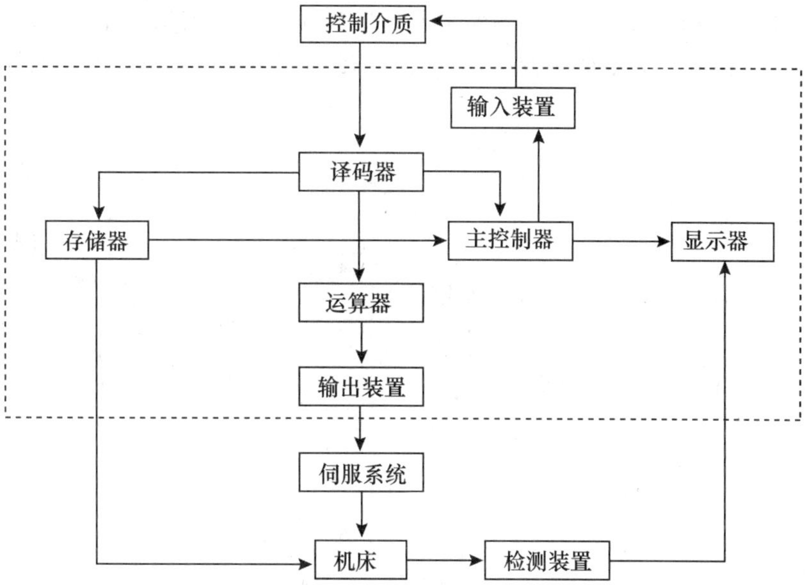

图 2-1　数控装置逻辑框图

3. 伺服系统

它是数控机床的重要组成部分。用来接收数控装置输出的指令信息并经功率放大后，带动机床移动部件做精确定位或按照规定轨迹和速度运动，使机床加工出符合图样要求的零件。由于伺服系统是数控机床的关键部件，它的伺服精度和动态响应将直接影响数控机床的加工精度、表面粗糙度及生产效率。伺服系统包括驱动装置和执行机构两大部分，一般数控机床采用直流伺服电动机或交流伺服电动机作为执行机构，这些电动机均带有光电编码器等位置测量元件和测速电动机等速度测量元件。不同的执行机构配置相应的驱动装置来驱动。

4. 机床

数控机床为满足数控技术的特点，在机床整体布局、传动系统、刀具系统、操作系统以及结构方面与普通机床有很大变化。因此，需要进行对比和分析，以便使数控机床发挥它的最佳经济效益。

二、数控机床的坐标系和运动方向

规定数控机床坐标轴及运动方向，是为了准确地描述机床的运动，简化程序的编制方法，并使所编程序具有互换性。目前国际标准化组织已经统一了标准坐标系。我国原机械工业部也颁布了 JB/T 3051—1982《数字控制机床坐标和运动方向的命名》的标准，对数控机床的坐标和运动方向做了明文规定。

1. 坐标和运动方向命名的原则

为了使编程人员能在不知道机床在加工零件时是刀具移向工件，还是工件移向刀具的情况下，就可以根据图样确定机床的加工过程，并规定：永远假定刀具相对于静止的工件而运动。

2. 标准坐标系的规定

在数控机床上加工零件，机床的动作是由数控系统发出的指令来控制的。为了确定机床的运动方向和移动的距离，就要在机床上建立一个坐标系，这个坐标系就称为标准坐标系，也叫机床坐标系。在编制程序时，可以以坐标系来规定运动方向和距离。

数控机床上的坐标系采用右手直角笛卡儿坐标系，如图 2-2 所示。在图中，大拇指的方向为 X 轴的正方向；食指为 Y 轴的正方向；中指为 Z 轴的正方向。图 2-3 为常见的卧式数控车床的标准坐标系。

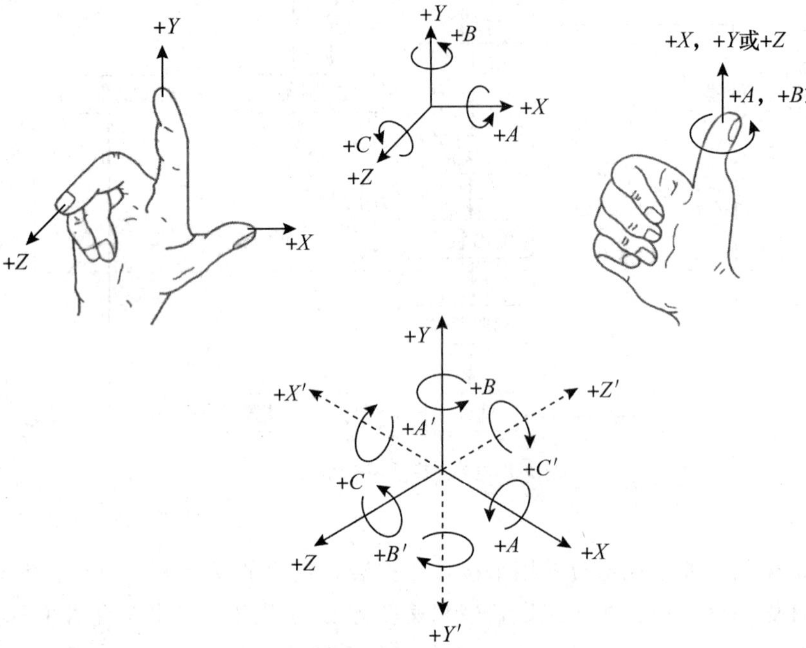

图 2-2　右手直角笛卡儿坐标系

3. 运动方向的确定

JB/T 3051—1982 中规定：机床某一部件运动的正方向，是增大工件和刀具之间的距离的方向。

(1)Z 坐标的运动。Z 坐标的运动，是由传递切削力的主轴所决定，与主轴轴线平行的坐标轴即为 Z 坐标。车床主轴带动工件旋转；Z 坐标的正方向为增大工件与刀具之间距离的方向。

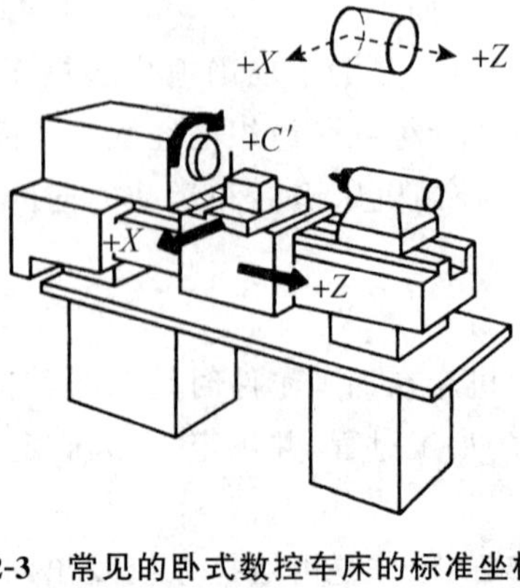

图 2-3　常见的卧式数控车床的标准坐标系

(2)X 坐标轴的运动。X 坐标是水平的，它平行于工件的装卡面。这是在刀具或工件定位平面内运动的主要坐标。对于工件旋转的机床(如车床、磨床等)，X 坐标的方向是在工件的径向上，且平行于横滑座。刀具离开工件旋转中心的方向为 X 轴正方向，如图 2-3 所示。

(3)旋转运动 A，B 和 C。A，B 和 C 相应地表示其轴线平行于 X，Y 和 Z 坐标的旋转运动。A，B 和 C 的正方向，相应地表示在 X，Y 和 Z 坐标正方向上按照右旋螺纹前进的方向，如图 2-2 所示。

(4)附加坐标。如果在 X，Y 和 Z 主要坐标以外，还有平行于它们的坐标，可分别指定为 U，V 和 W。如果还有第三组运动，则分别指定位 P，Q 和 R。

【思考题与练习题】

1. 数控机床主要由哪些基本部分组成？

2. 数控装置由哪些部分组成？

3. 数控机床坐标和运动方向是如何规定的？

常用刀具、量具

模块 3

知识点：

了解常用刀具的种类及刀具的材料。

掌握常用刀具的结构、性能及应用范围。

了解常用量具的相关知识。

技能点：

掌握常用刀具的安装和使用方法。

掌握常用量具的使用方法。

掌握常用量具的日常维护方法。

【任务引入】

数控车刀对数控加工质量和效率起着举足轻重的作用；而工件质量的掌控必须借助标准量具对工件的测量和检验，量具的种类和形式也很多，本模块对常用刀具和量具的结构和使用方法及要点进行基本介绍。

【相关知识】

一、刀具

1. 机夹硬质合金车刀

(1)刀具结构与紧固方式。机夹刀具主要有刀体、刀片、刀片紧固系统组成，其紧固方式包括杠杆式、楔块式、螺钉式、上压式以及复合压紧式等，复合压紧式机夹刀具结构如图 3-1 所示。

图 3-1　复合压紧式机夹刀具结构

(2)刀片形状。机夹刀片的具体形状已经标准化，图 3-2 中列出了一些常用的机夹可转位刀片形状。

(3)硬质合金涂层刀片。硬质合金涂层刀片是指使用气相沉积方法在硬质合金基体上涂上 TiN 和 Al_2O_3 等薄膜涂层的刀片。一般来说，经过涂层处理的硬质合金刀片具有更好的耐磨损性、耐热性、抗氧化性、耐用度等特性，采用 PVD 涂层还能获得锐利的切削刃，从而使刀片更能胜任高速切削加工。

使用硬质合金涂层刀片时，必须注意涂层并不能改善刀片基体的强度，应防止编程不当导致的碰撞，以免引起刀片破损。涂层刀片特别是进口涂层刀片的价格一般都较高，因此不适合在首件试切削时使用。此外在使用时须注意防止被刀片锐利的边缘划伤。机架涂层刀片如图 3-3 所示。

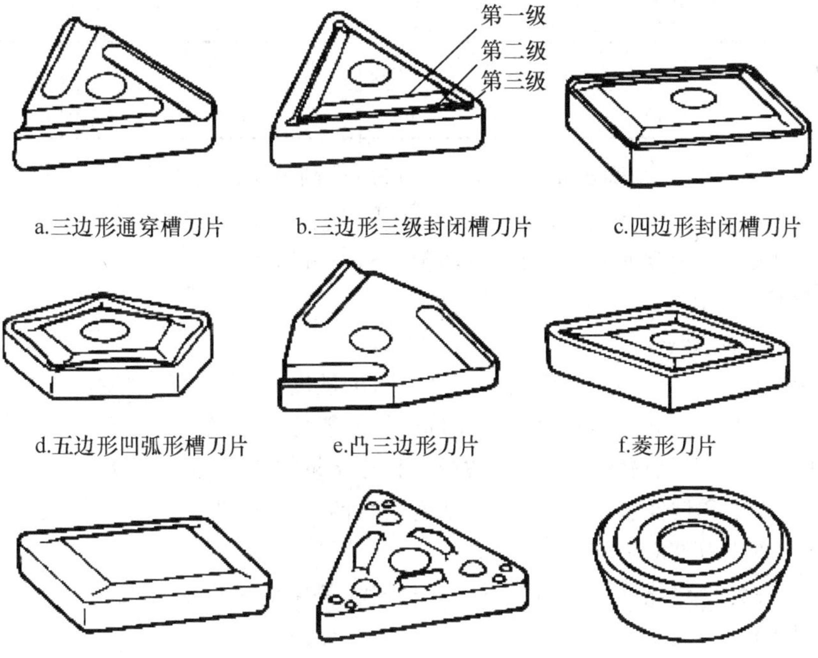

a.三边形通穿槽刀片　b.三边形三级封闭槽刀片　c.四边形封闭槽刀片

d.五边形凹弧形槽刀片　e.凸三边形刀片　f.菱形刀片

g.不带孔的四边形刀片　h.三边形点式断屑台刀片　i.圆形刀片

图 3-2　常用的机夹可转位刀片形状

图 3-3　机夹涂层刀片

2. 机夹刀片的型号表示方法

硬质合金可转位刀片的国家标准是采用了 ISO 国际标准。产品型号的表示方法、品种规格、尺寸系列、制造公差以及 m 值尺寸的测量方法等，都和 ISO 标准相同。为适应我国的国情还在国际标准规定的 9 个号位之后，加一短横线，再用一个字母和一位数字表示刀片断屑槽形式和宽度。因此，我国可转位刀片的型号，共用 10 个号位的内容来表示主要参数的特征。按照规定，任何一个型号刀片都必须用前 7 个号位，后 3 个号位在必要时才使用。但对于车刀刀片，第 10 号位属于标准要求标注的部分。不论有无第 8、9 两个号位，第 10 号位都必须用短横线"—"与前面号位隔开，并且其字母不得使用第 8、9 两个号位已使用过的字母，当只使用其中一位时，则写在第 8 号位上，中间不需空格。现对 10 个号位具体内容作说明。

T	P	C	N	12	03	06	(T)	R	—	
1	2	3	4	5	6	7	8	9		10

上面给出的刀具代号及表示正三角形、后角为 0°、制造精度等级 M 级、具有中间圆孔和双面断屑槽、内切圆直径为 16 mm、刀片厚度为 04 级(4.76 mm)、刀尖圆弧半径为 0.8 mm、主切削刃带负倒棱角、无切削方向规定(即左右切削方向均可)、钢用半精加工。

3. 刀具材料

刀具材料的基本要求：

(1)高的硬度。刀具材料的硬度高于工件材料的硬度，在室温下，硬度高于 60HRC。

(2)高的耐磨性。耐磨性指车刀材料抵抗磨损的能力。一般刀具材料的硬度越高，耐磨性越好。含耐磨性好的碳化物颗粒越多，晶粒越细，分布越均匀，耐磨性越好。

(3)足够的强度和韧性。切削时，刀具承受很大的切削力和冲击，刀具要有较高的抗弯强度和冲击韧度，防止刀具崩刃和断裂。

(4)高的耐热性。耐热性指在高温下刀具材料保持常温硬度的性能。是衡量刀具材料切削性能的主要指标。

(5)良好的工艺性。为便于刀具制造，刀具材料应具有良好的可加工性能和热处理性能。

(6)刀具材料主要有碳素工具钢、合金工具钢、高速钢、硬质合金、陶瓷和超硬刀具材料。

高速钢

①普通高速钢：普通高速钢工艺性好，能满足通用工程材料切削加工的要求。常用的有钨系高速钢和钼系高速钢。

钨系高速钢牌号有 W18Cr4V，具有较好的综合性能和可磨削性能，可制造各种复杂刀具和精加工刀具，应用普遍。

钼系高速钢牌号有 W6Mo5Cr4V2，具有较好的综合性能，抗弯强度和冲击韧度高于钨系高速钢，热塑性较好，用于制造热轧刀具，但脱碳敏感性大，淬火温度范围窄，热处理工艺难掌握。

②高性能高速钢：是在普通高速钢中加入钴、钒、铝等合金元素，进一步提高耐磨性和耐热性的新型高速钢。主要用于高温合金、钛合金、不锈钢等难加工材料的切削加工。

高钒高速钢是将钒的质量分数提高到 3%～5%，提高耐磨性，牌号有 W6Mo5Cr4V3，耐磨性好，用于切削高强度钢，但刃磨性能比普通高速钢差。

钴高速钢是在高速钢中加入钴，提高高温硬度和抗氧化能力，牌号有 W2Mo9Cr4VCo8，有良好的综合性能，用于切削高温合金、不锈钢等难加工材料，但价格较贵。

铝高速钢是在普通高速钢中加入少量的铝，提高钢的耐热性，有良好的综合性能，牌号有 W6Mo5Cr4V2A1，可加工性好，密度小，价格低廉，但可磨性差，热处理工艺要求严格。

③粉末冶金高速钢。粉末冶金高速钢是将熔炼好的钢液置于保护气罐中，用高压氩气雾

化成细小粉末，然后用高温（1 100℃）、高压（100 MPa）压制而成。粉末冶金克服了铸锭产生的粗大的共晶偏析，热处理变形小，耐磨性好，可切削各种难加工材料。

高速钢刀具可进行表面处理，形成硬度高、耐磨性好的表面层，减少刀具磨损，提高刀具切削性能。表面处理方法有正气处理、低温气体氮碳供渗、辉光离子渗氮等。

还可采用真空溅射的方法在刀具表面涂覆一层碳化钛，使刀具表面形成一层高硬度的薄膜，提高刀具寿命。

硬质合金

①硬纸合金是用硬度和熔点很高的碳化物粉末（如 WC、TiC、TaC、NbC）和金属黏接剂钴（Co），高压压制成型后，再高温烧结而成的粉末冶金制品。

②钨钴类硬质合金。由 WC 和 Co 组成。用于切削铸铁、有色金属及其合金，非金属材料和含 Ti 的不锈钢。常用牌号有 YG3、YG6、YG8 等，YG3 用于精加工，YG8 用于粗加工。

③YG8C 是粗晶粒牌号，用于承受较大负荷的刀具；YG6X 是细晶粒牌号，用于加工一些特殊的硬铸铁、奥氏体不锈钢、耐热合金、钛合金。

④钨钛钴类硬质合金。由 WC、TiC 和 Co 组成。用于切削钢和其他韧性较大的塑性材料，氮不宜切削含 Ti 的不锈钢。常用牌号有 YT5、YT15、YT30 等，YT5 用于粗加工，YT30 用于精加工。

⑤钨钽钴类硬质合金。由 WC、TaC（NbC）和 Co 组成、牌号有 YA6。用于对冷硬铸铁、有色金属及合金半精加工，也用于对高锰钢、淬火钢等半精加工和精加工。

⑥钨钛钽钴类硬质合金。由 WC、TiC、TaC（NbC）和 Co 组成。主要用于加工高温合金、高锰钢、不锈钢及可锻铸铁、球墨铸铁、合金铸铁等难加工材料。常用牌号有 YW1、YW2。YW1 用于半精加工和精加工，YW2 用于半精加工和粗加工。

在数控加工中，速度要远高于普通加工，为适合因高速而带来的高切削温度及严重摩擦，而不致使刀具磨损过于迅速，数控加工刀具以硬质合金为主，一般采用 YT 类硬质合金加工钢料，YG 类硬质合金加工铸铁。为不断提高刀具切削性能，数控刀具中，越来越多地采用涂层硬质合金，涂层材料及涂层技术的迅猛发展，为数控刀具的性能提高提供了良好的条件。除此以外，数控刀具中，亦有采用立方氮化硼（CBN）、金属复合陶瓷等特硬材料的。

4. 对数控刀具的要求

刀具切削部分几何参数及其切削参数须规范化、合理化。

（1）刀具切削部分材料及切削参数选择必须与工件材料相匹配。

（2）刀具磨损及寿命规定必须合理。

（3）刀片在刀具中的定位方式及其结构必须优化。

（4）刀具安装后在机床中仍有高的定位精度。

（5）换刀后刀具应在机床中仍有高的重复定位精度。

（6）刀柄应有足够的强度、刚度及耐磨性。

（7）刀柄及其工具对机床的重量影响应有相应的控制。

（8）刀具位置、方向必须正确。

（9）刀片、刀柄各参数应通用化、规格化、系列化。

数控刀具系统非常庞大，包含内容极多，有刀具种类、规格、结构、材料、参数、标准等。不同的刀具类型和刀柄的结合构成了一个品种规格齐全的刀具系统，供用户选择和组合使用。

数控镗铣类刀具系统采用的标准有国际标准(ISO 7388)、德国标准(DIN 69871,HSK 刀柄已于 1996 年列入德国 DIN 标准,并于 2001 年 12 月成为国际标准 ISO 12164)、美国标准(ANSI/ASMEB 5.50)、日本标准(MAS 403)和中国标准(GB/T 10944—1989)等。由于标准繁多,在使用机床时务必注意,所具备的刀具系统的标准必须与所使用的机床相适应。常用刀具结构及数控刀具,见表 3-1。

表 3-1 常用刀具结构及数控刀具

序号	操作图	相关知识及要点
1	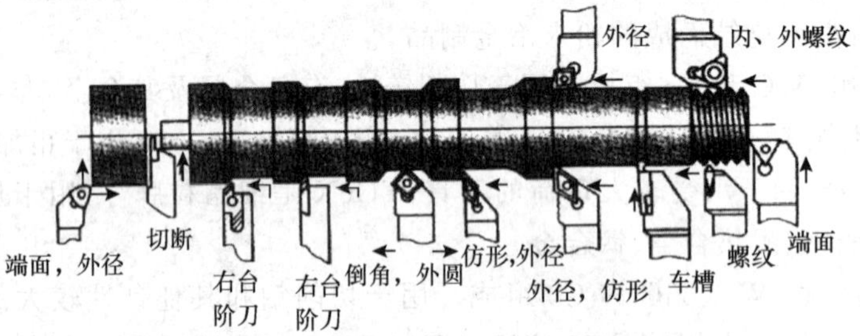	车刀形状与加工性能的相应关系
2	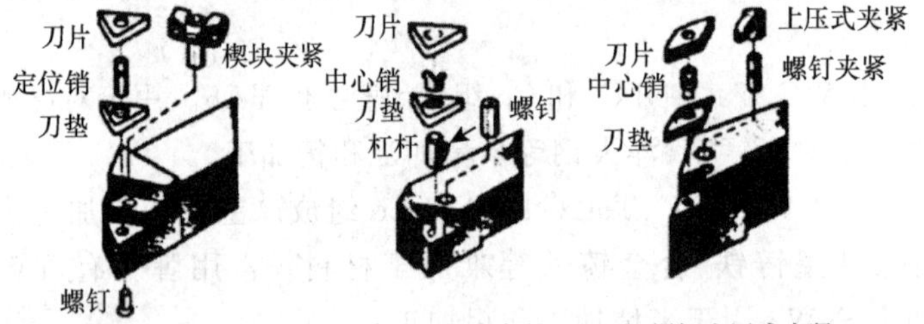a) 楔块上压式夹紧 b) 杠杆式夹紧 c) 螺钉上压式夹紧	可转位刀片的刀具由刀片、定位元件、夹紧元件和刀体所组成 常见可转位刀片的夹紧方式有楔块上压式、杠销式、压板式等 左图列举了各种夹紧方式,是一般加工工序较为合适的夹紧方式
3	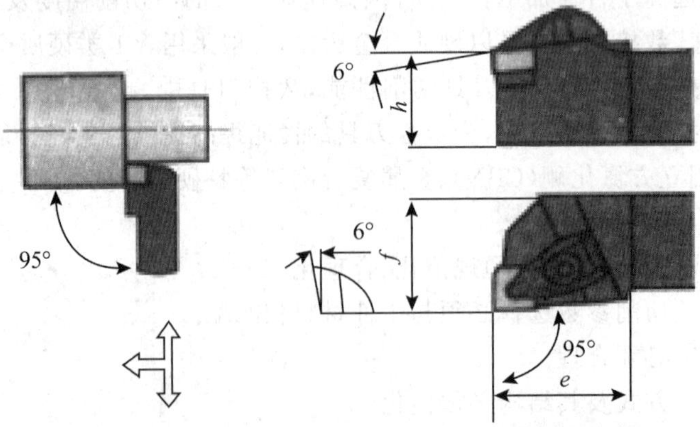	95°外圆车刀
4	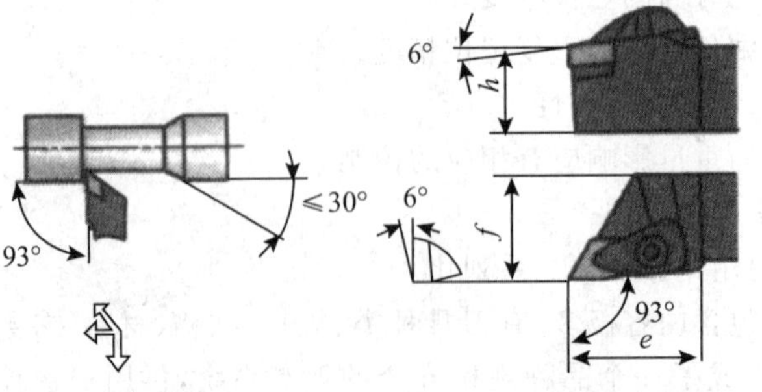	93°外圆车刀

续表 3-1

序号	操作图	相关知识及要点
5	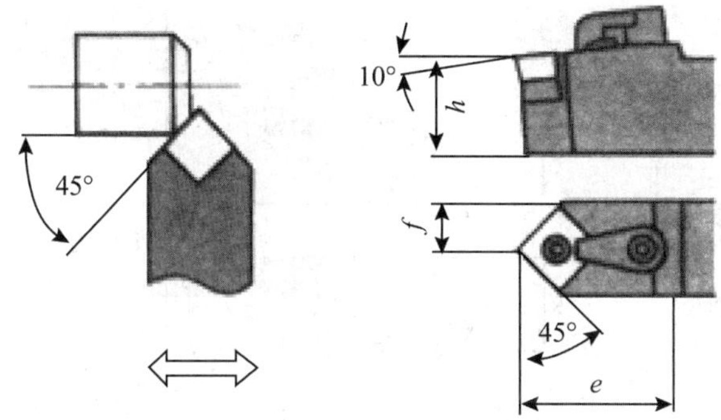	45°外圆车刀
6	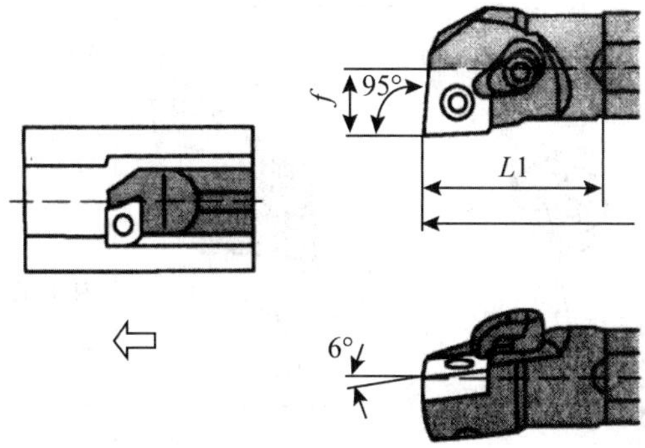	95°车孔刀
7	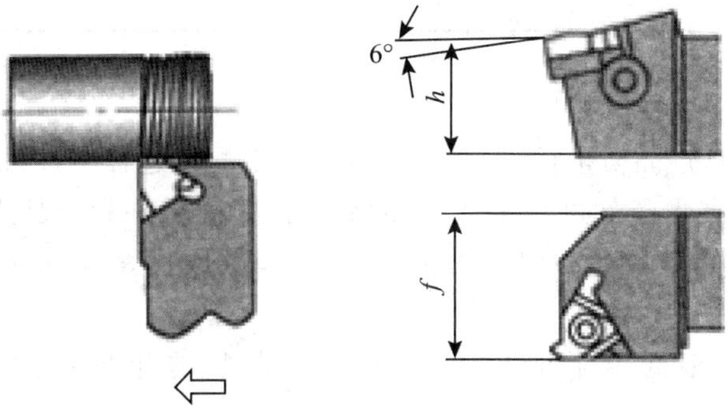	外三角螺纹车刀
8	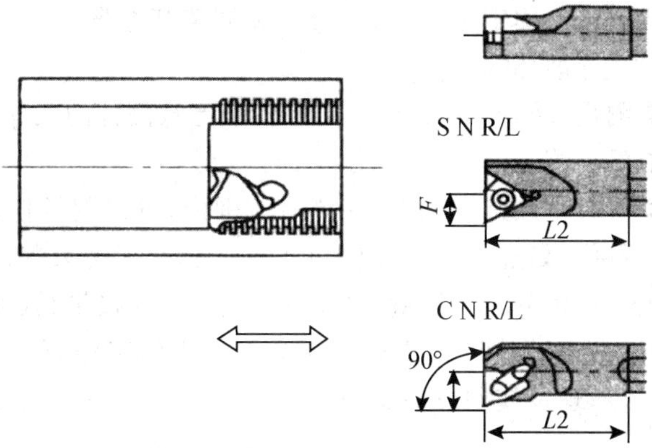	内三角螺纹车刀 S—螺钉压紧 C—压板压紧 N—内螺纹 R/L—右切/左切

续表 3-1

序号	操作图	相关知识及要点
9	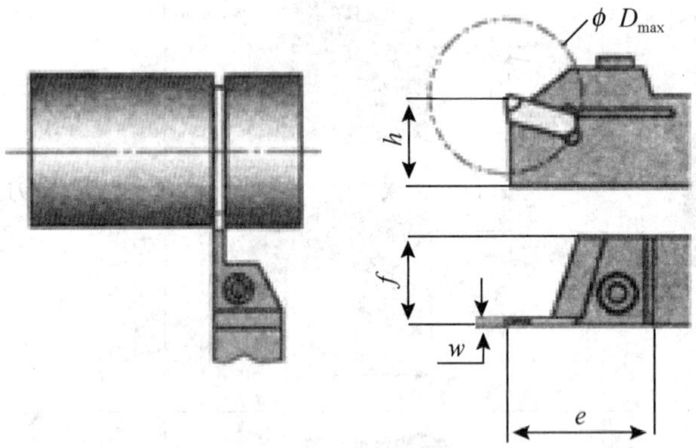	车槽刀
10	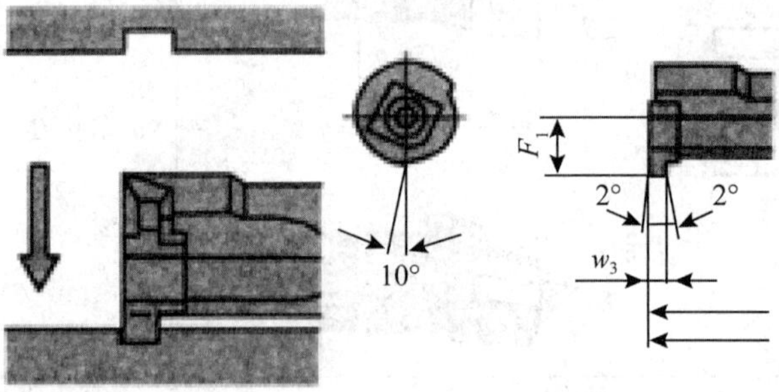	内车槽刀

二、常用量具

在机器制造业中，为了保证产品质量，要求在制造零件与装配的过程中，严格地按照图样上所确定的形状、尺寸和其他技术条件进行生产，同时必须随时对零件和产品进行测量或检验。用来测量、检验零件或机构的尺寸、形状、相对位置的工具（或仪表），叫量具（仪表则叫量仪）。

量具的种类和形式很多，根据用途要求，可分为标准量具、专用量具、万能量具三种类型：

（1）标准量具这类量具只代表某一固定尺寸，用来校对和调整其他量具，或作为标准尺寸来与被测件比较，如量块、角度块、标准环等。

（2）专用量具这类量具不能测量被测件的实际尺寸，只能确定被测件的尺寸和形状是否合格，如螺纹塞规、螺纹环规、光滑量规等。

（3）万能量具（或量仪）这类量具一般都有刻度，在测量范围内，可以测量任何尺寸的零件和产品，测量结果能得到具体的数值，如金属直尺、游标卡尺、千分尺、千分表等。

量具按能否取得数值结果来分，可分为直接量具（如万能量具）、间接量具（如卡钳等）游标卡尺的使用见表 3-2，千分尺的原理及其使用方法见表 3-3，百分表的工作原理及其使用方法见表 3-4，游标万能角度尺的工作原理及使用方法见表 3-5。

表 3-2　游标卡尺的使用

序号	使用方法图	相关知识及使用要点
1	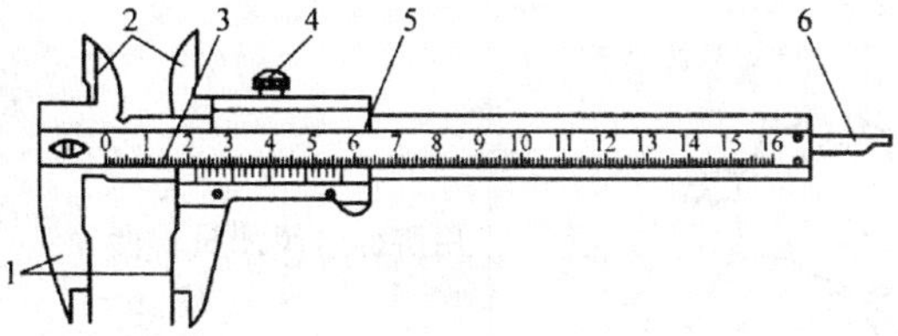	两用游标卡尺由尺身 3 和游标 5 组成。旋松螺钉 4，移动游标调节内外量爪开挡大小进行测量。外量爪 1 用来测量工件孔径或槽宽，深度尺 6 用来测量工件的深度。测量前先检查并校对零件。游标卡尺读数值分 0.02 mm、0.05 mm 和 0.1 mm 三种
2	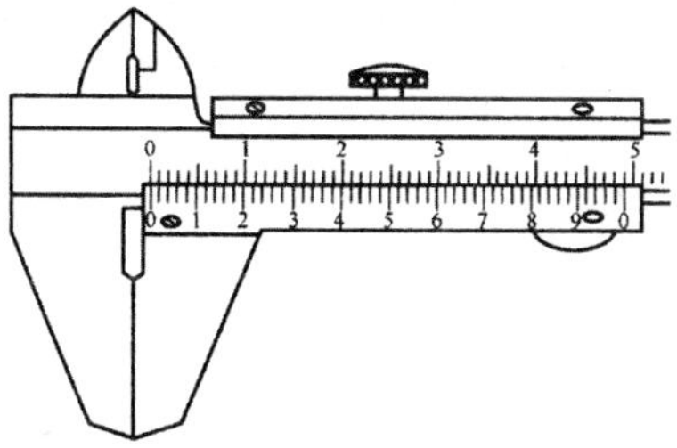	以读数值 0.02 mm 的游标卡尺为例：尺身上的刻度以 1，2，3，…，以表示 10，20，30，…，mm 这种游标卡尺的游标刻度，是把尺身刻度 49 mm 的长度，分做 50 等份，即每格为 49 mm÷50＝0.98 mm。 尺身和游标的刻度每格相差 1～0.98 mm＝0.02 mm（即游标卡尺的读数值）
3	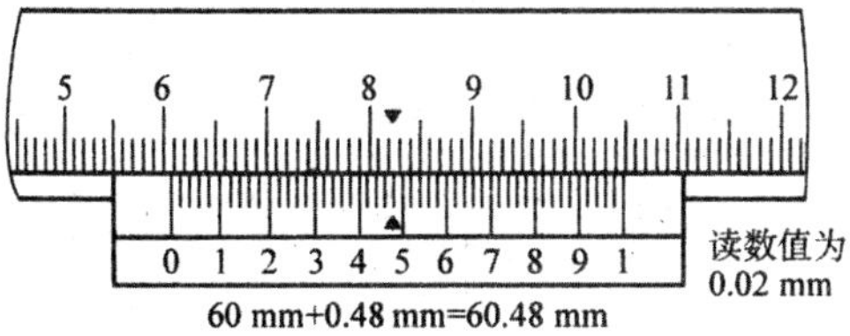	读数前应先明确所用游标卡尺的读数值。 读数时，先读出游标零线左边在尺身上的整数毫米数，接着在游标上找到与尺身刻线对齐的刻度，并读出小数值，然后再将所读两数相加。 例如：使用读数值为 0.02 mm 的游标卡尺 尺身上的整数值为 60 mm，游标卡尺上的小数值为 0.48 mm，此时实际测量值为：60 mm＋0.48 mm＝60.48 mm
4	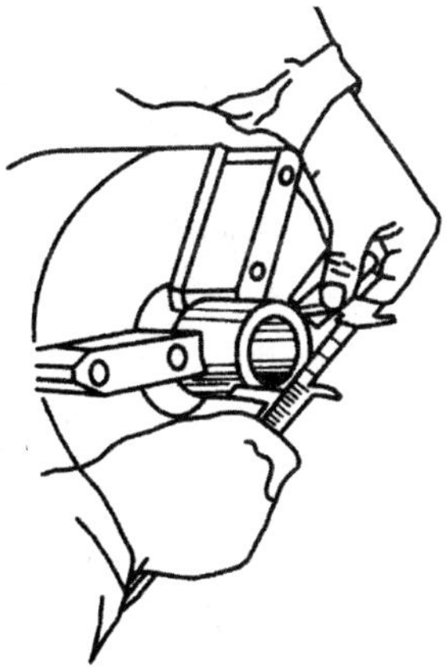	将车床主轴置于空挡位置，擦干净工件的测量部位。握住游标卡尺，左手握住尺身的量爪，右手握住游标。夹住需要测量的部位，与测量面呈 90°，读取测量值垂直方向看刻度面，在夹住的状态下读取测量值

续表 3-2

序号	使用方法图	相关知识及使用要点
5	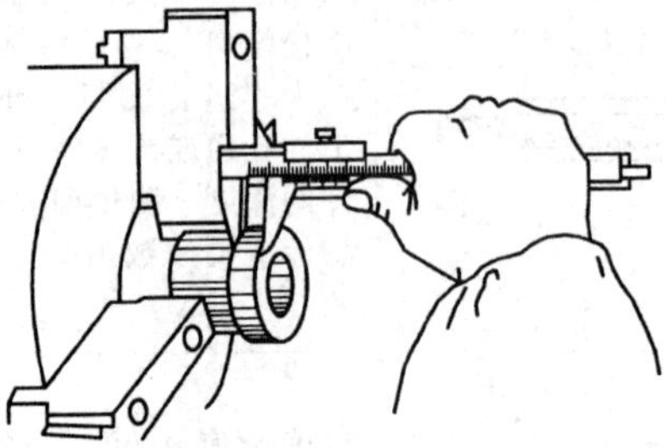	用游标卡尺测量长度
6	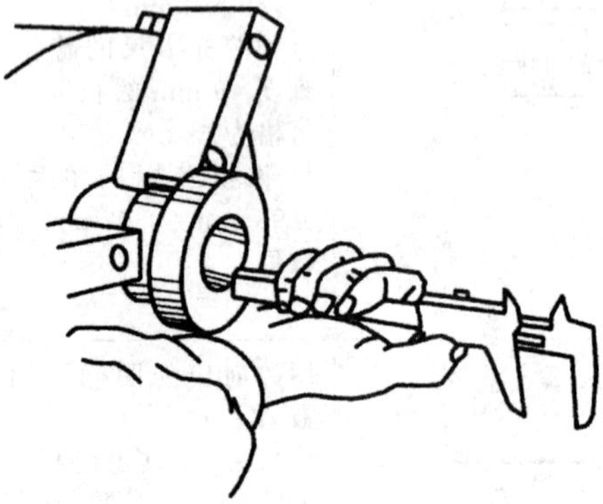	用游标卡尺测量深度
7	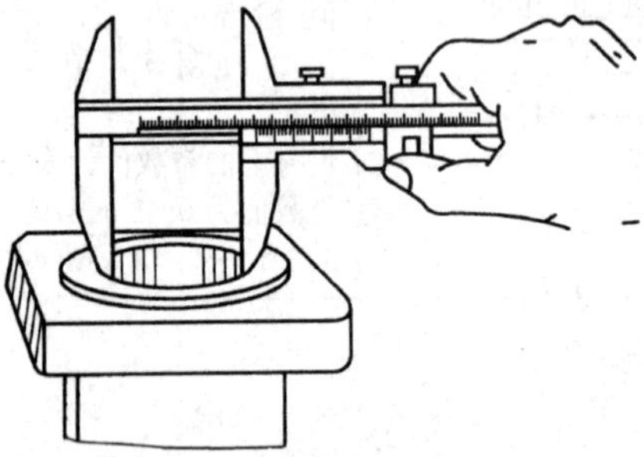	用游标卡尺测量孔径
8	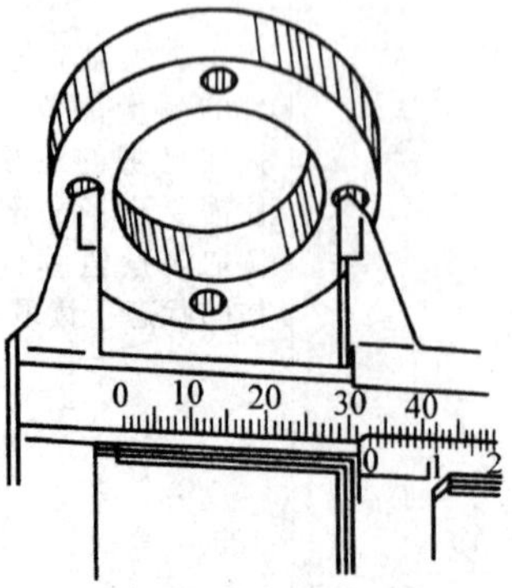	用游标卡尺测量孔距

表 3-3　千分尺的原理及其使用方法

序号	使用方法图	相关知识及使用要点
1	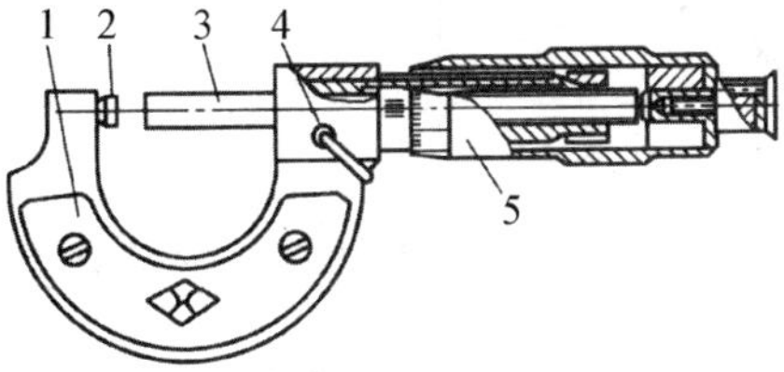	外径千分尺测量范围分为 0～25 mm，50～75 mm，75～100 mm 等。外径千分尺由尺架 1、砧座 2、测微螺杆 3、锁紧装置 4、微分筒 5 组成
2	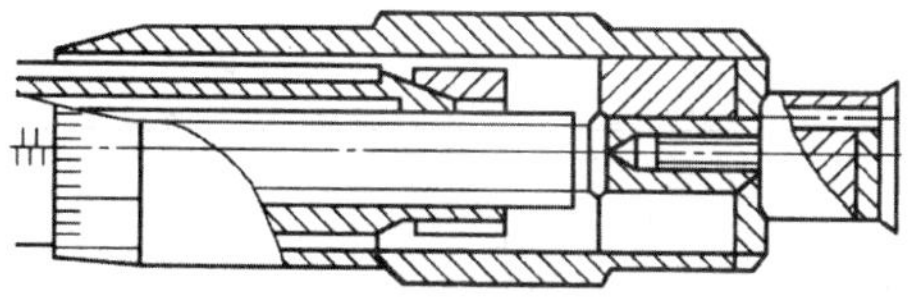	外径千分尺的工作原理：如外径千分尺的工作原理就是应用螺旋读数机构，它包括一对精密的螺纹——测微螺杆与螺纹轴套，一对读数套筒——固定套筒与微分筒。微分筒的圆周上刻有 50 个等分线，当微分筒转一周时，测微螺杆就推进或后退 0.5 mm，微分筒转过它本身圆周刻度的一小格时，两测砧面之间转动的距离为 0.5 mm÷50＝0.01 mm
3	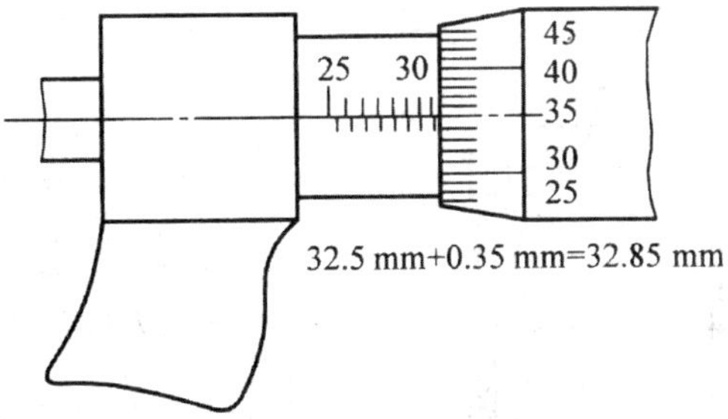	先读出微分筒左边固定套筒中露出刻线整数与半毫米数值，接着读出微分筒上与固定套管二基本对齐刻线的小数值，然后将所读整数和小数相加。即为被测零件的尺寸。例如：使用 25～50 mm 的外径千分尺，固定套筒上的刻线读数值为 32.5 mm，微分筒上的刻线读数值为 0.35 mm，此时实际测量值为 32.5 mm＋0.35 mm＝32.85 mm
4	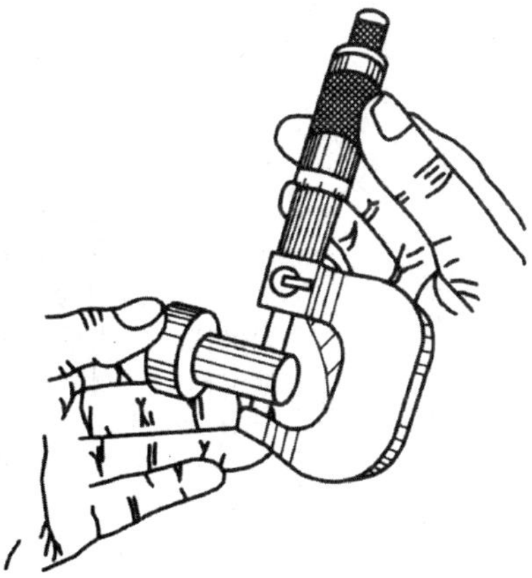	外径千分尺测量小零件尺寸的方法单手使用千分尺的方法

续表 3-3

序号	使用方法图	相关知识及使用要点
5	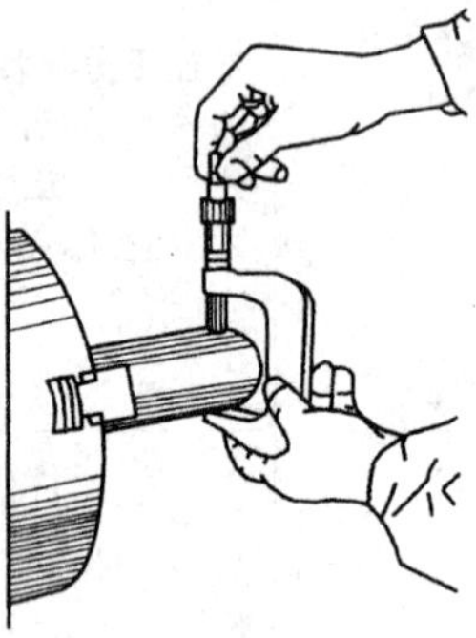	外径千分尺在车床上测量零件尺寸的方法： 不准在转动的工件上进行测量，还应该注意温度对测量值的影响
6	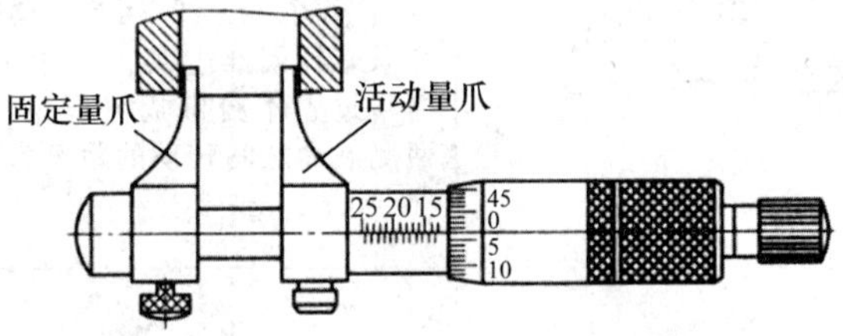	使用内径千分尺的方法
7	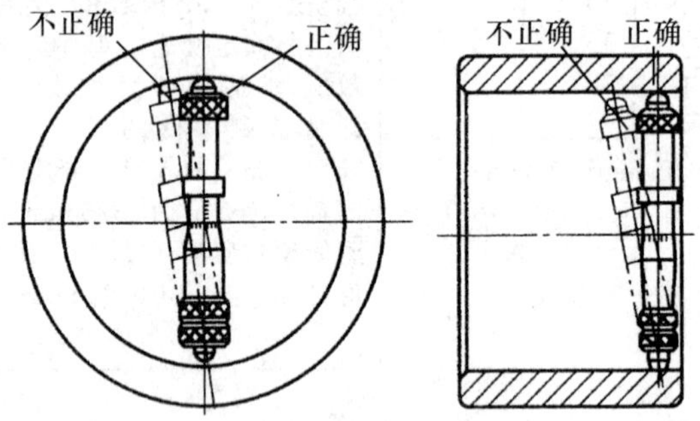	用内径千分尺测量孔径时，内径千分尺应在孔壁内摆动，径向摆动找出最大值，轴向摆动找出最小值，这两个重合尺寸，就是孔的实际尺寸。内径千分尺的刻度线方向与外径千分尺相反，顺时针转动微分筒时，活动爪向右移动，测量值增大，用于测量孔径小于25 mm以下的孔
8	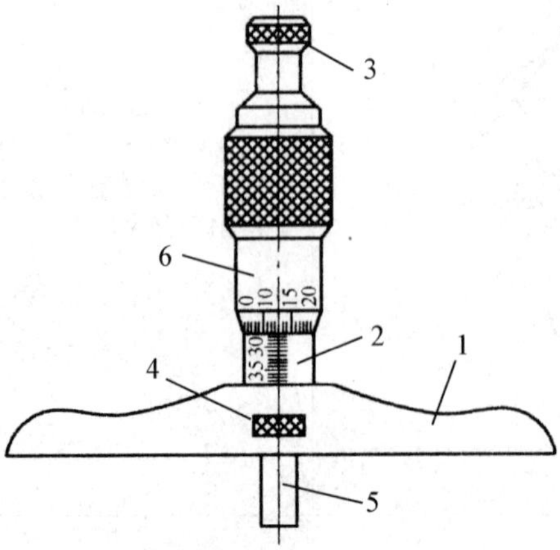	深度千分尺的尺座1和固定套筒2连在一起。活动套筒6和测微螺杆5连接并旋入固定套筒的螺纹中。棘轮3为保持一定测量力，止动器4固定在测微螺杆上。测微螺杆不可更换的深度千分尺，其测量范围为0～50 mm、0～100 mm，0位的校对和调整与普通千分尺相似

续表 3-3

序号	使用方法图	相关知识及使用要点
9	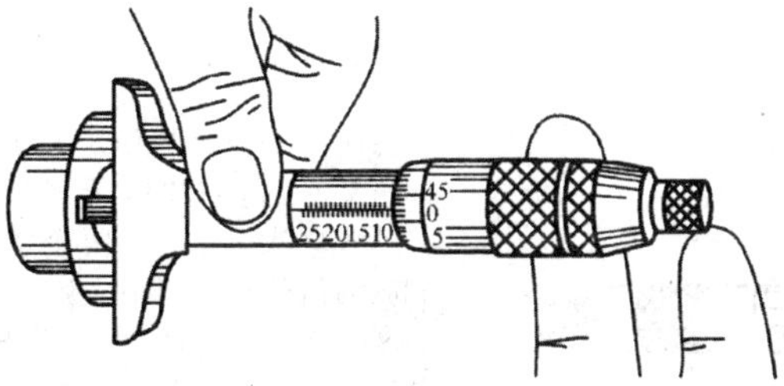	用深度千分尺测量深度尺寸的方法
10	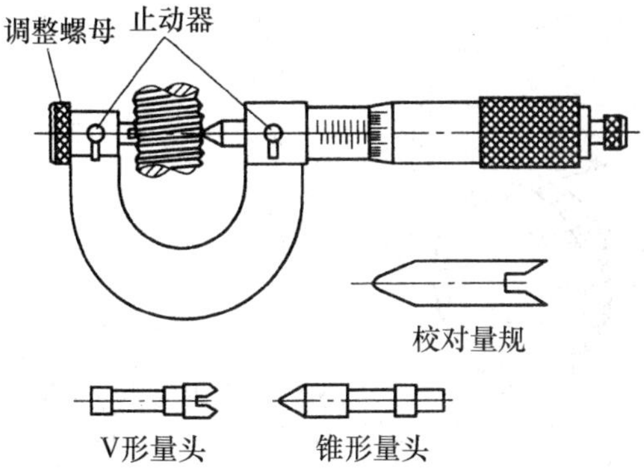	螺纹千分尺一般用来测量三角形螺纹的中径螺纹千分尺，是测量 2～3 级精度的米制或英制外螺纹中径尺寸的普通量具。它的结构与普通千分尺相似，所不同的只是螺纹千分尺的量砧是可调节的，同时在量砧和测微螺旋的端部各有一小孔。螺纹千分尺附有各种不同的可更换量头。每一对量头（V 形量头和锥形量头）只适用于一定的螺距范围。测量前，根据被测螺纹的公称螺距，选用一对相应的量头。测量时，先将锥形量头插入测微螺旋杆的孔中，再将 V 形量头插入可调节量砧孔内，调整活动套筒 0 线对固定套筒纵向 0 线的位置，使其重合。用止动器固定测微螺杆，松开固定量砧的止动器，旋转调整螺母，使 V 形量头与锥形量头相接触，然后用止动器固定 V 形量头。再松开测微螺杆的止动器，对 0 位检查一次，如有偏差，再进行调整。测量公称直径大于 25 mm 的螺纹千分尺，可用校对量规来调整 0 位
11	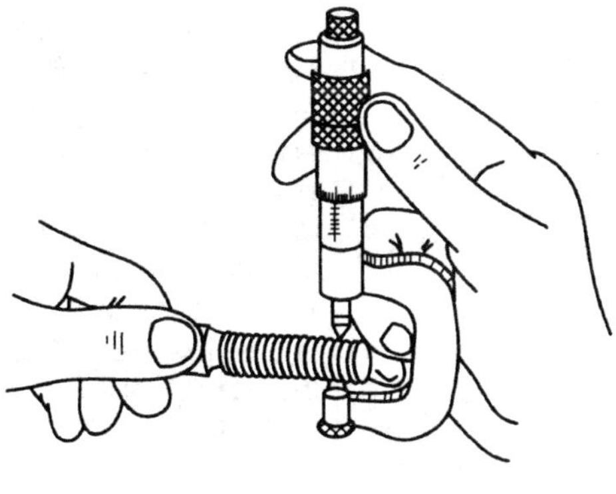	用螺纹千分尺测量螺纹尺寸的方法 测量时选用一套与螺纹牙型角相同的上、下两个测量头，让两个测量头正好卡在螺纹的牙侧上，此时螺纹千分尺的读数就是螺纹的中径尺寸

续表 3-3

序号	使用方法图	相关知识及使用要点
12	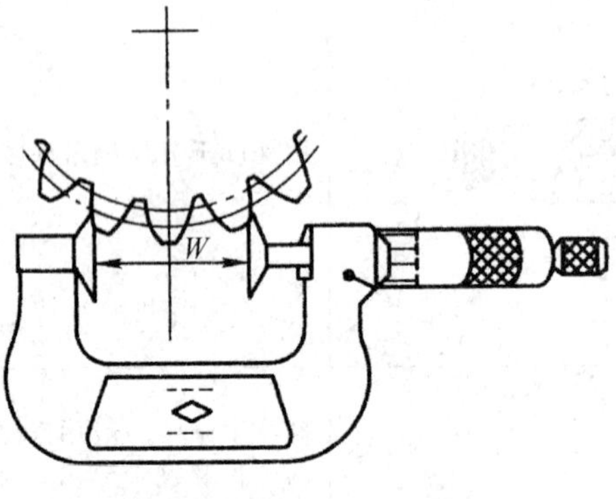	公法线千分尺的使用方法： 测量时，把公法线千分尺调到比被测尺寸略大，然后把两个盘形卡脚插到被测齿轮的齿槽中，旋动棘轮，使两个盘形卡脚的测量面与齿的侧面相切。当棘轮发出“卡卡”响声时，即可进行读数，取得公法线实际长度

表 3-4 百分表的工作原理及其使用方法

序号	使用方法图	相关知识及使用要点
1	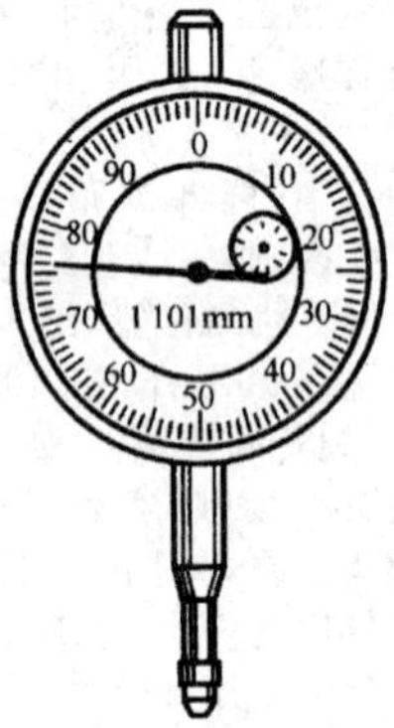 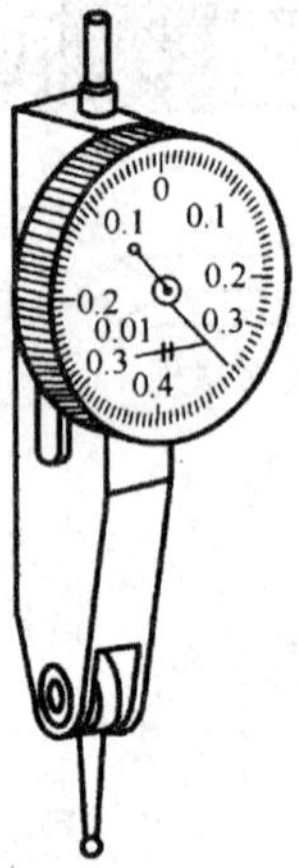	百分表主要用于测量工件的形状和位置精度。常用的百分表有钟表式和杠杆式百分表的测量范围分为 0～3 mm、0～5 mm、0～10 mm
2	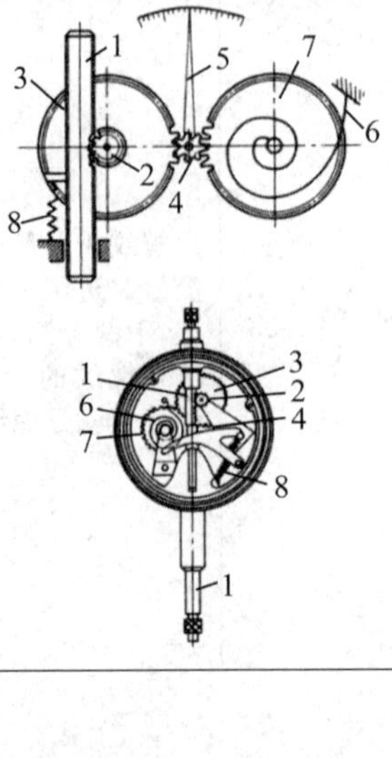	百分表的传动原理：量杆 1 上的齿条与齿轮 2 相啮合。齿轮 2 与齿轮 3 固定在同一小轴上。当量杆移动式，齿轮 2 与齿轮 3 一起转动，齿轮 3 有与装有指针 5 的齿轮 4 相啮合，因此量杆的移动，可使指针在表盘上摆动。齿轮 2 在细丝弹簧 6 的作用下，也与小齿轮 4 相啮合，用以消除松动。弹簧 8 使量杆保持在一定位置上，测量时可产生一定的测量力（7 为齿轮）。百分表的结构图见左图

续表 3-4

序号	使用方法图	相关知识及使用要点
3	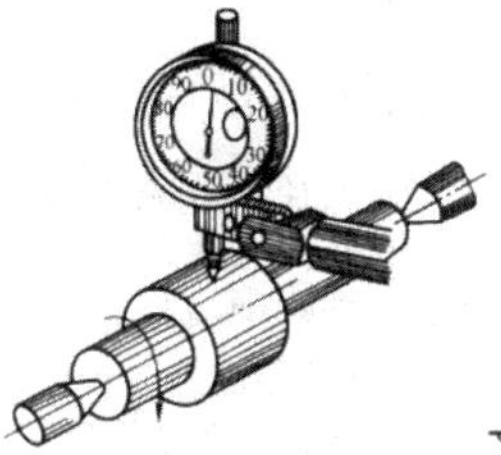 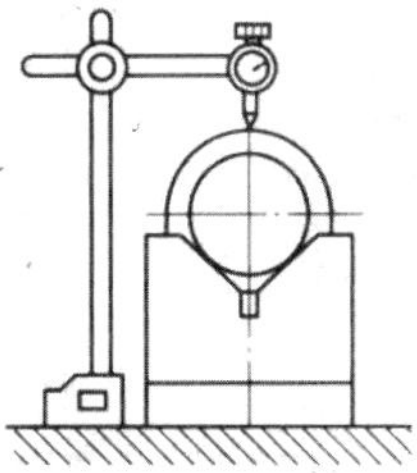	钟表式百分表可以测量径向圆周跳动
4	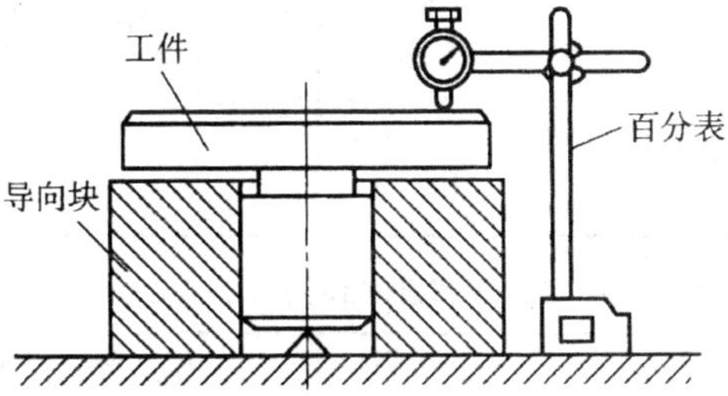	钟表式百分表可以测量端面垂直度
5	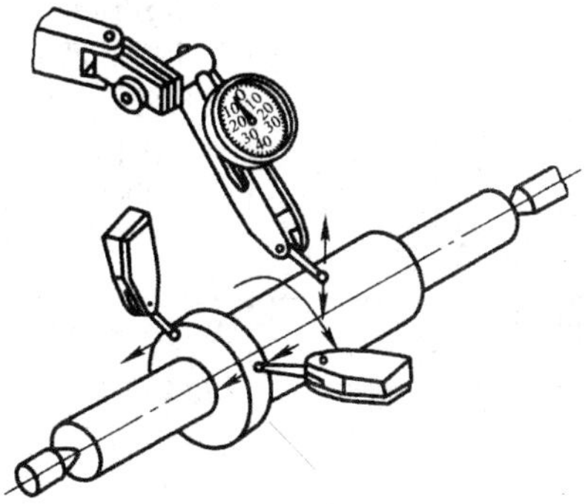	杠杆式百分表可以测量径向圆周跳动和端面圆周跳动
6	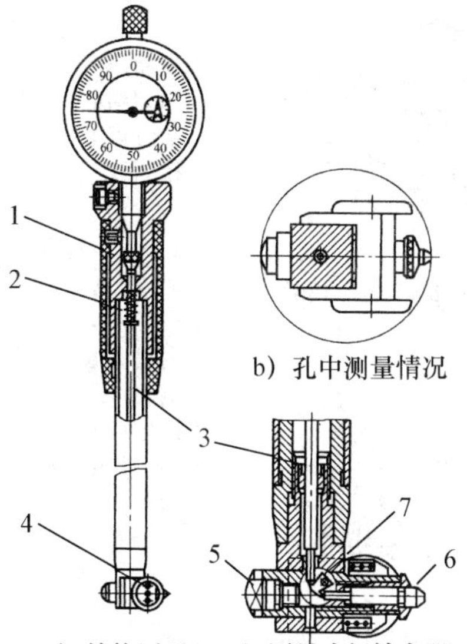b）孔中测量情况 a）结构原理　c）测量头部放大器	内径百分表 通过摆动块 7、杆 3 将测量值 1∶1 传递给百分表。固定测量头 5 可根据孔径大小更换(6 为活动测量头，2、4 为弹簧，1 为测架）

续表 3-4

序号	使用方法图	相关知识及使用要点
7	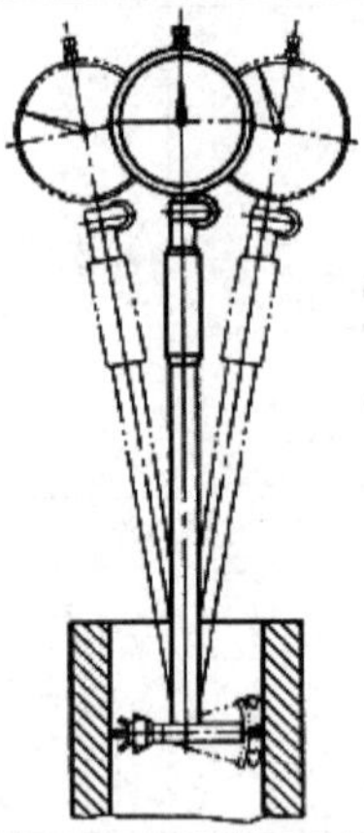	内径百分表的测量方法:测量时,操作方法与对 0 位相同。读数时,表针的指示数值就是被测孔与标准环孔径的差值。如果指针正好指在 0 处,说明被测孔径小于标准的孔径;如果表针逆时针方向离开 0 位,表示被测孔径大于标准环的孔径

表 3-5 游标万能角度尺的工作原理及其使用方法

序号	使用方法图	相关知识及使用要点
1	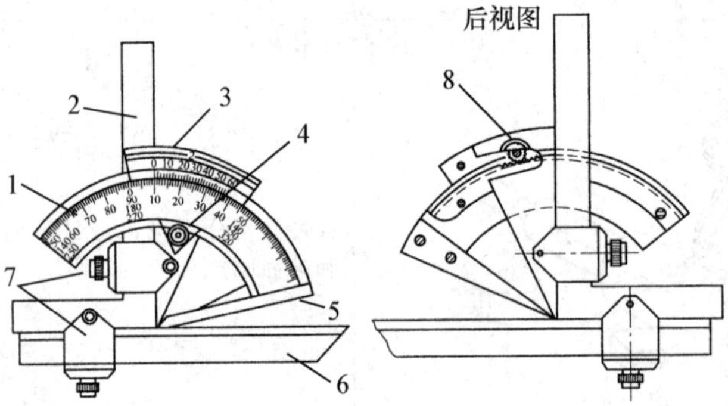	游标万能角度尺适用于单件、小批生产产品的测量。游标万能角度尺的分度值有 0°0′5″和 0°0′2″两种。游标万能角度尺由主尺 1、基尺 5、游尺 3、角尺 2、直尺 6、卡块 7、制动螺钉 4 组成。测量时,转动游标万能角度尺背面的捏手 8、使基尺 5 改变角度,当转到所需角度时,用制动螺钉 4 锁紧
2	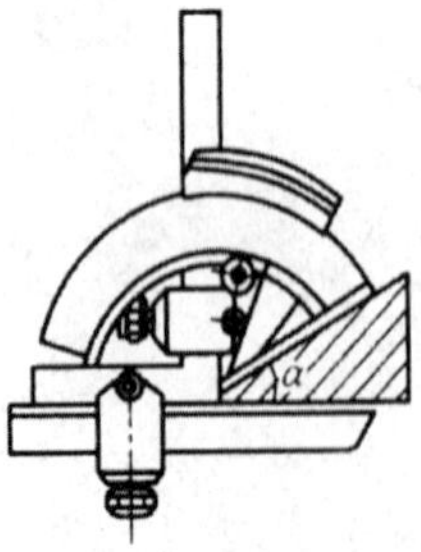 (a) 测量 0°~50° 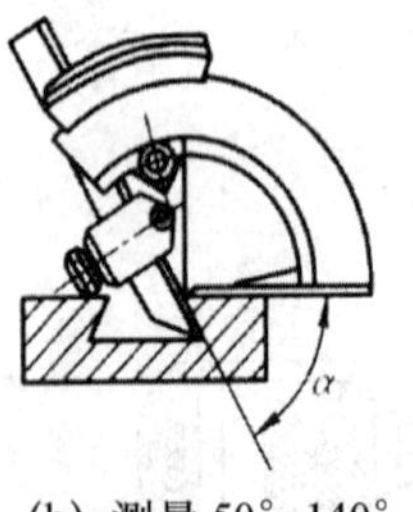 (b) 测量 50°~140° 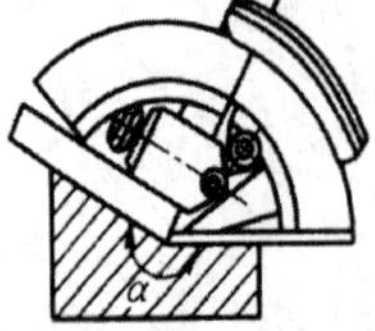 (c) 测量 140°~230° 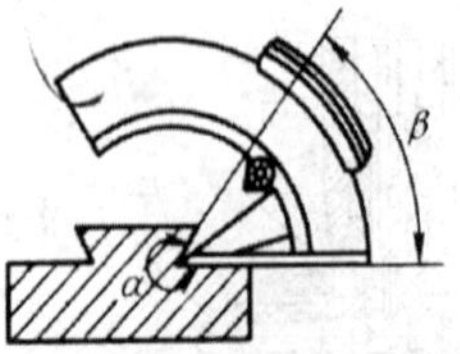 (d) 测量 230°~320°	使用游标万能角度尺前,应先将基尺、角尺、直尺各工作面擦净,然后把基尺与直尺合拢,看游标 0 线是否与主尺的 0 线对齐,0 位对正后,才能进行测量。 游标万能角度尺可以测量 0°～32°范围的任何角度。测量时,根据零件角度的大小,选用不同的测量装置。测量 0°～50°范围内的角度,选用图(a)所示的装置。测量 50°～140°范围内的角度,选用图(b)所示的装置。测量 140°～230°范围内的角度,选用图(c)所示的装置。将直尺、角尺卸下,可以测量 230°～320°范围内的角度,如图(d)所示

【技能训练】

结合典型零件的加工掌握刀具和量具正确使用方法。

【思考题与练习题】

1.对刀具的材料有何基本要求？

2.对数控刀具有何要求？

3.常用量具的种类、作用和使用要点有哪些？

4.常用数控车刀的种类和使用要点有哪些？

切削三要素的选择

模块 4

知识点：

了解切削三要素在车削加工中的重要性。

理解合理选择切削用量的原则。

技能点：

掌握合理选择切削用量的方法。

【任务引入】

切削三要素是影响加工质量和生产率的重要因素。因此，我们必须掌握合理选择切削三要素的基本方法。

【相关知识】

一、切削用量

切削用量是表示主运动及进给运动大小的参数。它包括背吃刀量、进给量和切削速度三要素，通常我们也称为切削三要素，如图 4-1 所示。

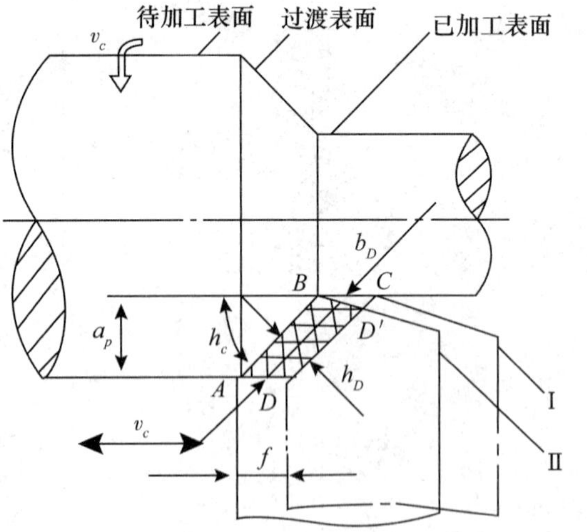

图 4-1　切削三要素

(1)背吃刀量 a_p。工件上已加工表面和待加工表面间的垂直距离。车外圆时，背吃刀量计算公式如下：

$$a_p=\frac{d_w-d_m}{2}$$

式中：a_p：背吃刀量(mm)；

d_w：待加工表面外圆直径(mm)；

d_m：已加工表面外圆直径。

(2)进给量 f。工件每转一周时，刀具在进给方向上相对工件的位移量，单位 mm/r。

(3)切削速度 v_c。切削刃选定点相对于工件的主运动的瞬时速度。车外圆时，切削速度的计算公式如下：

$$v_c=\frac{\pi d_w n}{1\,000}$$

式中：v_c：切削速度(m/min)；

d_w：待加工表面外圆直径(mm)；

n：工件转速(r/min)。

二、粗车时切削用量的合理选择

(1)粗车时切削用量的选择原则：粗车时，毛坯余量较大，工件的加工精度和表面粗糙度等技术要求较低，应该以提高生产率为主，考虑经济性和加工成本。

(2)粗车时切削用量的选择步骤：首先选择一个尽量大的被吃刀量，然后选择一个较大的进给量，最后根据已选定的背吃刀量和进给量，在工艺系统刚性，刀具寿命和机床功率允许的范围内选择一个合理的切削速度。

选择背吃刀量时，尽量将粗加工余量一次切完。当余量过大或工艺系统刚性差时，可分几次切削余量，第一次切除余量为 2/3～3/3。

选择进给量时，应不超过刀具的刀片和刀柄强度、不大于机床进给机构强度、在不产生震动的条件下，选取一个最大的进给量。硬质合金刀、高速钢车刀粗车外圆和端面时的进给量，见表 4-1。

表 4-1　硬质合金车刀、高速钢车刀粗车外圆和端面时的进给量

加工材料	车刀刀柄尺寸 $B\times H$/mm	工件直径/mm	背吃刀量 a_p/mm			
			<3	>3～5	>5～8	>8～12
			进给量 f/(mm/r)			
碳素结构钢和合金结构钢	16×25	20	0.3～0.4			
		40	0.4～0.5	0.3～0.4		
		60	0.5～0.7	0.4～0.6	0.3～0.5	
		100	0.6～0.9	0.5～0.7	0.5～0.6	0.4～0.5
		400	0.8～1.2	0.7～1.0	0.6～0.8	0.5～0.6
	20×30 25×25	20	0.3～0.4			
		40	0.4～0.5	0.3～0.4		
		60	0.6～0.7	0.5～0.7	0.4～0.6	
		100	0.8～1.0	0.7～0.9	0.5～0.7	0.4～0.7
		400	1.2～1.4	1.0～1.2	0.8～1.0	0.6～0.8

续表 4-1

加工材料	车刀刀柄尺寸 $B\times H$/mm	工件直径/mm	背吃刀量 a_p/mm			
			<3	>3～5	>5～8	>8～12
			进给量 f/(mm/r)			
铸铁和铜合金	16×25 20×30 25×25	40 60	0.4～0.5 0.6～0.8 0.8～1.2 1.0～1.4	 0.5～0.8 0.7～1.0 1.0～1.2	 0.4～0.6 0.6～0.8 0.8～1.0	 0.5～0.7 0.6～0.8
		100 400	0.4～0.5 0.6～0.9 0.9～1.3 1.2～1.8	 0.5～0.8 0.8～1.2 1.2～1.6	 0.4～0.7 0.7～1.0 1.0～1.3	 0.5～0.8 0.9～1.1

注：1. 加工断续表面及有冲击的加工时，表内的进给量应乘系数 K=0.75～0.85。

2. 加工耐热钢及其合金钢时，不采用大于 1.0 mm/r 的进给量。

3. 加工淬硬钢，当材料硬度为 44～56 HRC 时，表内进给量应乘系数 K=0.8；当材料硬度为 57～62 HRC 时，表内进给量应乘系数 K=0.5。

背吃刀量和进给量确定后，按刀具寿命确定切削速度，计算工件转速，选择车床相近的较低档的车床转速。外圆车刀的切削速度，见表 4-2。

表 4-2 外圆车刀的切削速度

工件材料	刀具材料	背吃刀量 a_p/mm			
		0.13～0.38	0.38～2.4	2.4～4.7	4.7～9.5
		进给量 f/(mm/r)			
		0.05～0.13	0.13～0.38	0.38～0.76	0.76～1.3
		切削速度 v_c/(m/min)			
低碳钢	高速钢 硬质合金	215～365	70～90 165～215	40～60 120～165	20～40 90～120
中碳钢	高速钢 硬质合金	130～165	45～60 100～130	30～40 75～100	15～20 55～75
不锈钢	高速钢 硬质合金	115～150	30～45 90～115	25～30 75～90	15～20 55～75
灰铸铁	高速钢 硬质合金	135～185	35～45 105～135	25～35 75～105	20～25 60～75
黄铜及青铜	高速钢 硬质合金	215～245	85～105 185～215	70～85 150～185	45～70 120～150
铝合金	高速钢 硬质合金	105～150 215～300	70～105 135～215	45～70 90～135	30～45 60～90

粗车时，背吃刀量、进给量、切削速度确定后，还需效验车床功率。

例：在 CK6140 车床上，车削毛坯尺寸为 ϕ68 mm×350 mm 的调质钢，要求车削后达到 ϕ61.511，R_a3.2 μm，试选择粗车时的切削用量。

解：背吃刀量：

$$a_p=\frac{d_w-d_m}{2}=\frac{68\ \text{mm}-61.5\ \text{mm}}{2}=3.25\ \text{mm}$$

进给量：查表 4-1 得 $f=0.5\sim0.7$ mm/r

切削速度：查表 4-2 得，初定切削速度为 $v_c=86$ m/min

$$n=\frac{318v_c}{d_w}=\frac{318\times 86\ \text{m/min}}{68\ \text{mm}}=402.2\ \text{r/min}$$

$$v_c=\frac{\pi d_w n}{1\,000}=\frac{3.14\times 68\ \text{mm}\times 400\ \text{r/min}}{1\,000}=85.4\ \text{m/min}$$

校验车床功率：

$$F_c\approx 2\,000a_p f=2\,000\times 3.25\ \text{mm}\times 0.61\ \text{mm/r}=3\,965\ \text{N}$$

$$P_c=\frac{F_c v_c}{60\times 1\,000}=\frac{3\,965\text{N}\times 85.4\ \text{m/min}}{60\times 1\,000}=5.65\ \text{kW}$$

$$P_E\eta=7.5\ \text{kW}\times 0.8=6\ \text{kW}$$

因为 $P_c\leqslant P_E\eta$，所以确定的背吃刀量、进给量、切削速度可用。

三、半精车、精车时切削用量的合理选择

(1)半精车、精车时切削用量的选择原则半精车、精车时，工件的加工余量不大，加工精度要求不高，表面粗糙度值要求较小，应该提高加工质量作为选择切削用量的主要依据，然后尽可能提高生产率。

(2)半精车、精车时切削用量的选择步骤

①背吃刀量：半精车、精加工的背吃刀量较小，原则上一次进给切除全部余量。

②进给量：半精加工、精加工的进给量主要受表面粗糙度的限制，可在预定切削速度、刀尖半径的情况下，查有关表格，确定进给量。硬质合金外圆车刀半精工时的进给量见表 4-3。

表 4-3　硬质合金外圆车刀半精车时的进给量

工件材料	表面粗糙度 R_a/μm	切削速度范围/(m/min)	刀尖圆弧半径 r_ε/mm		
			0.5	1.0	2.0
			进给量 f/(mm/r)		
铸铁、青铜、铝合金	3.2	不限	0.12～0.25	0.25～0.40	0.40～0.60
	1.6		0.10～0.15	0.15～0.20	0.20～0.35
碳钢、合金钢	3.2	<50	0.20～0.25	0.25～0.30	0.30～0.40
		>50	0.25～0.30	0.30～0.35	0.35～0.50
	1.6	<50	0.10	0.11～0.15	0.15～0.22
		50～100	0.11～0.16	0.16～0.25	0.25～0.35
		>100	0.16～0.20	0.20～0.25	0.25～0.35

提示：通常以粗加工、精加工来选择切削三要素。粗加工一般选用低切削速度，大走刀量；精加工一般选用高切削速度，小走刀量。

【技能训练】

在典型零件加工过程中，掌握合理选择切削三要素的方法。

【思考题与练习题】

1. 切削三要素包括哪些内容？
2. 粗车时切削用量的选择原则有哪些？
3. 半精车、精车的切削用量如何选择？

模块 5 FANUC 数控系统典型零件加工

日本富士通公司的 FANUC 数控系统是在中国得到广泛应用的数控系统之一。其中 FANUC 0i MATE-TD 是目前广泛使用在经济型数控车床的控制系统。本模块主要详细介绍典型零件在该系统上加工时的加工工艺及编程与操作方法。

任务 1　FANUC 数控系统基本操作

知识点：

了解数控车床操作面板的功能。

了解程序的输入和文件管理。

了解机床的运行控制。

技能点：

掌握数控车床的基本操作方法。

【相关知识】

一、数控系统面板

图 5-1 为数控系统面板。

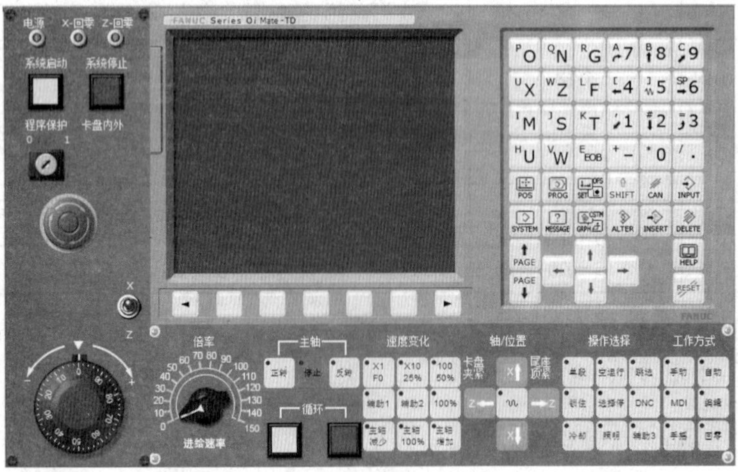

图 5-1　数控系统面板

1. 键盘说明

键盘说明见表 5-1。

表 5-1　键盘说明

名称	功能说明	名称	功能说明
复位键 	按下这个键可以使 CNC 复位或者取消报警	帮助键 	当对 MDI 键的操作不明白时，按下这个键可以获得帮助
软键	根据不同的画面，软键不同的功能。软键能显示在屏幕的底端	地址和数字键	按下这些键可以输入字母，数字或者其他字符
切换键 	在键盘上的某些键具有两个功能。按下 SHIFT 键可以在这两个功能之间进行切换	输入键 	当按下一个字母键或者数字键时，再按该键数据被输入到缓冲区，并且显示在屏幕上。要将输入缓冲区的数据拷贝到偏置寄存器中等，请按下该键。这个键与软的 INPUT 键是等效的
取消键 	用于删除最后一个进入输入缓冲区字符或符号	程序功能键 	 ：替换键  ：插入键  ：删除键
功能键 	按下这些键，切换不同功能的显示屏幕	光标移动键 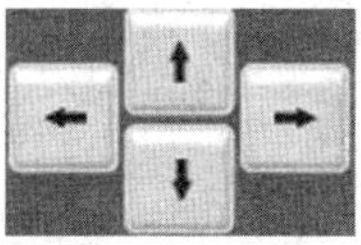	有四种不同的光标移动键。  将光标向右移动  将光标向左移动  将光标向下移动  将光标向上移动
翻页键 	两个翻页键  用于向前翻一页  用于向后翻一页		

2. 功能键和软键

功能键用来选择将要显示的屏幕画面。

按下功能键之后再按下与屏幕文字相对的软件，就可以选择与所选功能相关的屏幕。

(1)功能键。 ：按下这一键以显示位置屏幕。 ：按下这一键以显示程序屏幕。 ：按下这一键以显示偏置/设置屏幕。 ：按下这一键以显示系统屏幕。 ：按下这一

键以显示信息屏幕。:按下这一键以显示图形显示屏幕。

(2)软键。要显示一个更详细的屏幕,可以在按下功能键后按软键。最左侧带有向左箭头的软键为菜单返回键,最右侧带有向右箭头的软键为菜单继续键。

3. 输入缓冲区

当按下一个地址或数字键时,与该键相应的字符就立即被送入缓冲区。输入缓冲区的内容显示在CRT屏幕底部。

为了表明这是键盘输入的数据,在改字符的前面会立即显示一个符号“>”。在输入数据的末尾显示一个“_”标明下一个输入字符的位置(图5-2)。

为了输入同一个键上右下方的字符,首先按下SHIFT键,然后按下需要输入的键就可以了。例如要输入一个P,首先按下SHIFT键,这时SHIFT键变为红色,然后按下p键,缓冲区内就可显示字母P。然后SHIFT键自动恢复到原来输入左上的字符。

按下CAN键可取消缓冲区最后输入的字符或者符号。

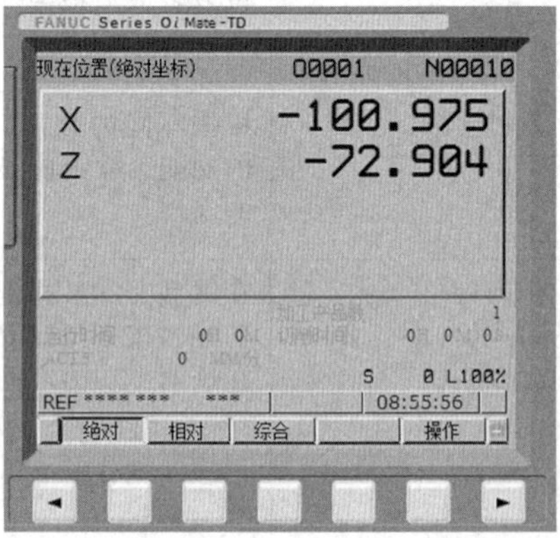

图 5-2 CRT 屏幕

4. 机床操作面板

机床操作面板见图5-3,按键、铵钮说明见表5-2。

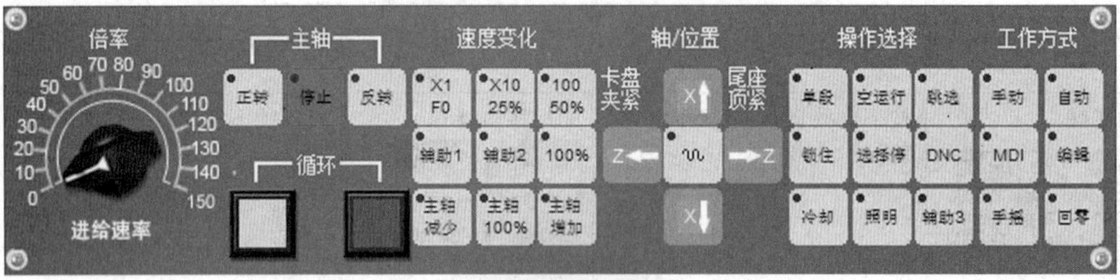

图 5-3 机床操作面板

表5-2　机床操作面板按键、按钮说明

名称	功能说明	名称	功能说明
方式选择键 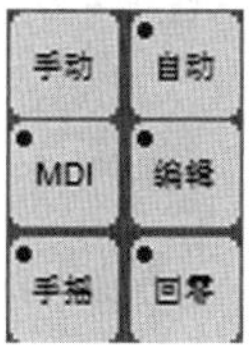	用来选择系统的运行方式 :按下该键,进入编辑运行方式 :按下该键,进入自动运行方式 :按下该键,进入MDI运行方式 :按下该键,进入手动运行方式 :按下该键,进入手轮运行方式 :按下该键,可以进行返回机床参考点操作(即机床回零)	操作选择键 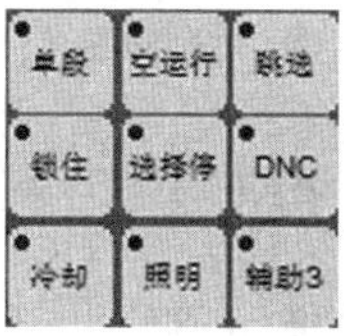	用来开启单段回零操作  按下该键,进入单段运行方式  空运行:在“自动”方式下,按下该键后,机床以系统最大快移速度运行程序  程序跳选:如程序中使用了跳段符号“/”,当按下该键后,程序运行到有该符号标定的程序段,即跳过不执行该段程序;解除该键,则跳段功能无效  机床锁住:按下该键后,机床的所有实际动作无效(不能手动、自动控制进给轴、主轴、冷却等实际动作),但指令运算有效,故可在此状态下模拟运行程序  选择停:如果程序中使用了M01辅助指令,当按下该键后,程序运行到该指令即停止,再按“循环启动”键,继续运行,解除该键,则M01功能无效  通信方式:DNC位置,用数据线连接PC机和数控机床,进行数控程序文件传输  冷却开停:手动/手摇/单步方式下,按下此键,打开冷却开关,同带自锁的按钮,进行开-关-开切换(默认值为关)  照明开关

续表 5-2

名称	功能说明	名称	功能说明
主轴旋转键 	用来开启和关闭主轴 :按下该键,主轴正转 :按下该键,主轴反转 :按下该键,主轴停止	循环启动停止键 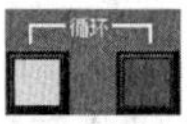	用来开启和关闭,在自动加工运行和 MDI 运行时都会用到它们
主轴倍率键 	在自动或 MDI 方式下,当 S 代码的主轴速度偏高或偏低时,可用来修调程序中编制的主轴速度。按(指示灯亮),主轴修调倍率被置为 100%,按一下,主轴修调倍率递增 5%,按一下,主轴修调倍率递减 5%	进给倍率刻度盘 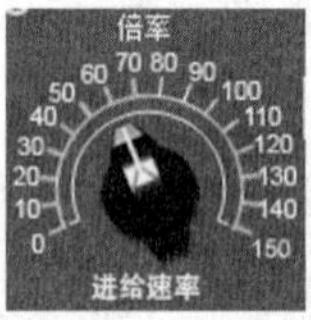	用来调节进给的倍率。倍率值从 0%～150%。每格为 10%。左键点击旋钮,旋钮逆时针旋转一格;右键点击旋钮,旋钮顺时针旋转一格
进给轴和方向选择开关 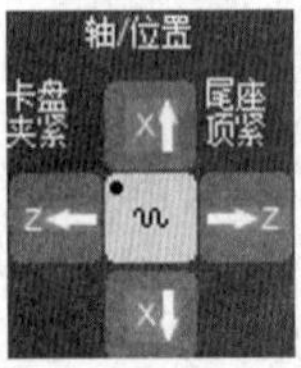	用来选择机床欲移动的轴和方向。 其中为快进开关。当按下该键后,该键变为红色,表明快进功能开启。再按一下该键,该键的颜色恢复成白色,表明快进功能关闭	电源回零指示灯 	用来表明系统是否开机和回零的情况。当系统开机后,电源灯始终亮着。当进行机床回零操作后,某轴返回零点后。该轴的指示灯亮,离开参考点则灯熄灭
系统启动停止 	用来开启和关闭数控系统。在通电开机和关机的时候用到	急停键 	用于锁住机床。按下该键,机床立即停止运动

5. 手轮面板

手轮面板按键、按钮说明见表 5-3。

表 5-3 手轮面板按键、按钮说明

名称	功能说明
手轮进给倍率键 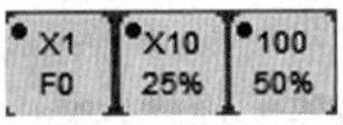	用于选择手轮移动倍率。按下所选择的倍率键后,该键左上方的红灯亮。  为 0.001  为 0.01  为 0.1

续表 5-3

名称	功能说明
手轮 	手轮模式下用来使机床移动。左键点击手轮旋钮，手轮逆时针旋转，机床向负方向移动；右键点击手轮旋钮，手轮顺时针旋转，机床向正方向移动 鼠标点击一下手轮旋钮即松手，则手轮旋转刻度盘上的一格，机床根据所选择的移动倍率移动一个挡位。如果鼠标按下后不松开，则 3 s 后手轮开始连续旋转，同时机床根据所选择的移动倍率进行连续移动，松开鼠标后，机床停止移动
手轮进给轴选择开关 	手轮模式下用来选择机床要移动的轴。点击开关，开关扳手向上指向 X，表明选择的是 X 轴；开关扳手向下指向 Z，表明选择的是 Z 轴

二、运行控制

1. 通电开机

进入系统后的第一件事是接通系统电源。

操作步骤如下：

按下机床面板上的系统启动键，接通电源，显示屏由原先的黑屏变为有文字显示，电源指示灯亮。按急停键，使急停键抬起。这时系统完成上电复位，可以进行后面各项的操作。

2. 手动操作

手动操作主要包括手动返回机床参考点和手动移动刀具。电源接通后，首先要做的事就是将刀具移到参考点。然后可以使用按钮或开关，使刀具沿各轴运动。手动移动刀具包括进给、增量进给、手轮进给。

3. 手动返回参考点

手动返回参考点就是用机床操作面板上的按钮或开关，将刀具移动到机床的参考点。

操作步骤如下：

在方式选择键下按下键。这时数控系统显示屏幕左下方显示状态为 JOG。在操作选择键按下回零键。这时该键左上方的小红灯亮。在坐标轴选择键按下＋X 键，X 轴返回参考点，同时 X 回零指示灯亮。依上述方法，按下＋Z 键，Z 轴返回参考点，同时 Z 回零指示灯亮。

4. 手动进给

手动进给就是手动连续进给。在手动方式下，按机床操作面板上的进给轴和方向选择开关，机床沿轴的选定方向移动。手动连续进给速度可用手动进给倍率刻度盘调节。

操作步骤如下：

按下按键，系统处于手动方式。按下进给轴和方向选择开关，机床沿选定轴的选定方向移动。可在机床运行前或运行中使用手动进给倍率刻度盘，根据实际需要调节进给速度。如果按下进给轴和方向选择开关前按下快速移动开关，则机床按快速移动运行。

5. 手轮进给

在手轮方式下，可使用手轮使机床发生移动。

操作步骤如下：按手摇键，进入手轮模式。按手轮进给轴选择开关，选择机床要移动的轴。按手轮进给倍率键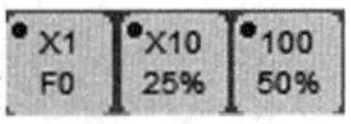，选择移动倍率。根据需要移动的方向，按下手轮旋转钮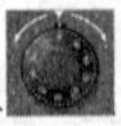，手轮旋转，同时机床发生移动。鼠标点击一下手轮旋钮即松手，则手轮旋转刻度盘上的一格，机床根据所选择的移动倍率移动一个挡位。如果鼠标按下后不松开，则 3 s 后手轮开始连续旋转，同时机床根据所选择的移动倍率进行连续移动，松开鼠标后，机床停止移动。

6. 自动运行

自动运行就是机床根据编制的零件加工程序来运行。自动运行包括存储器运行和 MDI 运行。

(1)存储器运行。存储器运行就是指将编好的零件加工程序存储在数控系统的存储器中，调出要执行的程序来使机床运行。按编辑键，进入编辑运行方式。按数控系统面板上的键。按数控屏幕下方的软键 DIR 键，屏幕上显示已经存储在存储器里的加工程序表。按地址键 0 按数字键输入程序号。按数控屏幕下方的软键 0 检索键。这时被选择的程序就被打开显示在屏幕上。按自动键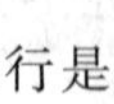，进入自动运行方式。按机床操作面板上的循环键中的白色启动键，开始自动运行。运行中按下循环中的红色暂停键，机床将减速停止运行。再按下白色启动键，机床恢复运行。

如果按下数控系统面板上的键，自动运行结束并进入复位状态。

(2)MDI 运行。MDI 运行是指用键盘输入一组加工命令后，机床根据这个命令执行操作。按键，进入 MDI 运行方式。按数控系统面板上的键，屏幕上显示如下画面。程序号是自动生成的。

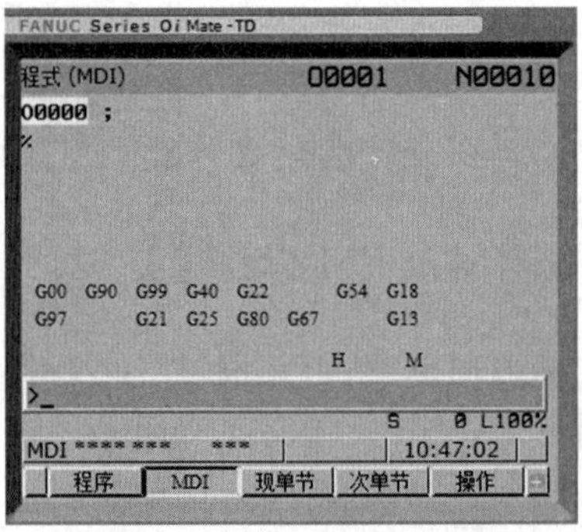

图 5-4 运行屏幕显示

像编制普通零件加工程序那样编制一段程序。

按软键 REWIND 键，使光标返回程序头。

按机床操作面板上的循环键中的白色启动键，开始运行。当执行到结束代码(M02,M30)或%时，运行结束并且程序自动删除。

运行中按下循环键中的红色暂停键，机床将减速停止运行。再按下白色启动键，机床恢复运行。如果按下数控系统面板上的键，自动运行结束并进入复位状态。

7. 程序再启动

该功能指定程序段的顺序号即程序段号，以便下次从指定的程序段开始重新启动加工。

该功能有两种再起动方法：P 型和 Q 型。

P 型操作可在程序的任何地方开始重新启动。程序再起动的程序段不必是被中断的程序段。可在任何程序段在启动。当执行 P 型在启动时，再起动程序段必须使用与被中断时相同的坐标系。Q 型操作在重新启动前，机床必须移动到程序起点。

8. 单段

单段方式通过一段一段执行程序的方法来检查程序。操作步骤如下：

按操作选择键中的单段键，进入单段运行方式。按下循环启动按钮，执行程序的一个程序段，然后机床停止。再按下循环启动按钮，执行程序的下一个程序段，机床停止。如此反复，直到执行完所有程序段。

三、创建和编辑程序

下列各项操作均是在编辑状态，程序被打开的情况下进行的。

1. 创建程序

在机床操作面板的方式选择键中按编辑键，即进入编辑运行方式。按系统面板上的键，数控屏幕上显示程式画面。使用字母和数字键，输入程序号。按插入键。这时程序屏幕上显示新建立的程序名和结束符%，接下来可以输入程序内容。新建的程序会自动保存到 DIR 画面中的零件程序列表里。但这种保存是暂时的，退出系统后，列表里的程序列表会消失。

2. 字的检索

按"操作"键按最右侧有向右箭头的菜单继续键，直到软键中出现"检索"软键；输入需要检索的字。例如，要检索 M03，则输入 M03；按检索键。带向下箭头的检索键为从光标所在位置开始向程序后面的检索，带向上箭头的检索键为从光标所在的位置开始向程序前面进行检索。可以根据需要选择一个检索键；光标找到目标字后，定位在该字上。

3. 跳到程序头

当光标处于程序中间，而需要将其快速返回到程序头，可使用下列两种方法。

方法一：按下复位键，光标即可返回到程序头。

方法二：连续按软键最右侧带向右箭头的菜单继续键，直到软键中出现 REWIND 键。按下该键，光标即可返回到程序头。

4. 字的插入

在本例中，我们要在第一行的最后插入“X20.”。

使用光标移动键，将光标移动到需要插入到后一位字符上。在这里我们将光标移动到“;”上：键入要插入的字和数据：X20.，按下插入键；“X20.”被插入。

5. 字的替换

使用光标移动键，将光标移动到需要替换的字符上；键入要替换的字和数据；按下替换键；光标所在的字符被替换，同时光标移到下一个字符上。

6. 字的删除

使用光标移动键，将光标移到需要删除的字符上；按下删除键；光标所在的字符被删除，同时光标移到被删除字符的下一个字符上。

7. 输入过程中的删除

在输入过程中，即字母或数字还在输入缓存区，没有插入键的时候，可以使用取消键来进行删除。每按一下，则删除一个字母或数字。

8. 程序号检索

在机床操作面板的方式选择键中按编辑键，进入编辑运行方式。按键，数控屏幕上显示程式画面，屏幕下方出现软件【程序】【DIR】。默认进入的是程式画面，也可以按【DIR】键进入DIR画面，即加工程序列表页。输入地址键0.按数控系统面板上的数字键，键入要检索的程序号。按软键【0检索】。被检索的程序被打开显示在程式画面里。如果第二步中按【DIR】键进入DIR画面，那么这时屏幕画面会自动切换到程式画面，并显示所检索的程序内容。

9. 删除程序

在机床操作面板的方式选择键按编辑键，进入编辑运行方式。按键，数控屏幕上出现程式画面。按软键【DIR】键进入DIR画面即加工程序列表页。输入地址键0.按数控系统面板上的数字键，键入要检索的程序号。按数控系统面板上的【DELETE】键，键入程序号的程序被删除。需要注意的是，如果删除的是从电脑中导入的程序，那么这种删除只是将其从当前的程序列表中删除，并没有将其从电脑中删除，以后仍然可以通过从外部导入程序的方法再次将其打开和加入列表。

10. 输入加工程序

点击菜单栏“文件”“加载NC代码文件”，弹出WINDOWS打开文件对话框。从电脑中选择代码存放的文件夹，选中代码，按“打开”键。按程序键，显示屏幕上显示该程序。同时该程序文件被放进程序列表里。在编辑状态下，按键，再按软键DIR键，就可以在程序列表中

看到该程序名。

11. 保存代码程序

点击菜单栏“文件”“保存 NC 代码文件”。弹出 WINDOWS 另存为文件对话框。从电脑中选择存放代码的文件夹，按“保存”键。这样该加工程序就被保存在电脑中。

四、设定和显示数据

设定和显示刀具补偿值。见图 5-1、图 5-2。

图 5-5　设定和显示刀具补偿值屏幕 1

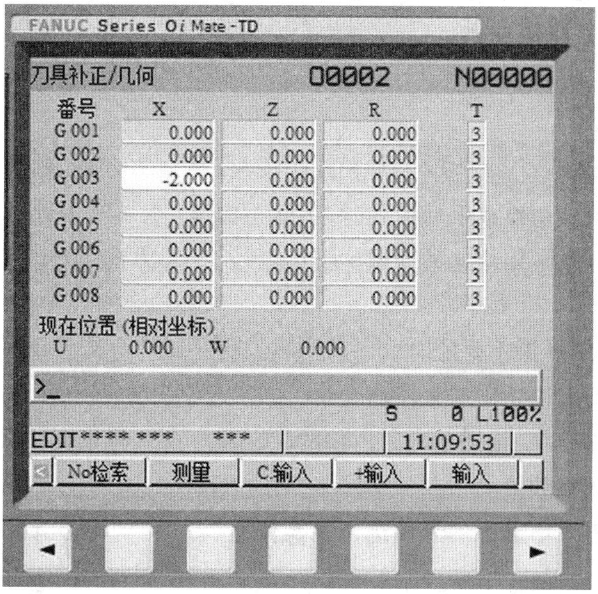

图 5-6　设定和显示刀具补偿值屏幕 2

按编辑键，进入编辑运行方式。按偏置或设置键

，显示工具补正或形状界面。按软键【补正】，再按软键【形状】，然后再按软键【操作】，再在软键中按下【N0 检索】，屏幕上出现刀具形状列表。输入一个值并按下软键【输入】键，就完成了刀具补偿值的设定。

例如，我们要设定 G03 号的 X 值为 2，先用光标键中的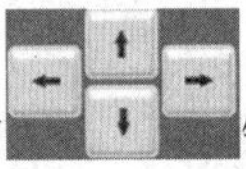键，将光标移到 G03。

输入值

。按软键【输入】键。这时该值显示为新输入的数值。

五、数控机床操作步骤(参考)

(1)开机后执行回参考点；

(2)手动装夹工件、刀具、并通过尾座手动加工相关工艺孔或型孔；

(3)根据程序内容设定刀具位置补偿；

(4)通过 MDI 键盘手动输入程序；

(5)单段方式程序试切削，或将机床进给伺服锁定后，校验程序的正确性；

(6)根据试切削的过程及结果调整程序；

(7)单段方式首件切削。

(8)产品正式加工。

【技能训练】

按以上各环节的操作步骤和方法练习。

【资料链接】

数控机床操作中如发生意外事故可采取以下几种办法解决：

(1)把进给倍率调到 0%。

(2)按复位键，停止机床动作。

(3)按下紧急停止按钮。

(4)关闭电源开关。

【操作注意事项】

(1)机床回参考点后切换成手动模式时，不能再按键＋X＋Z，否则机床会因超程而报警。

(2)开始练习时尽量不用快速移动键，尤其是－Z、－X 方向，以免刀具撞到机床主轴或工件表面。

(3)夹紧工件后，卡盘扳手要随时取下。

(4)程序命名时不能取相同的程序名。

(5)不可随意删除程序，特别是机床内部的固定程序。

(6)禁止修改机床参数值。

(7)不允许随意进入不熟悉的界面进行乱操作。

【习题与思考】

1. 简述新程序的输入步骤。

2. 简述程序的自动运行、单段运行步骤。

3. 数控车床在什么情况下需回参考点？

4. 数控机床加工中如果出现意外事故，如何处理？

任务 2　阶梯轴类零件加工

课题 1　简单阶梯轴的加工

知识点：

掌握 N、F、M、G 等功能指令。

掌握 G00、G01 功能及格式。

会编写简单阶梯轴数控加工程序。

掌握阶梯轴数控加工工艺制定方法。

技能点：

能熟练装夹工件、刀具。

熟练机床基本操作。

掌握零件的单段加工方法。

【任务引入】

完成图 5-7 所示零件，其三维效果图如图 5-8 所示。材料为硬铝。

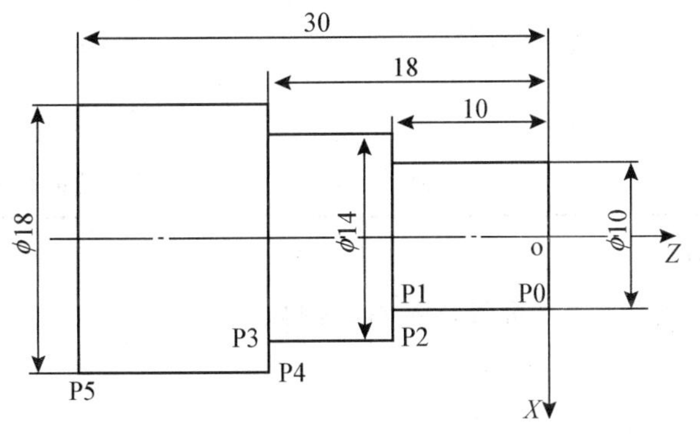

图 5-7　阶梯轴

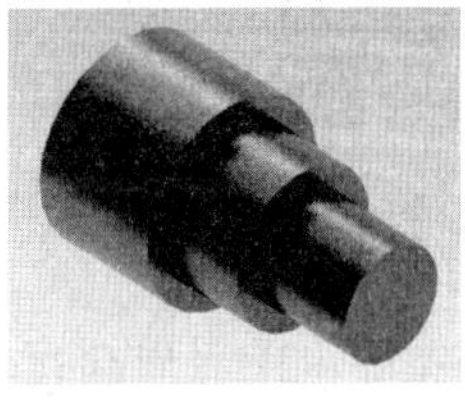

图 5-8　阶梯轴三维实体

【相关知识】

一、程序指令

1. 顺序号指令（或程序段号）

地址：N。

N1～N9999，一般放在程序段首。

功能：表示该程序段的号码，通常间隔 5～10，便于在以后插入程序时不会改变程序段号的顺序。

例如 N10…

N20…

N30…

指令使用说明：顺序号指令不代表数控程序执行顺序，可以不连续，通常由小到大排列，仅用于程序的校对与检索。

2. 进给功能指令

地址：F。

功能：表示刀具切削加工时进给速度的大小，数控车床进给速度的单位为毫米/转(mm/r)；或为毫米/分钟(mm/min)。例如，N10G1X20Z-10F0.2 表示刀具进给速度为 0.2 mm/r(毫米/转)。

3. 辅助功能指令

地址：M。

M00～M99(或 M999)，前置的“0”可省略不写。例如，M02 与 M2、M03 与 M3 可以互用。

功能：表示数控机床辅助装置的接通和断开，由 PLC(可编程控制器)控制。常用 FANUC(法那克)0i 系统辅助功能指令及含义见表 5-4。

表 5-4 法那克系统辅助功能指令及含义

指令	含义	指令	含义
M00	程序停止	M05	主轴停止
M01	计划停止	M06	换刀
M02	程序结束	M08	切削液开
M03	主轴正转	M09	切削液关
M04	主轴反转	M30	程序结束

4. 准备功能指令(G 代码或 G 功能)

地址：G。G00～G99(或 G999)，前置的“0”可省略不写。例如，G02 与 G0、G01 与 G1 可以互用。

功能：建立机床或控制系统工作方式的一种命令。

二、指令使用说明

不同数控系统 G 代码各不相同，同一数控系统不同型号 G 代码也有变化，使用时应以数控机床使用说明书为准。

G 代码有模态代码和非模态代码两种。模态代码一经使用持续有效，又称程序段有效代码。

FANUC(法那克)0iMateTC 系统 G 代码有 A 代码、B 代码、C 代码之分。如无特殊情况，本书均以 A 代码为例进行介绍。

常见 FANUC(法那克)OiMateTC 系统 G 代码功能见表 5-5。

表 5-5　FANUC0iMateTC 系统常用 G 代码功能

G 代码	模态	法那克系统含义
G00	*	快速点定位(快速移动)
G01	*	直线插补
G02	*	顺时针圆弧插补
G03	*	逆时针圆弧插补
G04		暂停
G17	*	*XY* 平面选择
G18	*	*XZ* 平面选择
G20	*	英制输入
G21	*	米制输入
G22	*	存储行程检测功能有效
G23	*	存储行程检测功能无效
G25	*	未指定
G26	*	未指定
G28		返回参考点
G29		从参考点返回
G32	*	切削螺纹
G40	*	取消刀尖半径补偿
G41	*	刀尖半径左补偿
G42	*	刀尖半径右补偿
G50	*	工件坐标系设定或最大转速限制
G52	*	可编程坐标系偏移(局部坐标系)
G53	*	取消可设定的零点偏置(或选择机床坐标系)
G54	*	第一可设定零点偏置
G55	*	第二可设定零点偏置
G56	*	第三可设定零点偏置
G57	*	第四可设定零点偏置
G58	*	第五可设定零点偏置
G59	*	第六可设定零点偏置
G60	*	未指定
G64	*	未指定
G65		宏程序调用
G66	*	宏程序模态调用
G67	*	宏程序模态调用取消
G70		精车复合循环
G71		粗车复合循环
G72		端面粗车复合循环
G73		固定形状粗车复合循环
G74		端面深孔钻削
G75		外圆车槽复合循环
G76		螺纹切削复合循环

续表 5-5

G代码	模态	法那克系统含义
G80	*	取消固定循环
G83	*	端面钻孔循环
G87	*	侧面钻孔循环
G84	*	端面攻螺纹循环
G88	*	侧面攻螺纹循环
G85	*	端面镗孔循环
G89	*	侧面镗孔循环
G90	*	外圆、内孔切削单一循环
G91	*	法那克系统用 X、Z 表示绝值编程;用 U、W 表示增量值编程
G92	*	螺纹切削单一循环
G94	*	端面切削单一循环
G95	*	未指定
G96	*	主轴转速恒定切削速度
G97	*	取消主轴恒定切削速度
G98	*	每分钟进给量(mm/min)
G99	*	每转进给量(mm/r)

注:“*”为模态有效指令。

1. 刀具快速定位指令 G00(或 G0)

(1)指令功能指刀具以机床规定的速度从所在位置移动到目标点,移动速度由机床系统设定,无须在程序段中指定。

(2)指令格式 G00X_Z_;

其中,*X*、*Z* 为目标点的坐标。

例:G00X60Z100;刀具快速移动到点(60,100)位置。

(3)指令使用说明

①用 G00 指令快速移动时,地址 *F* 下编程的进给速度无效。

②G00 为模态有效代码,一经使用持续有效,直到被同组 G 代码(G01、G02、G03…)取代为止。

③G00 指令的刀具运动速度快,容易撞刀,使用在退刀及空行程场合,能减少运动时间,提高效率。

④G00 指令的目标点不能设置在工件上,一般应离工件有 2～5 mm 的安全距离,也不能在移动过程中碰到机床和夹具,如图 5-9 所示。

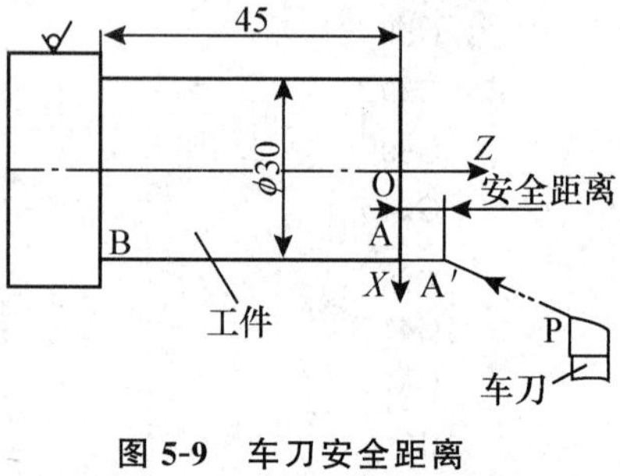

图 5-9 车刀安全距离

2. 直线插补指令(G01 或 G1)

(1)指令功能。刀具以进给功能 F 下编程的进给速度沿直线从起始点加工到目标点。

(2)指令格式 G01X_Z_F_。

其中,*X*、*Z* 为直线插补目标点坐标;*F* 为直线插补时进给速度,单位一般用 mm/r(毫米/转)。

例:如图 5-9 所示,刀具起始为 *P* 点,车削 ϕ30 mm 外圆。

解:刀具从 P 点只能快速移动到 A′点,坐标为(4,30),*Z* 方向留安全距离,然后直线加工到 B 点,B 点坐标为(−45,30)。

加工程序：N10G00X30Z4；

N20G01X30Z-45F0.2；

(3)指令使用说明。

①G01 用于直线切削加工必须给定刀具进给速度，且程序中只能指定一个进给速度。

②G01 为模态有效代码，一经使用持续有效，直到被同组 G 代码(G00、G02、G03…)取代为止。

③刀具空运行或退刀时用此指令则运动时间长，效率低。

3. 数控车床半径编程及直径编程

(1)功能。数控车床车削回转体类零件，一般以直径方式表示 X 坐标值，即采用直径值编程比较方便。

(2)使用方法。法那克系统通过参数设置实现半径、直径编程；具体使用情况见表 5-6。

表 5-6　法那克系统半径、直径编程使用情况

数控系统	法那克系统
半径、直径编程情况或指令使用说明	半径编程或直径编程由 1006 号参数的第 3 为(DIA)设定 一般情况下都是直径编程；但固定循环参数中，沿 X 轴方向背吃刀量为半径值；圆弧插补中的 I 值为半径值

【任务实施】

一、加工工艺分析

1. 选择工、量、刀具

(1)工件装夹。正确安装可使工件在整个切削过程中始终保持正确的位置，保证工件的加工质量和生产效率。外圆加工时，由于所有加工表面都位于零件的外表面上，加工中将产生较大的切削力。车外圆时主切削力的方向与工件轴线不重合，也将影响到工件的稳固性。装夹方式在数控车床上进行外圆加工一般采用以下三种装夹方式：

①使用普通三爪卡盘安装，工件安装后一般不需要校正，只控制长度即可。

②利用软卡爪，并适当增加夹持面的长度，以保证定位准确，装夹稳固。

③利用尾座或顶尖做辅助，采用一夹一顶方式装夹，最大限度地保证零件的稳固性。

选择夹具对于一般的轴类零件，应以轴心线为工艺基准，用三爪自定心卡盘夹持毛坯的外圆，使工件伸出卡盘 50 mm，一次装夹完成粗精加工。三爪自定心卡盘能自动定心，工件装夹后一般不需要找正，装夹效率高。铝棒装夹在三爪自定心卡盘中，用划线盘校正并夹紧。其余工具如表 5-7 所示。

(2)量具选择。外圆、长度、精度要求不高，选用 0～150 mm 游标卡尺测量。

(3)刀具选择。外圆加工是最基本、最简单的加工，所选用的刀具结构和种类应符合以下原则：

①尽量选择通用标准刀具。

②尽量选择机夹不重磨刀具。

③根据零件材料选择特殊刀具。

加工方式主要是根据零件的形状来确定。当零件的精度较低且余量较小时，可不分粗、精加工一刀车出，加工效率较高；当零件余量较大时，不分粗、精加工会使刀具前面压力过大出现扎刀现象，应采用分次进刀的粗车方式，达到降低切削力和断屑的目的。同时注意尽量选择强度较高的刀具。

加工材料为硬铝，刀具选用90°硬质合金外圆车刀，置于T01号刀位；另外，用切断刀手动切断工件。刀具规格、参数见表5-7。

表5-7 简单阶梯轴加工工、量、刀具清单

工、量、刀具清单				图号	图5-7	
种类	序号	名称	规格	精度	单位	数量
工具	1	三爪自定心卡盘			个	1
	2	卡盘扳手			副	1
	3	刀架扳手			副	1
	4	垫刀片			块	若干
	5	划线盘			个	1
量具	1	游标卡尺	0～150 mm	0.02 mm	把	1
刀具	1	外圆车刀	90°		把	1
	2	切断刀	4 mm		把	1

2.加工工艺路线

加工精度较低，不分粗、精加工；加工余量较大，需分层切削加工出零件；本课题共分三层切削，进刀点分别为A、B、C点，如图5-10所示，参考路线如下：

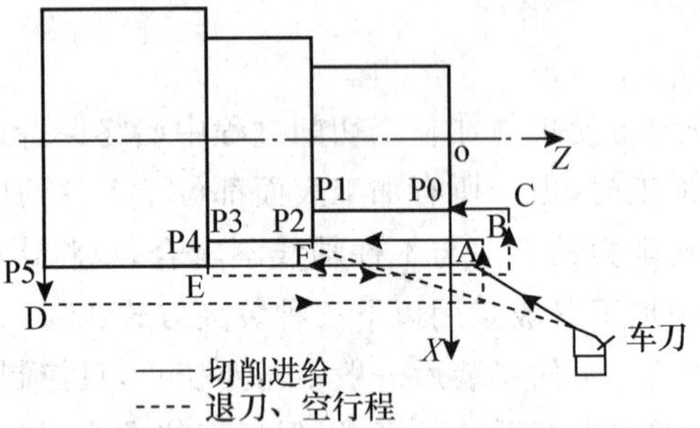

图5-10 车阶梯轴车刀路线

刀具从起点快速移动至进刀点A→直线加工至P5点→沿+X方向退出至D点→刀具沿+Z方向退回→沿−X方向进刀至B点→直线加工至P3点→刀具沿+X方向退出至E点→刀具沿+Z方向退回→沿−X方向进刀至C点→直线加工至P1点→刀具沿+X方向退出至F点→刀具退回至起点→程序结束。

3.选择合理切削用量

加工材料为铝件，硬度较低，切削力较小，切削用量可选大些。但因是首次加工，切削用量尽可能选择较小些。

背吃刀量：2 mm，主轴转速：500 r/min，进给速度：0.2 mm/r。

二、编制参考加工程序

1.建立工件坐标系（对刀）

（1）数控机床坐标系关系。数控车床所使用的有两种坐标系：一个是机械坐标系，另一个是工件坐标系。

在机床的机械坐标系中设有一个参考点(假设为(X,Z))。这个参考点的作用主要是用来给机床本身一个定位。因为每次开机后无论刀架停留在哪个位置,系统都把当前位置设定为(0,0),这样势必造成基准的不统一,所以每次开机的第一步操作为参考点回归(有的称为回零点),也就是通过确定(X,Z)来确定原点(0,0)。

(2)工件坐标系。工件坐标系又称编程坐标系,是编程人员为方便编写数控程序而建立的坐标系,一般建立在工件上或零件图样上。工件坐标系的建立有一定的准则:

①工件坐标系方向的设定。工件坐标系的方向必须与所采用的数控机床坐标系的方向一致,卧式数控车床上加工工件,工件坐标系 Z 轴方向应向右,X 方向向上或向下(后置刀架向上,前置刀架向下),与卧式车床机床坐标系方向一致。见图 5-11 数控车床工件坐标系与机床坐标系的关系。

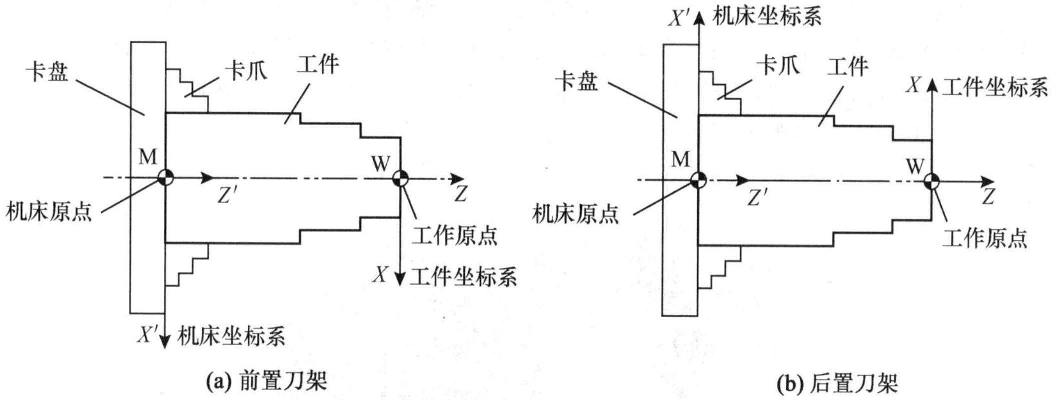

图 5-11　数控车床工件坐标系与机床坐标系关系

②工件坐标系原点位置设置。工件坐标系的原点又称工件原(零)点或编程原(零)点。理论上编程的位置可以任意设定,但为方便对刀及求解工件轮廓上的基点坐标,应尽量选择在零件设计基准或工艺基准上。对数控车床常按以下要求进行设置:X 轴零点设置在工件轴线上。Z 轴零点一般设置在工件右端面上。对于对称零件,Z 轴零点也可选择在对称中心平面上。Z 轴零点也可以设置在工件左端面上。

(3)对刀点、刀位点、换刀点。所谓对刀是指使“刀位点”与“对刀点”重合的操作。每把刀具的半径与长度尺寸都是不同的,刀具装在机床上后,应在控制系统中设置刀具的基本位置。

“刀位点”是指刀具的定位基准点。图 5-12 为常用车刀刀位点。车刀的刀位点是刀尖或刀尖圆弧中心点。“对刀点”是指通过对刀确定刀具与工件相对位置的基准点。对刀点设置在夹具上与零件定位基准有一定尺寸联系的某一位置,对刀点往往就选择在零件的工件(程序)原点。

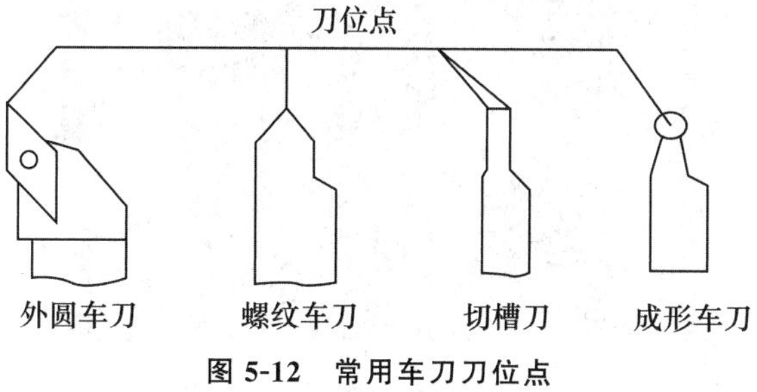

图 5-12　常用车刀刀位点

“换刀点”常常设置在被加工零件的轮廓之外，在刀具旋转时不与工件和机床设备发生干涉的一个安全位置。

(4)FANUC 系统确定工件坐标系有三种方法。第一种方法：通过对刀将刀偏值写入参数从而获得工件坐标系。这种方法操作简单，可靠性好，它通过刀偏与机械坐标系紧密地联系在一起，只要不断电、不改变刀偏值，工件坐标系就会存在且不会变，即使断电，重启动后回参考点，工件坐标系还在原来的位置。

第二种方法：用 G50 设定坐标系，对刀后将刀移动到 G50 设定的位置才能加工。对刀时先对基准刀，其他刀的刀偏都是相当于基准刀的。

第三种方法：用 MDI 参数，运用 G54～G59 可以设定六个坐标系，这种坐标系是相当于参考点不变的，与刀具无关。这种方法适用于批量生产且工件在卡盘上有固定装夹位置的加工。

(5)具体对刀步骤（这里只介绍第一种方法）。Z 轴对刀。MDI（或 MDA）模式下输入 M3S500 指令，按循环启动键，使主轴转动（或手动方式下按主轴正转按钮，使主轴转动）。切换成手动（JOG）模式，移动车刀切削工件端面，然后按 $+X$ 键退出刀具（如图 5-17Z 轴对刀示意图），进行面板操作，步骤如下：

①按参数键（OFFSET）出现如图 5-13 所示参数显示窗口。

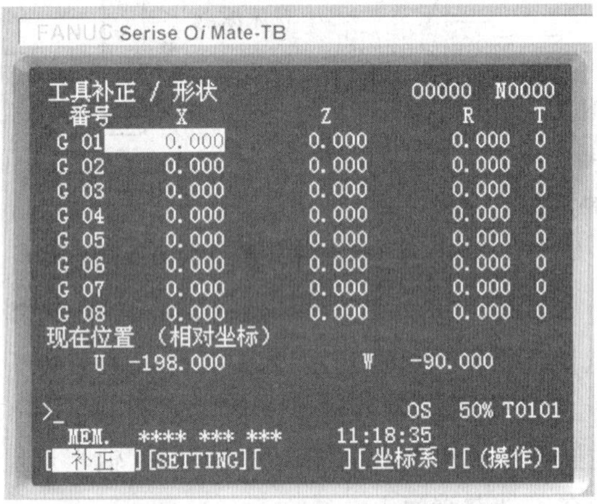

图 5-13 法那克系统参数显示窗口

②按软键【补正】，出现画面如图 5-14 所示刀具补偿窗口。

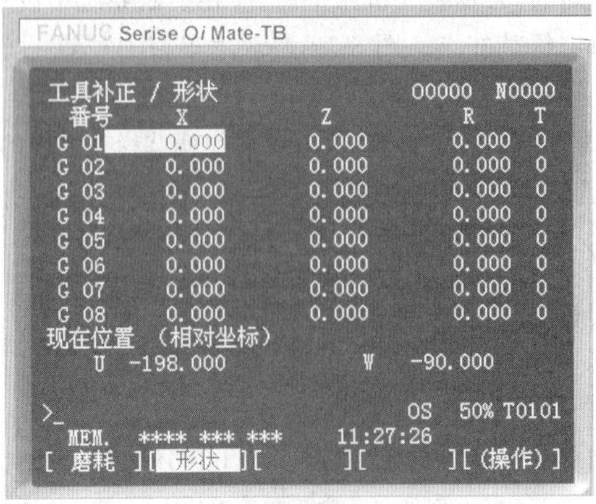

图 5-14 法那克系统刀具补偿窗口

③光标移至该刀具号的 Z 轴数据处。

④按软键【操作】,出现如图 5-15 所示刀具补偿操作显示窗口。

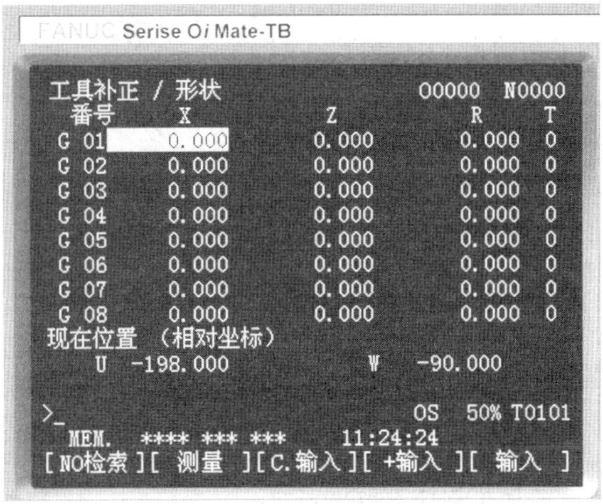

图 5-15　法那克系统刀具补偿操作显示窗口

输入刀具在工件坐标系中 Z 坐标值,此处为 Z0,按软键【测量】,完成 Z 轴对刀。

X 轴对刀。MDI(或 MDA)模式下输入 M3S500 指令,按循环启动键,使主轴转动(或手动方式下按主轴正转按钮,使主轴转动)。切换成手动(JOG)模式,移动车刀切削外圆长 3～5 mm,然后沿 $+Z$ 方向退出刀具,停车,测量所切工件外圆直径(假设此处为 28.68 mm)(如图 5-16 X 轴对刀示意图),进行面板操作。X 轴长度补偿对刀面板操作步骤如下:

a)按参数键(OFFSET)出现参数显示窗口。

b)按软键【补正】,出现刀具补偿窗口。

c)光标移至该刀具号的 X 轴数据处。

d)按软键【操作】,出现刀具补偿操作显示窗口。

e)输入刀具在工件坐标系中 X 坐标值(直径),此处为 X28.68,按软键【测量】,完成 X 轴对刀。

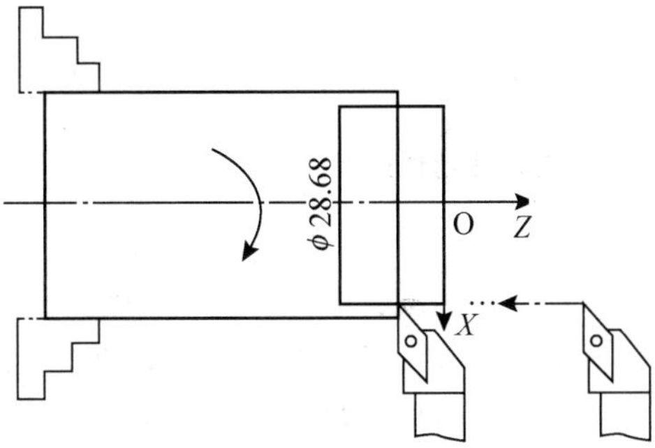

图 5-16　***X*** 轴对刀示意图

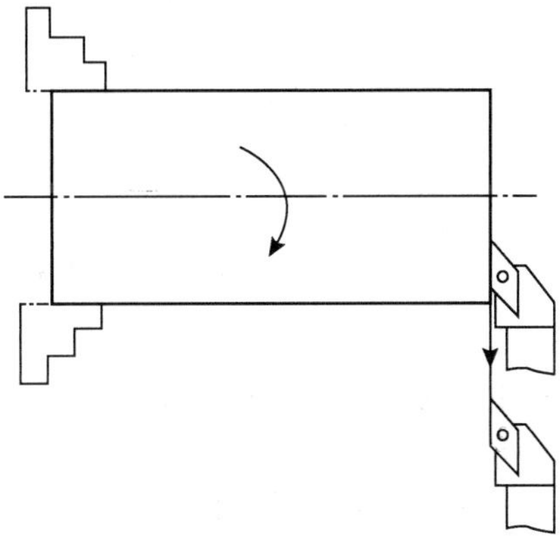

图 5-17　***Z*** 轴对刀示意图

(6)对刀校验。对刀结束后,Z 轴方向和 X 方向分别验证对刀是否正确。X 轴方向验证对刀时，应使刀具 Z 方向离开工件；Z 方向验证对刀时，应使刀具在 X 方向离开工件，以防刀具移动中撞到工件。

验证 Z 方向对刀步骤如下：

使机床运行于 MDI(手动输入)工作模式；

按【PROG】程序键；

按【MDI】软键，自动出现加工程序名“O0000”；

输入测试程序“G01T0101Z0M03S500F1”；

按【循环启动】键运行测试程序；

程序运行结束后，观察刀具是否与工件右端面处于同一平面，如“是”则对刀正确；如“不是”则对刀操作不正确，查找原因重新对刀。

验证 X 方向对刀步骤如下：

使机床运行于 MDI(手动输入)工作模式；

按【PROG】程序键；

按【MDI】软键，自动出现加工程序名“O0000”；

输入测试程序“G01T0101X0M03S500F1”；

按【循环启动】键运行测试程序；

程序运行结束后，观察刀具是否处于工件轴线上，如“是”则对刀正确；如“不是”则对刀操作不正确，查找原因重新对刀。

(7)根据工件坐标系建立原则：数控车床工件原点一般设在右端面工件轴线交点上，故工件坐标系设在 O 点，如图 5-18 所示。

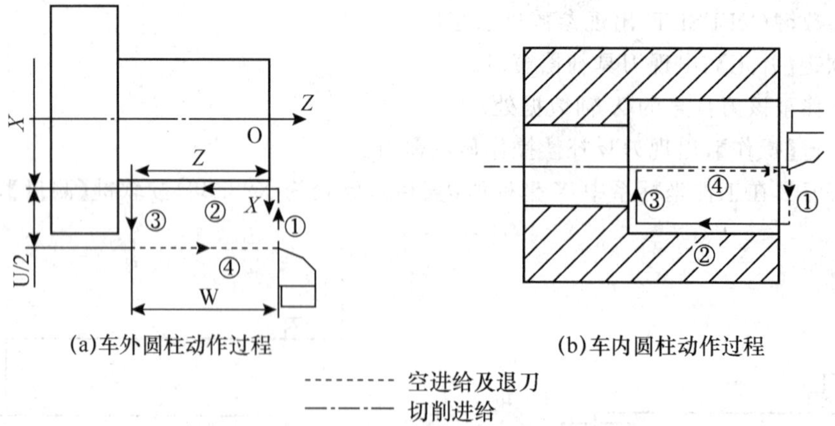

图 5-18 车内、外圆柱简单固定循环动作过程

2. 计算基点与工艺点坐标

零件各几何要素之间的连接点称为基点。例如，零件轮廓上两条直线的交点、直线与圆弧的交点或切点等，往往作为直线、圆弧插补的目标点，是编写数控程序的重要数据。坐标系建立后应计算基点坐标。对于数控车床，编程时 X 轴方向常用直径数据作为其编程数据。

工艺点有 A、B、C 等进刀点及外圆加工后沿 X 轴方向退刀至点(D、E、F)。进刀点(A、B、C 点)的 X 坐标与各外圆 X 坐标相同，Z 坐标距零件右端面应有 2～5 mm 安全距离。D、E、F 各点的 X 坐标应比前一外圆直径大 2～4 mm，如图 5-10 所示。具体各点坐标见表 5-8。

表 5-8　基点及各工艺点坐标

基点	坐标(Z,X)	工艺点	坐标(Z,X)
P0	(0,10)	A	(4,18)
P1	(−10,10)	B	(4,14)
P2	(−10,14)	C	(4,10)
P3	(−18,14)	D	(−30,22)
P4	(−18,18)	E	(−18,20)
P5	(−30,18)	F	(−10,16)

3. 编制程序

加工前必须做好各项准备工作。编程时这些准备工作的数控指令应编写在程序前面第一段、第二段程序内，然后开始编写加工程序。准备工作指令一般有：

(1)以机床坐标系原点为基准偏移的零点偏置指令。G54、G55、G56、G57 等(若未用零点偏置指令对刀，可不写该指令)。

(2)主轴启动及转速指令。M03 主轴正转(M04 主轴反转)、S 指令代码等。

(3)加工所用的刀具号及刀具补偿号，如 T0101、T0202 等。

(4)切削液打开指令。M08(若不用切削液可不编写)。

(5)法那克系统初始状态设置指令。取消刀尖半径补偿(G40)、每转进给量(G99)、米制尺寸输入(G21)、取消固定循环(G80)等指令。

(6)刀具起点位置(可不设置刀具起点位置，但必须保证刀具运行时不发生撞刀)。

以上加工准备指令可写在同一程序段内，也可分别写在不同程序段内(有些法那克系统车床刀具号及补偿号为一独立程序段)。大多数加工程序第一段、第二段程序内容相似，见下：

N10G40G99G80M3S500M08

N20T0101

准备工作指令编好后，接着编写其他加工程序段；各程序段中，模态有效指令除准备功能代码外，还包括尺寸指令、刀具指令、进给指令、主轴转速指令等；若指令或数值不发生变化，在后面程序段中可省略不写。

4. 参考程序

参考程序见表 5-9。法那克系统程序名为“O0021”。

表 5-9　简单阶梯轴加工参考程序

程序段号	程序内容	动作说明
N10	G00X100Z200M03S500	刀具快速运动到起点位置(200，100)，主轴正转，转速 500 r/min
N20	T0101	选择 1 号刀(法那克系统需写成 T0101)
N30	G00X18Z4	刀具快速运动到 A 点
N40	G01Z-30F0.2	以 G01 速度从 A 点直线加工到 P5 点
N50	X22	刀具沿＋X 方向退出至 D 点
N60	G00Z4	刀具沿＋Z 方向快速退回
N70	X14	X 方向进刀至 B 点
N80	G01Z-18	刀具直线加工刀 P3 点
N90	X20	刀具沿＋X 方向退出至 E 点

续表 5-9

程序段号	程序内容	动作说明
N100	G00Z4	刀具沿+Z 方向快速退回
N110	X10	X 方向进刀至 C 点
N120	G01Z-10	刀具直线加工到 P1 点
N130	X16	刀具沿+X 退出至 F 点
N140	G00X100Z200	刀具退回至起点
N150	M02	程序结束

【知识链接】

法那克系统轮廓简单固定循环：法那克系统除了可以采用轮廓复合循环粗、精加工外圆、内孔，还可以使用简单固定循环进行加工，它相当于把车内外圆柱或内外圆锥加工的四个动作编写为一个子程序（循环）供调用，如图 5-18 车内、外圆柱简单固定循环动作过程所示。用一个程序段可以完成①～④的加工操作。指令格式如下：

圆柱面车削简单固定循环：G90X(U)- Z(W)-F-；

圆锥面车削简单固定循环：G90X(U)-Z(W)-R-F-；

其中 *X*、*Z*：切削终点的绝对坐标。

U、*W*：切削终点相对循环起点的增量坐标。

F：切削进给速度(mm/r)。

R：车圆锥时切削起点与终点的半径差。该值有正负号：若起点圆锥半径小于终点圆锥半径，*R* 为负值，如图 5-19(a)所示；若起点圆锥半径大于终点圆锥半径，*R* 为正值，如图 5-19(b)所示。

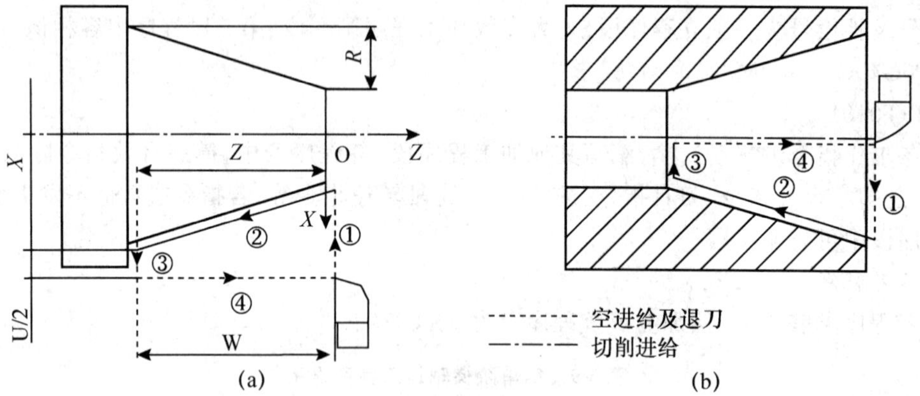

图 5-19 外圆锥固定循环动作过程

G90 指令编程示例：

	O4003	
N10	T0101	
N20	G0 X31. Z1. S800 M03	快速走刀至循环起点
N30	G90 X26. Z-24. 9 F0. 3	X 方向切深单边量 2 mm，端面留余量 0. 1 mm 精加工
N40	X22.	G90 模态，X 向切深至 22 mm
N50	X20. 5	X 向单边余量 0. 25 mm 精加工
N60	X20. Z-25. F0. 2S1200	精车
N70	G28 U0 W0	
N80	M30	

G90 外圆加工程序示例:图 5-20。

G90 外锥度加工程序示例:图 5-21。

O4004		
N10	T0101	
N20	G0 X32. Z1. S500 M3	刀具定位
N30	G90 X26. Z-25. R-2. 6 F0. 15	锥加工,*Z* 向无余量,*R* 为考虑起点 *Z* 向偏移后的 *X* 向半径差
N40	X22	
N50	X20. 5	留精加工余量,双边 0. 5 mm
N60	G90 X20. Z-25. R-2. 6 F0. 1 S800	
N70	G28 U0 W0	
N80	M30	

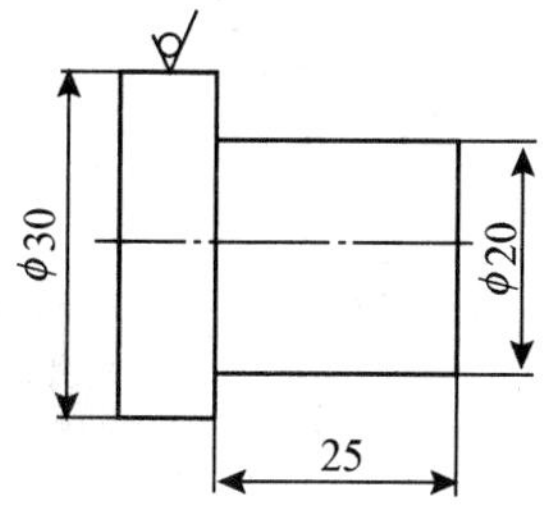

图 5-20 G90 外圆加工程序示例

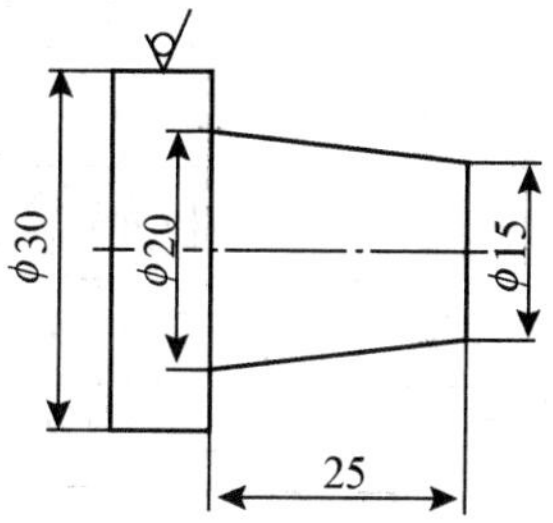

图 5-21 G90 外锥度加工程序示例

提示:锥面精加工时,首进刀段为 G00 方式,为避免 G00 方式走刀时刀具与工件表面接触,通常将刀具偏离锥度端面,此时,刀具起始位置 *Z* 轴坐标取值与实际锥度的起点 *Z* 坐标不一致,应算出锥面轮廓延长线上对应所取 *Z* 坐标处与锥面终点处的实际直径差。

【技能训练】

一、加工准备

(1)检查坯料尺寸。

(2)开机、回参考点。

(3)装夹刀具与工件。

(4)外圆车刀按要求装于刀架的 T01 号刀位。铝棒夹在三爪自定心卡盘上,伸出 40 mm,找正并夹紧。

(5)程序输入。把编写好的程序通过数控面板输入数控机床。

二、对刀

外圆车刀对刀:外圆车刀通过试切工件右端面进行 *Z* 轴对刀,通过试切外圆进行 *X* 轴对刀,并把试切对刀操作得到的数据输入到刀具相应补偿存储器中。

三、空运行操作

1. 空运行操作

空运行操作是指机床按设定的运动速度(快速)运行,可用快速运动开关来改变进给速度。

其用于不装夹工件时加工程序检验。空运行操作只需按下空运行开关即可,空运行结束后应使空运行按钮复位。

2. 机床轴锁住及辅助功能锁住操作

按下机床面板操作面板上的机床锁住开关,启动程序后,机床不移动,只显示刀具位移的变化,用于检查程序。另外还有辅助功能锁住,它使 M、S、T 代码被禁止输出并且不能执行,与机床锁住功能一样用于检查程序。

四、零件单段运行加工

按下启动按钮后,刀具在执行完成程序中的一段程序后停止。通过单段加工模式可以一段一段地执行程序,便于仔细检查数控程序。选择 MEM(自动加工)工作模式,调好进给倍率,按单段运行按钮,按循环启动按钮进行加工;每段程序运行结束后,继续按循环启动按钮即可一段一段执行程序。

五、零件检测与评分

零件加工结束后进行检测。检测结果写在表 5-10 中。

表 5-10 简单阶梯轴零件加工评分表

班级		姓名			学号	
课题		简单阶梯轴零件加工		零件编号		图 5-7
基本检查		序号	检测内容	配分	学生自评	教师评分
	编程	1	切削加工工艺制定正确	5		
		2	切削用量选择合理	5		
		3	程序正确、简单、规范	10		
	操作	4	设备操作、维护保养正确	10		
		5	安全、文明生产	10		
		6	刀具选择、安装正确、规范	5		
		7	工件找正、安装正确、规范	5		
工作态度		8	行为规范、纪律表现	10		
外圆		9	ϕ18 mm	10		
		10	ϕ14 mm	10		
		11	ϕ10 mm	10		
长度		12	30 mm	5		
		13	18 mm	3		
		14	10 mm	2		
综合得分				100		

六、结束

加工结束后，清理机床。

【加工质量分析】

见表 5-11。

表 5-11　外圆加工误差分析

问题现象	产生原因	预防和消除
工件外圆尺寸超差	1. 刀具数据不准确 2. 切削用量选择不当产生让刀 3. 程序错误 4. 工件尺寸计算错误	1. 调整或重新设定刀具数据 2. 合理选择切削用量 3. 检查、修改加工程序 4. 正确计算工件尺寸
外圆表面粗糙度太差	1. 切削速度过低 2. 刀具中心过高 3. 切削控制较差 4. 刀尖产生积屑瘤 5. 切削液选用不合理	1. 调高主轴转速 2. 调整刀具中心高度 3. 选择合理的进刀方式及切深 4. 选择合理的切削速度 5. 选择正确的切削液
台阶处不清根或呈圆角	1. 程序错误 2. 刀具选择错误 3. 刀具损坏	1. 检查修改加工程序 2. 正确选择加工刀具 3. 更换刀片
加工过程中出现扎刀，引起工件报废	1. 进给量过大 2. 切屑阻塞 3. 工件安装不合理 4. 刀具选择不合理	1. 降低进给速度 2. 采用断、退屑方式切入 3. 检查工件安装，增加安装刚性 4. 正确选择刀具
台阶端面出现倾斜	1. 程序错误 2. 刀具安装不正确	1. 检查、修改加工程序 2. 正确安装刀具
工件圆度超差或产生锥度	1. 车床主轴间隙过大 2. 程序错误 3. 工件安装不合理	1. 调整车床主轴间隙 2. 检查、修改加工程序 3. 检查工件安装，增加安装刚性

【操作注意事项】

(1)刀具、工件应按要求装夹。

(2)加工前做好各项检查工作。

(3)加工时应关好防护门。

(4)机床坐标系和工件坐标系的位置关系在机床锁住前后有可能不一致，故使用机床锁住功能空运行后，应手动重回参考点。

(5)加工时，空运行按钮必须复位；否则会发生撞刀现象。

(6)首次切削禁止采用自动方式加工，以避免意外事故发生。

(7)加工完毕，用切断刀手动切断工件。手动切断时进给倍率为 1%～2%。

(8)若有意外事故发生，按复位键或紧急停止按钮，查找原因。

【思考题与练习题】

1. 分析 G00 与 G01 指令有何区别？各有什么功用？
2. 简述辅助功能指令代码含义。
3. 简述法那克系统空运行作用及操作步骤。
4. 程序单段运行时有何作用？
5. 编写图 5-22 所示零件程序并练习加工。毛坯为 ϕ20 mm 铝棒。

6. 加工外圆时如何选刀？
7. 加工外轮廓时如何选择切削用量？
8. 正确安装零件的目的是什么？
9. 常见外圆的加工误差有哪些？
10. 加工如习题图 5-23 所示的零件，试使用 G00、G01 指令编写加工程序。
11. 试使用 G90 指令编写图 5-23 的加工程序。

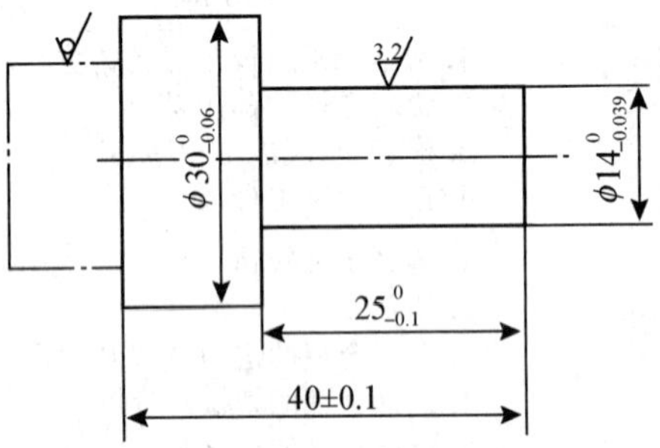

图 5-22 阶梯轴 1(模块 5 任务 2 课题 1)

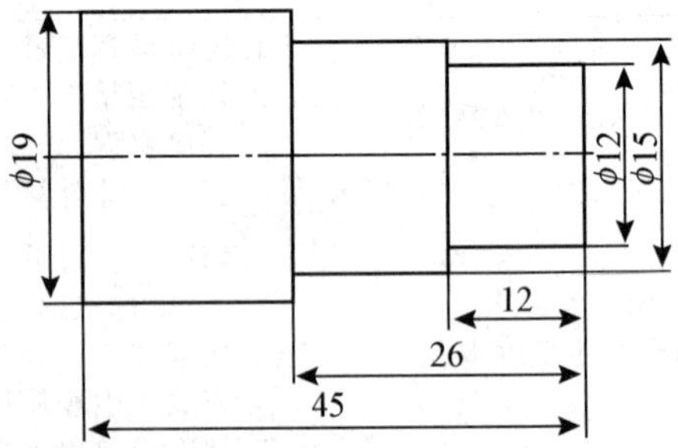

图 5-23 阶梯轴 2(模块 5 任务 2 课题 1)

课题 2 外圆锥面加工

知识点：

了解锥面的标注及尺寸计算。
掌握子程序及应用。
掌握刀尖半径补偿指令及应用。
会编制外圆锥零件加工工艺。

技能点：

掌握锥面零件的加工。
掌握刀尖圆弧半径补偿功能的使用。
熟练掌握零件自动加工方法。
掌握绝对尺寸和增量尺寸指令及应用。

【任务引入】

完成图 5-24 所示零件，其三维效果图如图 5-25 所示。材料为硬铝。

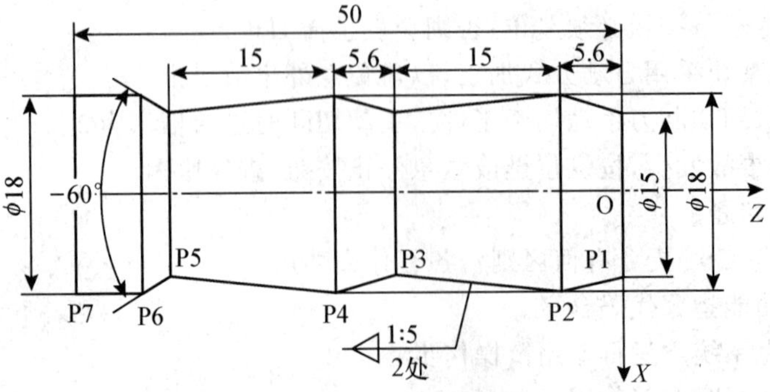

图 5-24 外圆锥面零件图

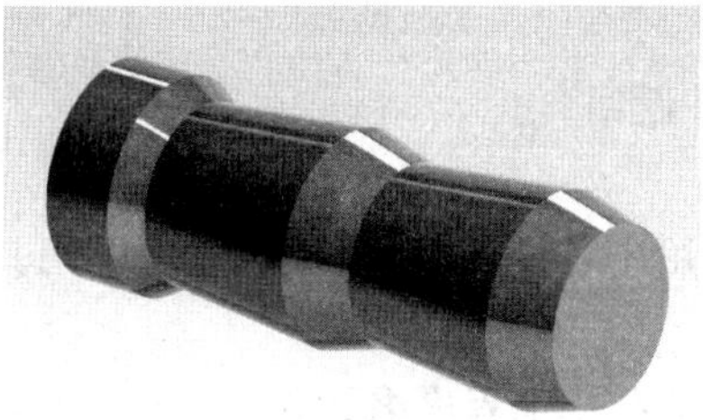

图 5-25　外圆锥面三维效果图

【相关知识】

一、圆锥面基本计算表(表 5-12)

表 5-12　圆锥面基本参数及计算

基本参数	图例
最大圆锥直径:D	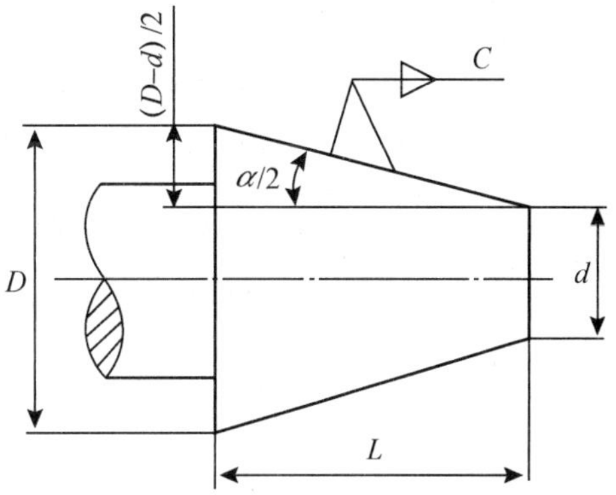
最小圆锥直径:d	
圆锥长度:L	
锥度:$C=(D-d)/L$ 圆锥半角:$\alpha/2$ $C/2=\tan(\alpha/2)$	
备注:圆锥具有 4 个基本参数(C、D、d、L),只要已知其中三个参数,便可以通过公式 $C=(D-d)/L$ 计算出未知参数	

例:图 5-24 中,P2 点零件直径为 18 mm,圆锥长度为 15 mm,锥度 $C=1:5$,试确定 P3 点零件直径。

解:根据公式:

$$C=(D-d)/L$$

$$d=D-LC=18\ \text{mm}-15\ \text{mm}/5=15\ \text{mm}$$

例:图 5-24 中,P5 点零件直径为 $\phi15$ mm,P6 点零件直径为 $\phi18$ mm,圆锥角为 60°,试求 P5-P6 圆锥长度。

解:$C=2\tan(\alpha/2)=2\times\tan30°=1.155$

$L=(D-d)/C=(18-15)\text{mm}/1.155=2.6\ \text{mm}$

二、子程序

1. 子程序功能

对经常需要进行重复加工的轮廓或零件上相同形状轮廓的加工,可编制子程序,在程序适当的位置进行调用、运行。原则上子程序和主程序之间没有区别。

2. 子程序名

子程序与主程序一样也应给程序命名,以供调用。

子程序名与主程序名完全相同,由字母“O”开头,后跟四位数字,如“O1233”。

3. 子程序结构

子程序结构与主程序结构完全相同,由程序段组成。

4.子程序结束与返回

用 M99 指令结束子程序并返回。

5.子程序调用

主程序可以在适当位置调用子程序,子程序还可以再调用其他子程序。

M98P ×××××××

P 后跟子程序被重复调用次数及子程序名。例:

N20M98PO2233;调用子程序“O2233”…

N40M98PO31133;重复调用子程序“O1133”3 次

调用子程序时程序运行过程如图 5-26 所示。

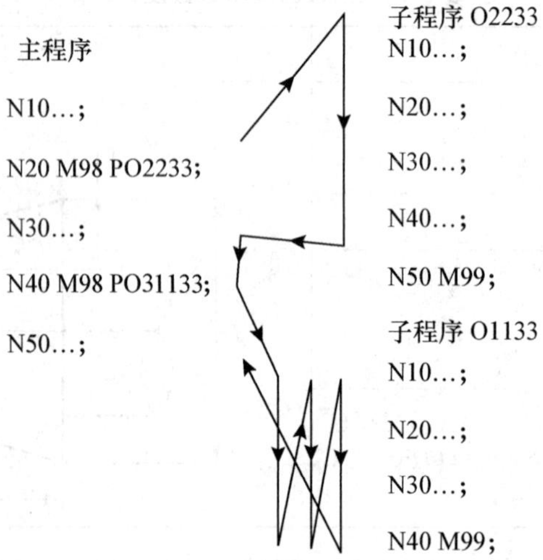

图 5-26 程序运行路线

6.子程序使用说明

(1)主程序调用子程序,子程序还可以调用其他子程序,这被称为子程序嵌套。一般子程序嵌套为三层,也就是有四个程序界面(包括主程序界面)。注意,固定循环是子程序的一种特殊形式,也属于四个程序界面中的一个。

(2)子程序可以重复调用,最多 999 次。

(3)在子程序中可以改变模态有效的 G 功能。在返回调用程序时注意检查所有模态有效的功能指令,并按照要求进行调整。

本课题中两个圆锥体形状完全一样,可编写一个子程序,在需要的时候调用,以简化程序结构。

三、刀尖半径补偿指令 G41、G42、G40

1.指令功能

编写数控程序和对刀,车刀刀位点为假想刀尖点,如图 5-27 所示。车削时,实际切削点是刀尖过渡刃圆弧与零件轮廓表面的切点。车外圆、端面时并无误差产生,因为实际上切削刃的轨迹与零件轮廓一致。车锥面时,会出现欠切削和过切削,引起加工形状和尺寸误差,使锥面精度达不到要求,如图 5-28 所示。

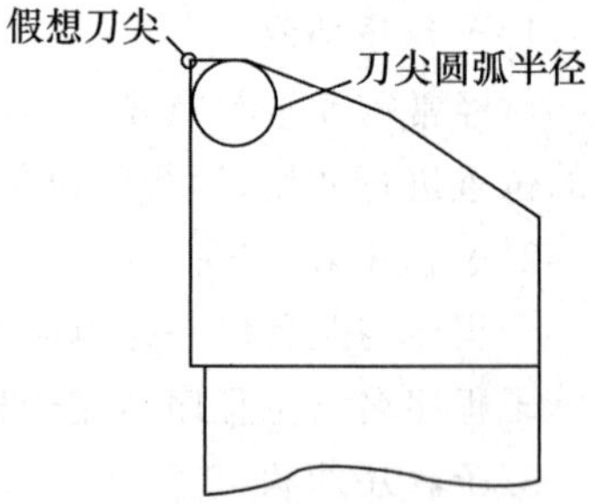

图 5-27 刀尖圆弧半径及假想刀尖

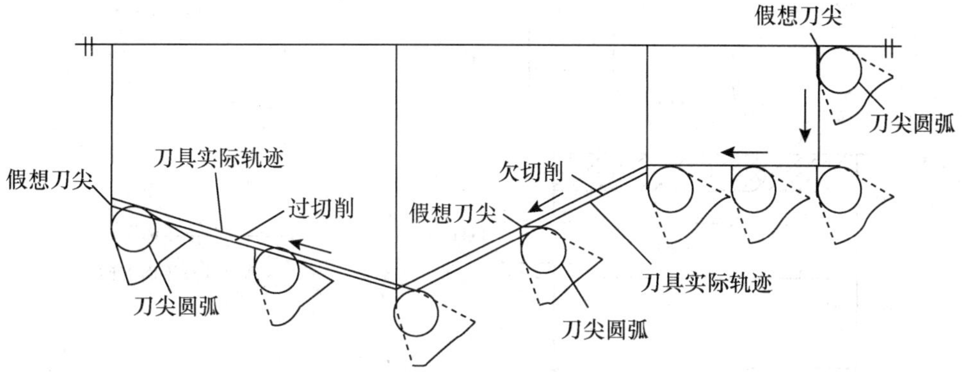

图 5-28　存在刀尖圆弧半径加工锥面时产生欠切削和过切削情况

采用刀尖半径补偿功能后，按零件轮廓线编程，数控系统会自动沿轮廓方向偏置一个刀尖圆弧半径，消除了刀尖圆弧半径加工圆锥产生的欠切削和过切削现象，如图 5-29 所示。

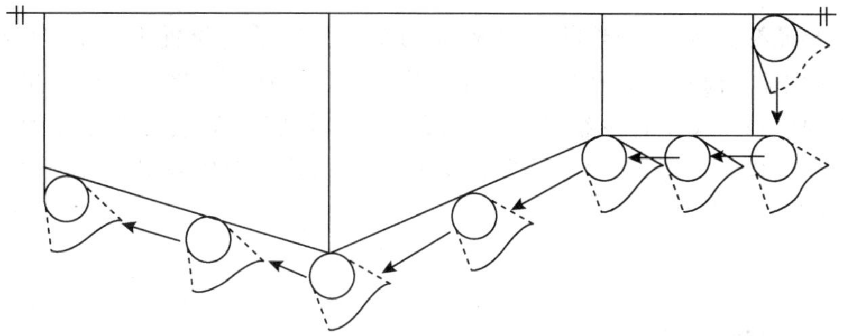

图 5-29　采用刀尖半径补偿功能后刀具轨迹

2. 指令代码

G41：刀尖半径左补偿（沿加工方向看，刀具位于轮廓左侧时为左补偿）。

G42：刀尖半径右补偿（沿加工方向看，刀具位于轮廓右侧时为右补偿）。

G40：取消刀尖半径补偿。

左补偿、右补偿通常是在补偿平面内判别，即从 $+Y$ 轴往 $-Y$ 轴方向看到的 XOZ 平面。机床采用前置刀架和后置刀架时刀尖半径补偿平面不同，补偿方向也不同，如图 5-30、图5-31 所示。但判别结果是一样的，即车外圆时采用右补偿 G42，车内孔时采用左补偿 G41 指令。

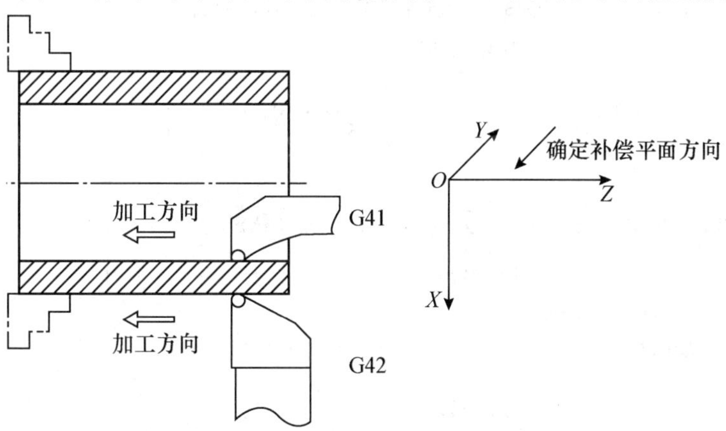

图 5-30　前置刀架补偿平面及刀具半径补偿方向

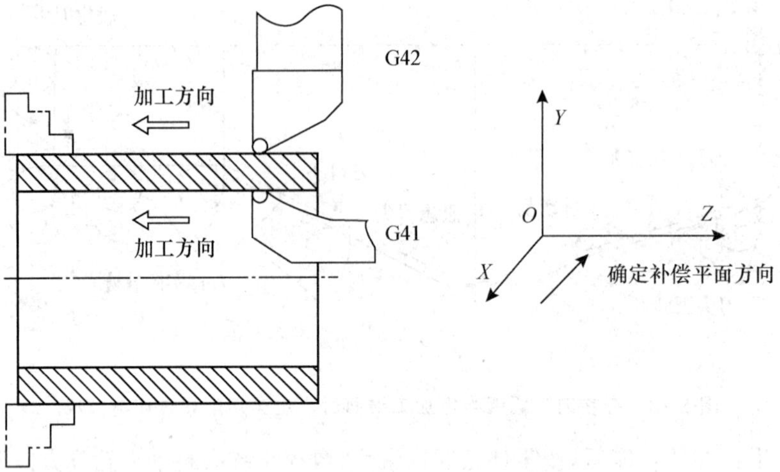

图 5-31 后置刀架补偿平面及刀具半径补偿方向

采用刀尖半径补偿时，车刀形状不同，决定刀尖圆弧所处的位置不同，刀具自动偏离零件轮廓的方向也就不同，前置刀架和后置刀架的刀尖位置也有一定区别。图 5-32 和图 5-33 所示为各种刀具的假想刀尖位置及编号。当用假想刀尖编程时，假想刀尖号设为 1～8；当用假想刀尖圆弧中心编程时，假想刀尖号设为 0 或 9 加工时，需要把代表车刀形状和位置的参数输入到存储器中(图 5-34)。

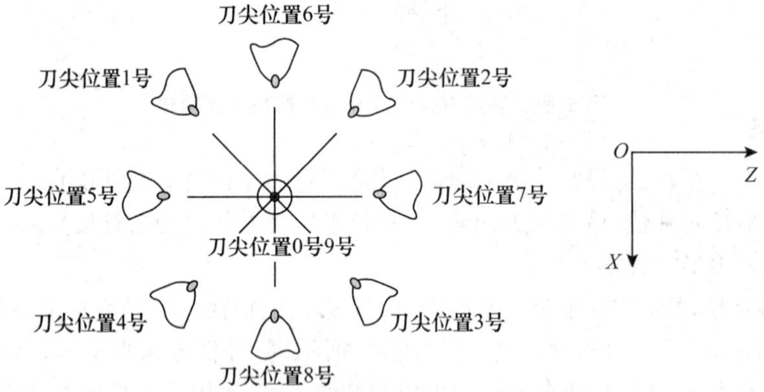

图 5-32 前置刀架刀尖位置示意图

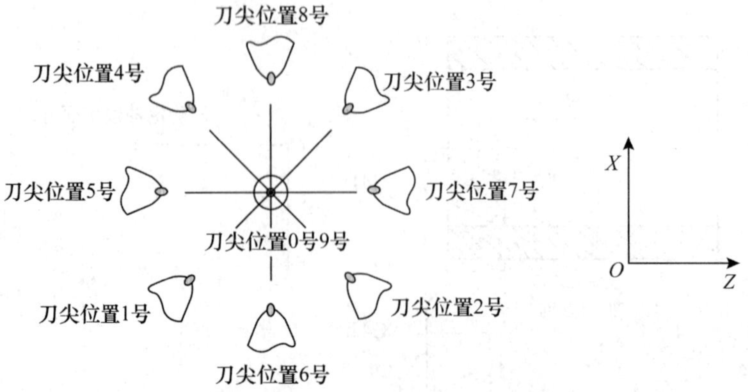

图 5-33 后置刀架刀尖位置示意图

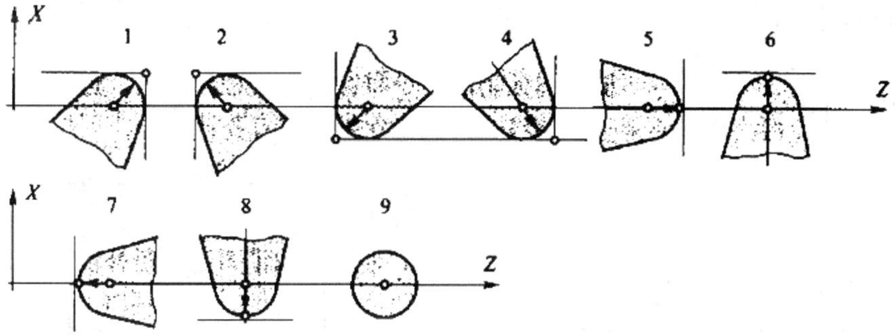

图 5-34　刀尖圆弧位置图

3. 指令格式

G00/G01G41X_Z_;建立刀尖半径左补偿

G00/G01G42X_Z_;建立刀尖半径右补偿

G00/G01G40X_Z_;取消刀尖半径补偿

4. 指令使用说明

(1)*X*、*Z* 为建立或取消刀尖补偿程序段中刀具移动的终点坐标。

(2)G41、G42、G40 指令应与 G01 或 G00 指令出现在同一程序段中,通过刀尖补偿所在平面的直线运动建立或取消刀尖补偿。

(3)G41、G42、G40 为模态指令。

(4)G41、G42 指令不能同时使用,使用 G41 后不能直接使用 G42 指令,必须先用 G40 解除 G41 刀补状态后,才可以使用 G42 刀补指令。

(5)刀尖半径补偿指令使用前,须通过机床数控系统的操作面板向系统存储器中输入刀尖半径补偿的相关参数:刀尖圆弧半径 R 和假想刀尖位置 T,作为刀尖圆弧半径补偿的依据。刀尖圆弧半径粗加工一般取 0.8 mm,半精加工取 0.4 mm,精加工取 0.2 mm。若粗、精加工采用同一把刀,刀尖半径取 0.4 mm。刀尖位置号如图 5-32、图 5-33 所示。外圆车刀一般为 3 号,内孔车刀为 2 号。

例加工如图 5-35 所示锥面零件,使用刀尖半径补偿功能编程。

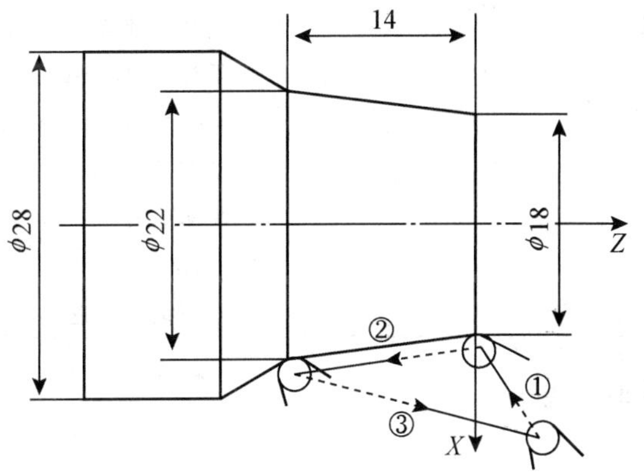

图 5-35　锥面零件图

N40G01G42X18Z0F0.2;建立刀尖半径右补偿。

N50X22Z-14;加工锥面。

N60G00G40X30Z2;取消刀尖半径补偿。

(6)刀具半径补偿实例:

应用刀尖圆弧半径补偿指令车削如图5-36所示的零件,编写加工程序。

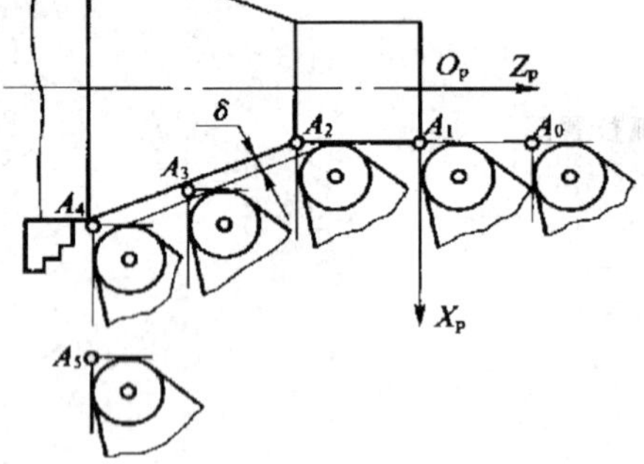

(a) 无刀具半径补偿

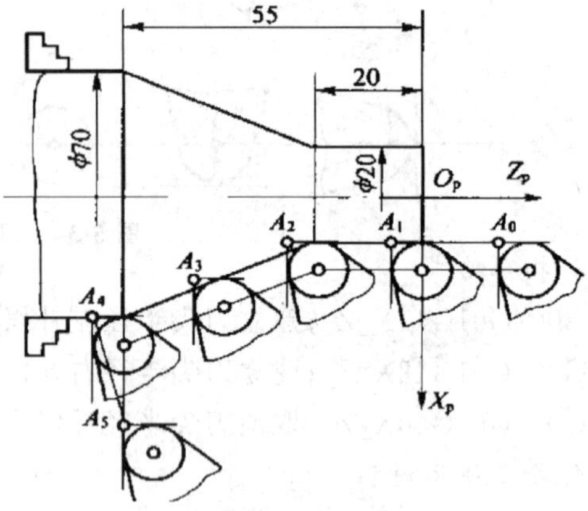

(b) 刀具半径右补偿

图5-36 刀具半径补偿示例

未采用刀尖圆弧半径补偿指令时,刀具以假想刀尖轨迹运动,圆锥面产生误差δ,如图5-36(a)所示。采用刀尖圆弧半径补偿指令后,系统自动计算刀具圆弧中心轨迹,使刀具按刀尖圆弧轨迹运动,无表面形状误差,如图5-36(b)所示,$A_0 \to A_1$为产生刀具补偿过程,$A_4 \to A_5$为取消刀具半径补偿的过程,程序编制见表5-13。

表5-13 补偿程序(图5-36(b))

程序	说明
T0101	换1号刀,并建立1号刀补
S800M03	主轴正转
G00X20Z5	快速进至A_0点
G42G01X20Z0F0.1	刀具右补偿$A_0 \to A_1$
Z-20	车外圆$A_1 \to A_2$
X70Z-55	车圆锥面$A_2 \to A_4$
G40X80Z-55	退刀$A_4 \to A_5$
G00X100Z100	快速退刀
M05	主轴停
M30	程序结束并返回

四、绝对坐标、增量坐标指令

1.指令功能

(1)绝对坐标。刀具运动过程中,刀具的位置坐标是以工件原点为基准计量的。

(2)增量坐标。刀具位置坐标是相对于前一位置的增量。

2.指令代码

法那克系统绝对坐标、增量坐标代码见表5-14。

表 5-14　法那克系统绝对坐标、增量坐标代码

数控系统	法那克系统
绝对坐标	*X*、*Z*
增量坐标	*U*、*W*

注:*U*、*W* 分别为 *X*、*Z* 轴方向的坐标增量。另外,法那克 OiMateTC 系统中 B 代码、C 代码绝对坐标指令为 G90,增量坐标指令为 G91。

例如图 5-37 所示零件,从 A 点加工到 F 点,用绝对坐标、增量坐标编程。

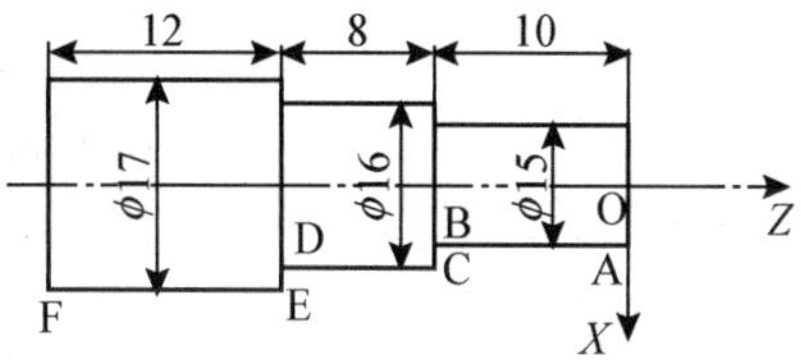

图 5-37　绝对坐标、增量坐标编程零件图

绝对坐标、增量坐标示例程序见表 5-15 绝对坐标、增量坐标编程示例。

表 5-15　绝对坐标、增量坐标编程示例

	法那克系统	程序含义说明
绝对坐标编程	…	…
	N40G01X15Z0F0.2	直线加工至 A 点
	N50Z-10	直线加工至 B 点
	N60X16	直线加工至 C 点
	N70Z-18	直线加工至 D 点
	N80X17	直线加工至 E 点
	N90Z-30	直线加工至 F 点
	…	…
增量坐标编程	…	…
	N40G01X15Z0F0.2	绝对坐标,直线加工至 A 点
	N50U0W-10	增量坐标,直线加工至 B 点
	N60U1W0	增量坐标,直线加工至 C 点
	N70U0W-8	增量坐标,直线加工至 D 点
	N80U1W0	增量坐标,直线加工至 E 点
	N90U0W-12	增量坐标,直线加工至 F 点
	…	…

3. 指令使用说明

增量坐标是指刀具起始位置到目标点移动增量;方向与坐标轴方向一致为正,方向与坐标轴方向相反为负。

法那克系统中可以绝对、增量坐标混合编程,即在一段程序中 *X* 和 *U* 或 *Z* 与 *W* 同时存。

【任务实施】

一、加工工艺分析

1. 选择工、量、刀具

(1)工具选择铝棒用三爪自定心卡盘装夹。其他工具见表 5-16。

(2)尺寸精度要求不高外圆及长度尺寸选用游标卡尺测量,锥度用游标万能角度尺测量。刀具规格见表5-16。

表5-16 外圆锥面加工工、量、刀具清单

工、量、刀具清单				图号	图5-24	
种类	序号	名称	规格	精度	单位	数量
工具	1	三爪自定心卡盘			个	1
	2	卡盘扳手			副	1
	3	刀架扳手			副	1
	4	垫刀片			块	若干
	5	划线盘			个	1
量具	1	游标卡尺	0～150 mm	0.02 mm	把	1
	2	游标万能角度尺	0°～320°	2′	把	1
刀具	1	外圆粗车刀	90°		把	1
	2	外圆精车刀	90°		把	1
	3	切断刀	4 mm×15 mm		把	1

(3)刀具选择刀具选用90°硬质合金外圆车刀,刀具副偏角应足够大,防止车倒锥时,副切削刃与锥面发生干涉。副切削刃与倒锥面干涉情况如图5-38所示。

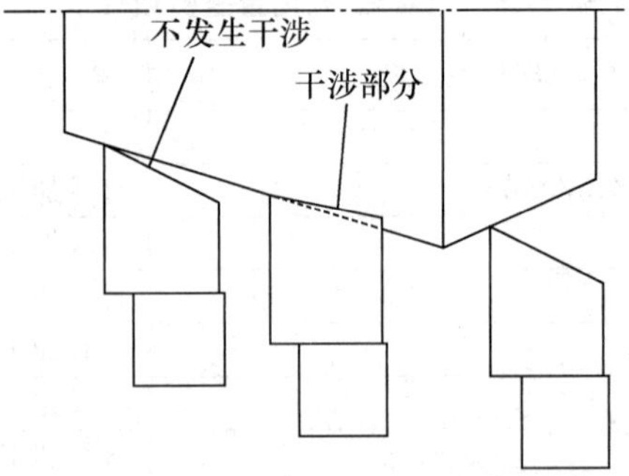

图5-38 车刀副刀刃与锥面干涉情况

2. 加工工艺路线

分粗、精加工进行。粗加工后留0.6 mm(直径)余量,精加工设置刀尖半径补偿功能,减少锥面尺寸和形状误差。具体步骤见表5-17。

粗加工刀具路线如图5-39所示。

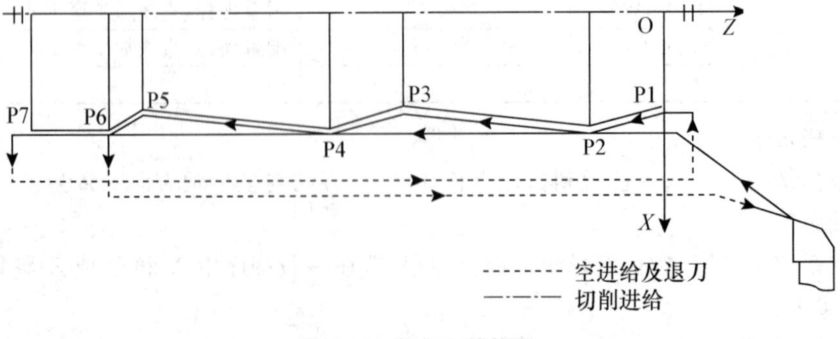

图5-39 粗加工路线图

3. 选择合理切削用量

加工材料为硬铝,硬度较低,切削力较小,切削用量可选大些。具体切削用量见表5-17。

表 5-17　车削外圆锥面加工工艺

工步号	工步内容	刀具号	切削用量		
			背吃刀量 a_p/mm	进给速度 f/(mm/r)	主轴转速 n/(r/min)
1	车右端面	T01	1～2	0.2	600
2	粗加工外轮廓,留 0.6 mm 精车余量	T01	1～2	0.2	600
3	精加工外轮廓至尺寸	T02	0.3	0.1	800
4	切断,控制工件总长为 50 mm	T03	4	0.08	400

二、编制参考加工程序

1. 建立工件坐标系

根据工件坐标系建立原则:工件坐标系原点设在右端面与工件轴线交点上,如图 5-24 所示。

2. 计算基点坐标

本课题的零件,两段圆锥形状相同,采用子程序编程,需计算出 P2(P4)点相对 P1(P3)点的增量坐标、P3(P5)点相对于 P2(P4)点的增量坐标及 P6、P7 点绝对坐标。具体各点坐标见表 5-18。

表 5-18　基点坐标　单位:mm

基　点	坐标(Z,X)
P2 点相对于 P1 点(P4 相对于 P3)增量坐标	X 方向为 3Z 方向为－5.6
P3 点相对于 P2 点(P5 相对于 P4)增量坐标	X 方向为－3Z 方向为－15
P6(绝对坐标)	(－43.8,18)
P7(绝对坐标)	(－50,18)

3. 参考程序(表 5-19)

法那克系统程序名为“O0023”;

表 5-19　车削外圆锥参考程序

程序代号	程序内容	动作说明
N05	G00G40X100Z200M3S600	刀具回起点,取消刀尖半径补偿,绝对编程,转速 600 r/min
N10	T0101	换 1 号外圆粗车刀
N20	G00X0Z5	刀具移动至进刀点
N30	G01Z0F0.2	刀具切削至工件右端面
N40	X18.6	粗车右端面
N50	Z-54	粗车 ϕ18 mm 外圆,留切断余量
N60	X22	刀具沿 X 方向退出
N70	G00Z2	刀具沿 Z 方向退回
N80	X15.6	刀具沿 X 方向进刀
N90	G01Z0	车至工件右端面
N100	M98P20010	调用子程序 2 次,粗车圆锥
N110	G01X18.6Z-43.8	粗车至 P6 点
N120	X20	刀具沿 X 方向退出
N130	G00Z200	刀具沿 Z 方向退回
N140	M0M5	程序停、主轴停、测量
N150	M3S800F0.1	设置精车用量
N160	T0202	换外圆精车刀
N170	G00X15Z2	刀具移至进刀点

续表 5-19

程序代号	程序内容	动作说明
N180	G01G42Z0	建立刀尖半径补偿
N190	M98P20010	调用子程序 2 次,精车圆锥
N200	G01X18Z-43.8	精车至 P6 点
N210	Z-54	精车至 P7 点
N220	X22	刀具沿 X 方向退出
N230	G00Z200	刀具沿 Z 方向退回
N240	M0M5	程序停、主轴停、测量
N250	T0303	换切断刀
N260	M3S400	主轴转速 400 r/min
N270	G00Z-54	刀具移至切断处
N280	X24	刀具移至进刀点
N290	G01X0F0.08	切断工件
N300	X22F0.3	刀具沿 X 方向退出
N310	G00X100Z200	刀具退回
N320	M30	程序结束

法那克系统子程序名为“O0010”程序内容见表 5-20。

表 5-20 法那克系统子程序

程序代号	程序内容	动作说明
N10	G01U3W-5.6	X 方向增量为 3 mm,Z 方向增量为－5.6 mm
N20	U-3W-15	X 方向增量为－3 mm,Z 方向增量为－15 mm
N30	M99	子程序结束并返回

【知识链接】

刀尖半径补偿的其他应用:

(1)当刀具磨损或刀具重磨后,刀尖圆弧半径变大,可不必修改程序,只需重新设置该刀具刀尖半径补偿值即可。

(2)应用刀尖半径补偿,可使用同一加工程序,对零件轮廓分别进行粗、精加工。若精加工余量为 Δ。则粗加工时设置刀尖补偿量为 $r+\Delta$,精加工时刀尖补偿量调整为 r 即可。

【技能训练】

一、加工准备

(1)检查坯料尺寸。

(2)开机、回参考点。

(3)刀具与工件装夹。分别将外圆粗车刀、外圆精车刀、切断刀装夹与刀架 T01、T02、T03 号刀位,毛坯装夹在三爪自定心卡盘上,伸出 60 mm,找正并夹紧。

(4)程序输入。把编写好的程序通过数控面板输入数控机床。

二、对刀

外圆精车刀采用试切法(通过车端面、车外圆)进行对刀,并把操作得到的数据输入到 T02 号刀具补偿中;外圆粗车刀和切断刀对刀时,分别将刀位点移至工件右端面和外圆处进行操作,并把操作得到的数据输入到 T01、T03 号刀具补偿中。

三、空运行及仿真

打开程序,选择 MEM(自动)工作方式,打开机床锁住开关,按空运行键,按循环启动按钮,观察程序运行情况;若按图形显示键再按数控启动键可进行轨迹仿真,观察加工轨迹。空运行结束后，使空运行及机床锁住功能复位，机床重回参考点。

四、零件自动加工及锥度控制

打开程序，选择 MEM(或 AUTO)自动加工方式，调好进给倍率，按数控启动键，进行零件自动加工，加工过程中通过试切和试测方法进行锥度控制。具体方法为：当程序运行至 N140 程序段，停车测量锥角，根据测量结果，调整圆锥大、小端直径数值(一般调整比图样尺寸大的那一端直径)，然后运行精加工程序，直至尺寸符合要求为止。

五、零件检测与评分

零件加工结束后进行检测。

六、结束

加工结束，清理机床。

【误差分析】

在进行锥面和圆弧加工时，经常出现的加工误差可以分为两大类，一类是车刀刀尖圆弧半径对工件产生的误差；另一类是非车刀刀尖圆弧半径影响产生的误差，如因操作问题和圆弧自身问题产生的误差。

车刀刀尖圆弧半径引起的误差分析：

一、产生原因

(1)加工单段锥体类零件表面。对于单段外锥体零件的加工，由于车刀刀尖圆弧半径的存在，锥体的轴向尺寸、径向尺寸均发生变化，且轴向尺寸的变化量随刀尖圆弧半径的增大而增大，随锥体锥角的增大而增大，径向尺寸随刀尖圆弧半径的增大而减小，随锥体锥角的增大而减小。

(2)加工球体类零件表面。对于内球面零件的加工，由于车刀刀尖圆弧半径的存在，使得被加工零件的轴向尺寸发生变化，且轴向尺寸的变化量随刀尖圆弧半径的增大而增大，随球面夹角的增大而增大，同理亦可得加工外球面时轴向尺寸的变化量及其位移长度。

(3)加工锥体接球体类零件表面。对于锥体接球体类零件的加工，由于车刀刀尖半径的存在，使得被加工零件锥体部分轴向尺寸的变化量随刀尖圆弧半径的增大而增大，随锥体锥角的增大而增大；球体部分轴向尺寸的变化量随刀尖圆弧半径尺寸的增大而增大，随刀尖零件切点处与轴线间夹角的增大而增大。锥体部分大端的径向尺寸随刀尖圆弧半径的增大而减尖，随锥体锥角的增大而减小；球体部分小端径向尺寸随刀尖圆弧半径的增在而增大，随刀尖零件刀点处与轴线间夹角的增大而增大。所以加工中应随之变换其位移长度。

同理可得加工凹球面、内球面与锥体部分相接时轴向尺寸、径向尺寸的变化量及其位移长度。

二、误差的消除方法

编程时，调整刀尖的轨迹，使得圆弧形刀尖实际加工轮廓与理想轮廓相符，即通过简单的几何计算，将实际需要的圆弧形刀尖的轨迹换算成假想刀尖的轨迹。

以刀尖圆弧中心为刀位点的编程步骤如下：

绘制零件草图——以刀尖圆弧半径和工件尺寸为依据绘制刀尖圆弧运动轨迹——计算圆弧中心轨迹特征点——编程。

在这个过程中刀尖圆弧中心轨迹的绘制及其特征点计算略显烦琐，如果使用 CAD 软件中等距线的绘制功能和点坐标查询功能来完成此项操作则显得十分方便。采用这种方法加工时，应注意检查所使用刀具的刀尖圆弧半径的极值是否与程序中的极值相符；对刀时，也要把极值考虑进去。

非车刀刀尖圆弧半径影响也是产生误差的一个主要原因。数控车床加工锥面和圆弧中经常遇到的加工质量问题有多种,见表 5-21。

表 5-21　锥面加工误差分析

问题现象	产生原因	预防和消除
锥度不符合要求	1.程序错误 2.工件装夹不正确	1.检查、修改加工程序 2.检查工件安装,增加安装刚度
切削过程出现振动	1.工件装夹不正确 2.刀具安装不正确 3.切削参数不正确	1.正确安装工件 2.正确安装刀具 3.编程时合理选择刀具
锥面径向尺寸不符合要求	1.程序错误 2.刀具磨损 3.没考虑刀尖半径圆弧补偿	1.保证编程正确 2.及时更换磨损大的刀具 3.编程时考虑刀尖半径圆弧补偿
切削过程出现干涉现象	工件斜度大于刀具后角	1.选择正确刀具 2.改变切削方式

【操作注意事项】

(1)外圆粗、精车刀选择及安装应避免副切削刃与锥面产生干涉。

(2)切断刀安装应严格按要求进行,防止切断过程中发生干涉而折断刀头。

(3)外圆精车刀采用试切端面和外圆进行对刀。外圆粗车刀及切断刀对刀时不能再采用切端面对刀,只能将刀位点移近至工件右端面对刀;否则会使轴向尺寸产生误差。

(4)使用刀尖圆弧半径补偿指令,应注意在机床参数中设置该刀具的刀尖圆弧半径值及刀具位置参数。

(5)车刀刀尖与工件轴线严格等高,否则车出的圆锥面会形如双曲线。

【思考题与练习题】

1.如何建立或取消刀尖半径补偿功能?

2.如何设置刀尖半径补偿参数?

3.完成图 5-40 所示零件加工。

4.试用子程序编写图 5-24 所示的零件加工程序,并加工练习。

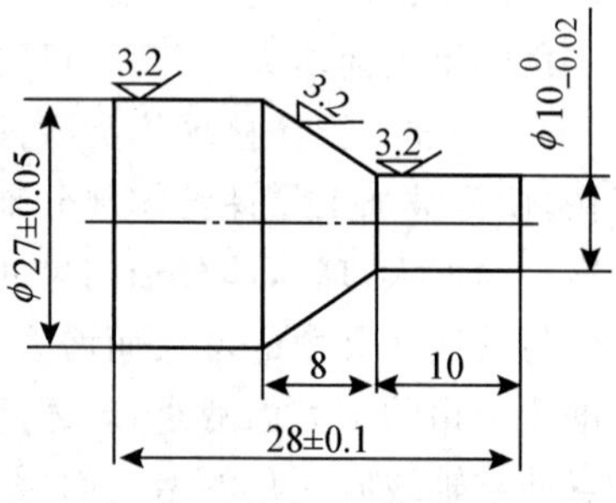

图 5-40　锥面加工习题零件图

课题 3　多阶梯轴加工

知识点:

掌握法那克系统 G71、G70 循环指令及应用。

会进行编程尺寸的计算。

技能点:

熟悉零件自动加工方法。

掌握尺寸控制方法。

【任务引入】

完成图 5-41 所示零件,其三维效果图如图 5-42 所示。材料为硬铝。

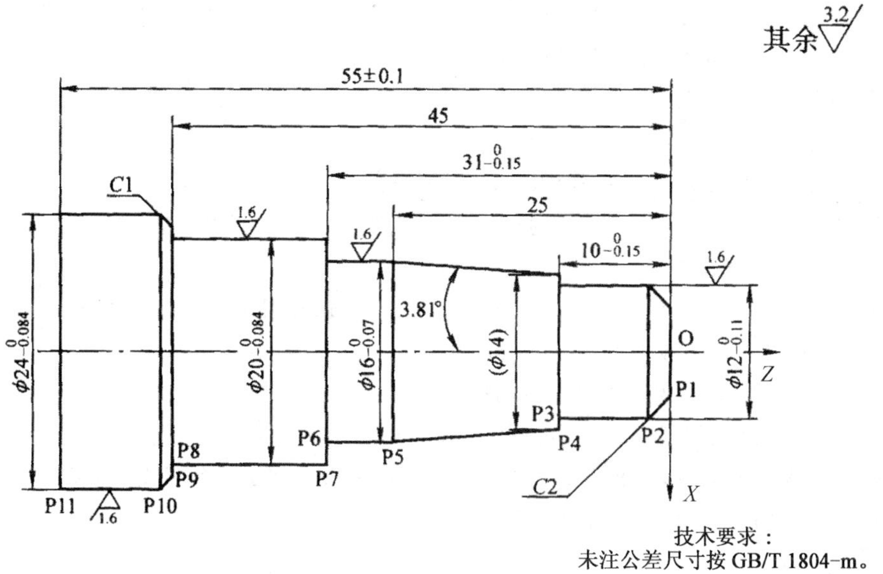

图 5-41　多阶梯轴加工零件图

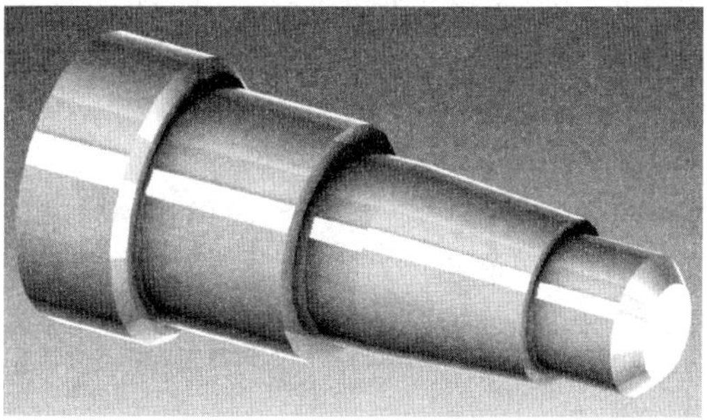

图 5-42　多阶梯轴三维效果图

【相关知识】

一、法那克系统外圆、内孔粗加工复合循环指令(G71)

1. 指令功能

只需指定粗加工背吃刀量、精加工余量和精加工路线等参数，系统便可自动计算出粗加工路线和加工次数，完成外圆、内孔表面的粗加工，如图 5-43 所示。

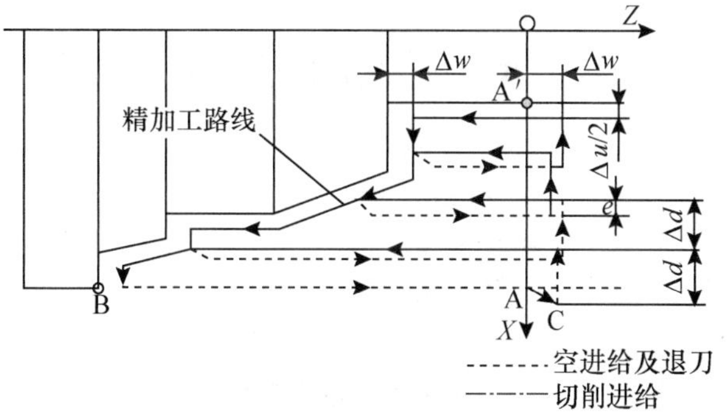

图 5-43　法那克系统外圆粗加工路线

法那克系统外圆粗加工路线如图 5-43 中，A 为刀具循环起点，执行粗车循环时，刀具从 A 点移动到 C 点，粗车循环结束后，刀具返回 A 点。

2. 指令格式

G71U$\underline{\Delta d}$R$\underline{e}$

G71P$\underline{n_s}$Q$\underline{n_f}$U$\underline{\Delta u}$W$\underline{\Delta w}$ F$\underline{XXX}$S$\underline{XXX}$T$\underline{XXXX}$

N(n_s)…N(n_f)从顺序号 n_s 到 n_f 的程序段为 A′点到 B 点的运行轨迹指令

格式中各代号的含义如下：

Δd：每刀背吃刀量，半径值。一般 45＃钢件取 1～2 mm；铝件取 1.5～3 mm；

e：退刀量，半径值。一般取 0.5～1 mm；

n_s：指定精加工路线的第一个程序段的段号；

n_f：指定精加工路线的最后一个程序段的段号；

Δu：X 方向精加工余量，直径值；一般取 0.5 mm 左右。加工内轮廓时，为负值；

Δw：Z 方向精加工余量，一般取 0.05～0.1 mm。

3. 指令使用说明

(1)粗加工循环由带有地址 P 和 Q 的 G71 指令实现。在 n_s 和 n_f 程序段中指定的 F、S、T 功能无效，在 G71 程序段中或前面程序段中指定的 F、S、T 功能有效。

(2)区别外圆、内孔；正、反阶梯由 X、Z 方向精加工余量(Δu、Δw)正负值来确定，具体如(a)后置刀架，(b)前置刀架，图 5-44 所示。

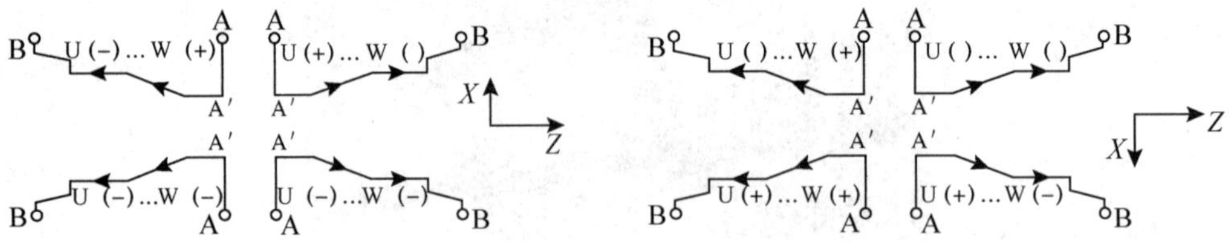

(a) 后置刀架　　(b) 前置刀架

图 5-44　前置刀架和后置刀架加工不同表面时 Δu、Δw 正负值情况

(3)使用 G71 指令时，工件径向尺寸必须单向递增或递减。

(4)调用 G71 前，刀具应处于循环起点 A 处，A 点位置随加工表面不同而不同。

(5)顺序号 n_s～n_f 之间程序段不能调用子程序。

二、法那克系统外圆、内孔精加工循环指令(G70)

1. 指令功能

用 G71、G72、G73 粗车完毕后，用精加工循环指令，使刀具进行 A→A′→B 的精加工。

2. 指令格式

G70P$\underline{n_s}$Q$\underline{n_f}$

n_s：指定精加工路线的第一个程序段的段号；

n_f：指定精加工路线的最后一个程序段的段号。

3. 指令使用说明

(1)在精车循环 G70 状态下，n_s 至 n_f 程序中指定的 F、S、T 有效；当 n_s 至 n_f 程序中不指定 F、S、T 时，粗车循环(G71、G73)中指定的 F、S、T 有效。

(2)G70 循环加工结束时,刀具返回到起点并读下一个程序段。

(3)G70 中 n_s 到 n_f 间的程序段不能调用子程序。

【任务实施】

一、加工工艺分析

1. 编程尺寸处理

单件小批量生产,为便于控制零件轮廓尺寸精度要求,编程时常取极限尺寸的平均值作为编程尺寸,即

$$编程尺寸=基本尺寸+(上偏差+下偏差)\div 2$$

例:如图 5-45 所示,计算 ϕ50 mm、ϕ30 mm 外圆的编程尺寸。

解:$\phi 50^{0}_{-0.033}$ mm 的编程尺寸$=\{50+[0+(-0.033)]\div 2\}=49.9835$(mm)

$\phi 30^{0}_{-0.052}$ mm 的编程尺寸$=\{30+[0+(-0.052)]\div 2\}=29.974$(mm)

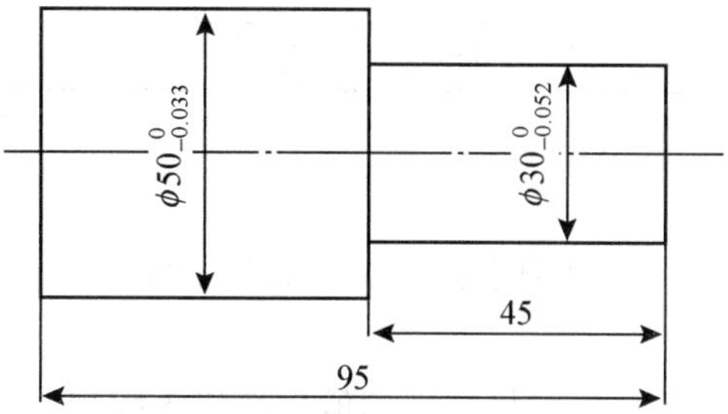

图 5-45　编程尺寸计算图例

2. 工、量、刀具选择

(1)工具选择铝棒装夹在三爪自定心卡盘上,用划线盘校正。其他工具见表 5-22。

(2)量具选择长度尺寸选用游标卡尺测量、外圆选用外径千分尺测量;圆锥面用游标万能角度尺测量,表面粗糙度用表面粗糙度样板比对。

(3)刀具选择加工材料为硬铝,选用硬质合金外圆车刀进行粗、精车,并分别置于 T01、T02 号刀位;最后用切断刀切断工件,切断刀置于 T03 号刀位。

表 5-22　多阶梯轴零件加工工、量、刀具清单

工、量、刀具清单				图号	图 5-41	
种类	序号	名称	规格	精度	单位	数量
工具	1	三爪自定心卡盘			个	1
	2	卡盘扳手			副	1
	3	刀架扳手			副	1
	4	垫刀片			块	若干
	5	划线盘			个	1
量具	1	游标卡尺	0～150 mm	0.02 mm	把	1
	2	外径千分尺	0～25 mm	0.01 mm	把	1
	3	游标万能角度尺	0°～320°	2′	把	1
	4	表面粗糙度样板			套	1
刀具	1	外圆粗车刀	90°		把	1
	2	外圆精车刀	90°		把	1
	3	切断刀	4 mm×15 mm		把	1

3. 加工工艺路线

用毛坯切削循环进行粗、精加工，最后用切断刀切断工件。具体过程见表 5-23。

4. 选择合理切削用量

加工材料为硬铝，硬度较低，切削力较小，切削用量可选大些。具体切削用量见表 5-23。

表 5-23 多阶梯轴零件加工工艺

工步号	工步内容	刀具号	切削用量		
			背吃刀量 a_p/mm	进给速度 f/(mm/r)	主轴转速 n/(r/min)
1	车右端面	T01	1～2	0.2	600
2	粗加工外轮廓，留 0.4 mm 精车余量	T01	1～2	0.2	600
3	精加工外轮廓至尺寸	T02	0.2	0.1	800
4	切断，控制工件总长为 55 mm±0.1 mm	T03	4	0.08	400

二、编制参考加工程序

1. 建立工件坐标系

根据工件坐标系建立原则，工件原点设在右端面与工件轴线交点上，如图 5-41 所示。

2. 计算基点坐标

基点 P1～P11 点坐标按各点极限尺寸平均值为准作为编程尺寸。具体坐标见表 5-24。

表 5-24 基点坐标 mm

基点	坐标(Z,X)	基点	坐标(Z,X)
P1	(0,7.945)	P7	(−30.925,19.958)
P2	(−2,11.945)	P8	(−45,19.958)
P3	(−9.925,11.945)	P9	(−45,21.958)
P4	(−9.925,14)	P10	(−46,23.958)
P5	(−25,15.965)	P11	(−55,23.958)
P6	(−30.925,15.965)		

3. 参考程序(表 5-25)

表 5-25 多阶梯轴零件参考程序

程序段号	程序内容	动作说明
N05	T0101	选择 T01 号外圆粗车刀
N10	G40G99M3S600F0.2	取消刀尖半径补偿，绝对坐标编程。转速为 600 r/min，进给速度为 0.2 mm/r
N20	G00G42X26Z5	刀具快速移动至循环起点
N30	G71U2R1	设置循环参数，调用粗加工循环
N40	G71P50Q180U0.4W0.1	

续表 5-25

程序段号	程序内容	动作说明
N50	G00X0	轮廓加工程序段
N60	G01Z0	
N70	X7.945	
N80	X11.945Z-2	
N90	Z-9.925	
N100	X14	
N110	X15.965Z-25	
N120	Z-30.925	
N130	X19.958	
N140	Z-45	
N150	X21.958	
N160	X23.958Z-46	
N170	Z-59	
N180	X25	
N190	G00G40X100Z200	刀具退回至换刀点
N200	M0M5	程序停、主轴停、测量
N210	T0202	换外圆精车刀
N220	M3S800F0.1	精加工转速为 800 r/min
N230	G70P50Q180	调用精加工循环，精加工
N235		
N240	G00X100Z200	刀具退回至换刀点
N250	M0M5	程序停、主轴停、测量
N260	T0303	换切断刀
N270	M3S400	主轴转速为 400 r/min
N280	G00X28Z-59	刀具移至工件左端
N290	G01X0F0.08	切断
N300	X28F0.3	刀具沿 *X* 方向退出
N310	G00X100Z200	刀具退回至换刀点
N320	M30	程序结束

【知识链接】

固定形状粗车循环：法那克系统 G71 加工循环只能加工径向尺寸单向递增或递减轮廓。当轮廓径向尺寸不满足该要求时，法那克系统还可调用固定形状粗车循环(G73)进行粗加工，调用 G70 循环进行精加工。它适合加工铸、锻件毛坯零件。通常轴类零件为节约材料，提高工件力学性能，往往采用锻造等方法使零件毛坯尺寸接近工件的成品尺寸，其形状已经基本成形，只是外径、长度较成品大一些，此类零件的加工适合采用 G73 方式。当然 G73 方式也可以加工普通未切除余料的棒料毛坯。G73 固定形状粗车循环加工路线如图 5-46 所示。

图 5-46 中，A 点为刀具循环起点，该点应距离零件 1～2 mm，执行粗车循环时，刀具从 A 点移动至 C 点，粗车循环结束后，刀具返回 A 点。

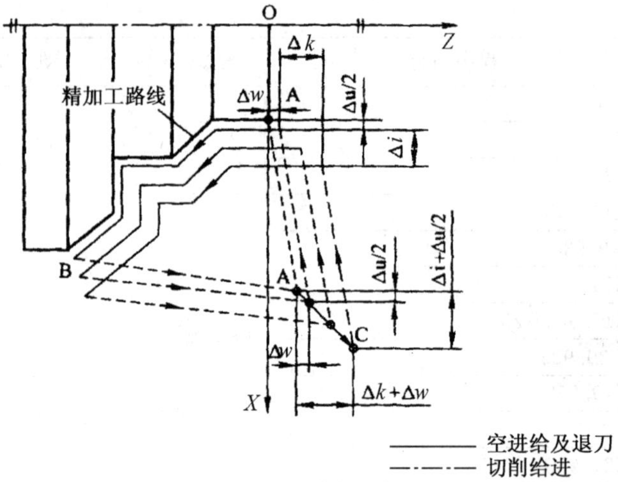

图 5-46 法那克系统固定形状粗加工循环加工路线图

1. 指令格式

G73UΔiWΔkRd

G73P$\underline{n_s}$Q$\underline{n_f}$UδuWΔwF(Δf)

其中各代号含义为：

Δi：X 方向毛坯切除余量(半径值、正值)；

Δk：Z 方向毛坯切除余量(正值)；

d：粗切循环的次数；

其余各项含义与 G71 相同。

2. 其他说明

(1)当值 Δi 和 Δk，或者 Δu 和 Δw 分别由地址 U 和 W 规定时，它们的意义由 G73 程序段中的地址 P 和 Q 决定。当 P 和 Q 没有指定在同一个程序段中时，U 和 W 分别表示 Δi 和 Δk；当 P 和 Q 的指令在同一个程序段中时，U、W 分别表示 Δu 和 Δw。

(2)有 P 和 Q 的 G73 指令执行循环加工时，不同的进刀方式(共有四种)，Δu、Δw 和 Δk、Δi 的符号不同(图 5-47)，应加注意。加工循环结束时，刀具返回到 A 点。

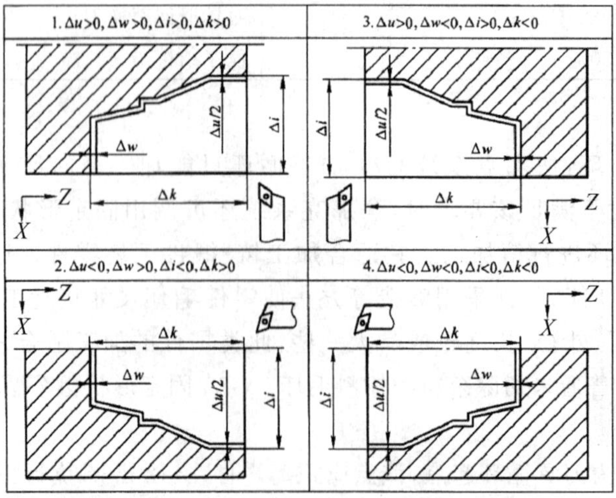

图 5-47 G73 指令中 Δu、Δw、Δk、Δi 的符号

3. G73 指令应用示例及详解

加工如图 5-49 所示工件，其毛坯为锻件。工件 *X* 向残留余量不大于 5 mm，*Z* 向残留余量不大于 3 mm。要求采用 G73 方式切削出该工件。

程序示例如下：

```
N10     T0101
N20     G0X110. Z10. S800M3
N30     G73U5. W3R3.
N40     G73P50Q110U0. 4W0. 1F0. 3
N50     G0X50. Z1. S1000
N60     G1Z-10. F0. 15
N70     X60. Z-15.
N80     Z-25.
N90     G2X80. Z-35. R10.
N100    G1X90. Z-40.
N110    G0X110. Z10.
N120    G70P50Q110
N130    G28X100. Z150.
N140    M30
```

G73 同样可以切削没有加工的毛坯棒料。如图 5-49 所示工件，假如将程序中的 N30～N50 行进行调整，增加循环次数和改变起点的位置，即可采用不同的渐进方式将工件加工成型。由于 G73 在每次循环中的走刀路径是确定的，因此必须使循环起刀点与工件间保持一段距离，且其进刀方向不同，程序段也有不同。

(1) *X*、*Z* 向双向进刀，如图 5-48 所示。

N30G0X150. Z30.

N40G73U25. W10. R13.

N50G73P60Q120U0. 4W0. 1F0. 3

……

N110G0X150. Z30.

……

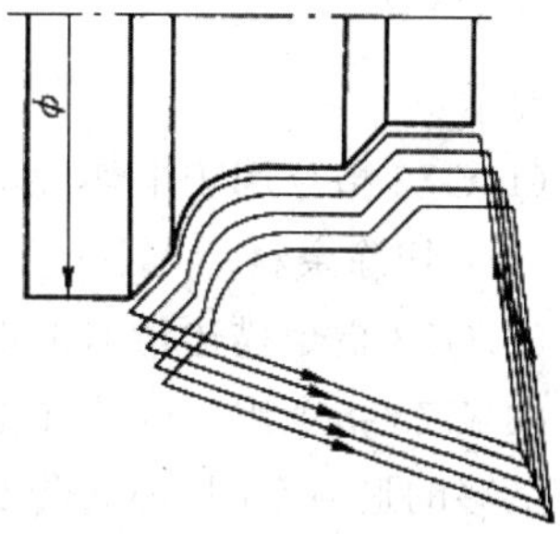

图 5-48　G73 指令 *X*、*Z* 向双向进刀

(2) *X* 向进刀，如图 5-51 所示。

N30G0X150. Z2.

N40G73U25. W0R13.

N50G73P60Q120U0. 4W0. 1F0. 3

……

N110G0X150. Z2.

(3) *Z* 向进刀，如图 5-50 所示。

N30G0X92. Z45.

N40G73U0W40. R13.

N50G73P60Q120U0. 4W0. 1F0. 3

……

N110G0X92. Z45.

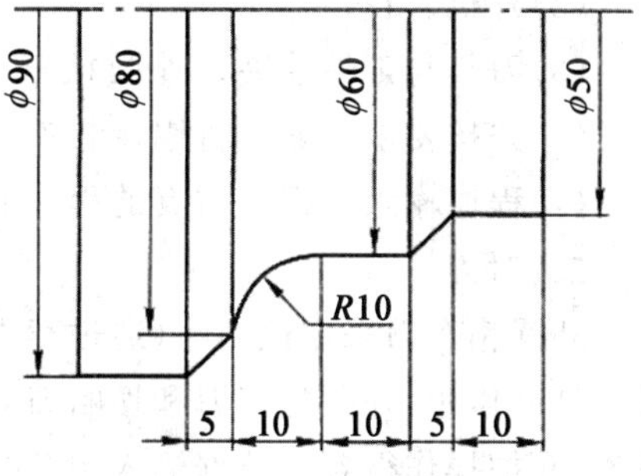

图 5-49　G73 加工示例

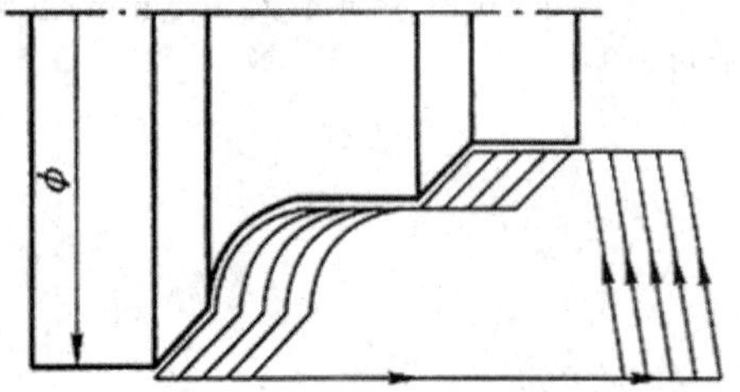

图 5-50　G73 指令 *Z* 向进刀

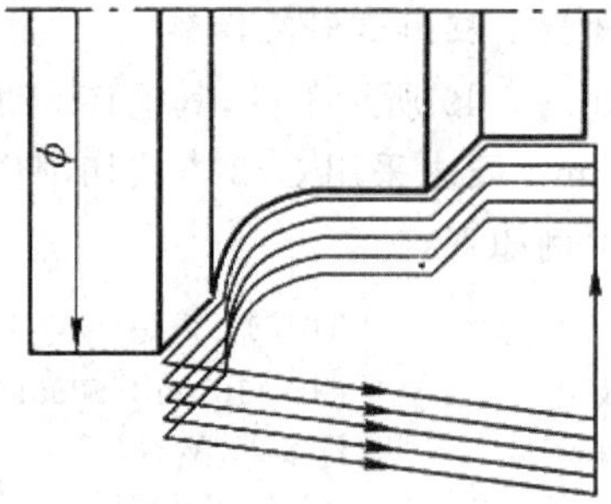

图 5-51　G73 指令 *X* 向进刀

G73 用于内凹型体的切削程序如下(假定工件外圆已加工完成):

(G73 指令应用,如图 5-52 所示)

```
N10     T0101;菱形刀片左偏刀
N20     G0X50. Z-10. S500M3
N30     G73U4. W0R3.
N40     G73P50Q70U0. 4W0F0. 3
N50     G1X30. F0. 8
N60     G2X30. Z-30. R15. F0. 15
N70     G0X50. Z-10.
N80     G70P50Q70
N90     G28U0W0
N100    M30
```

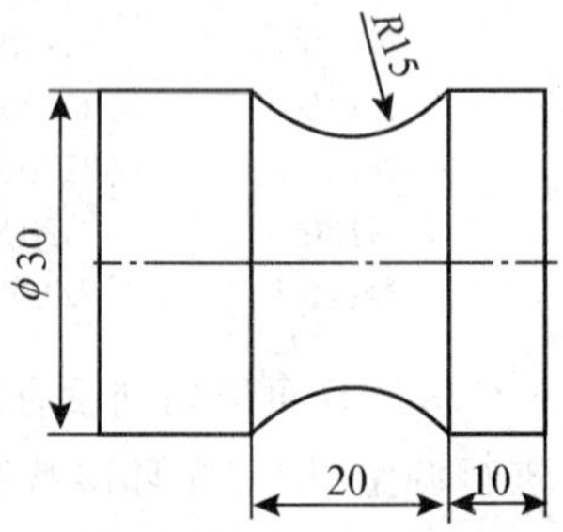

图 5-52　内凹型体

提示:

(1)G73 指令用于未切除余量的棒料切削时,会有较多的空刀行程,因此应尽可能使用 G71、G72 切除余料。

(2)G73 指令描述精加工走刀路径时应封闭。

(3)G73 指令用于内孔加工时,如果采用 *X*、*Z* 双向进刀或 *X* 单向进刀方式,必须注意是否有足够的退刀空间,否则会发生刀具干涉。

【技能训练】

一、加工准备

(1)按毛坯图检查坯料尺寸。

(2)开机、回参考点。

(3)刀具与工件装夹。外圆粗车刀、外圆精车刀、切断刀分别装在刀架的 T01、T02、T03 号刀位,并按要求夹紧。将铝棒装夹在三爪自定心卡盘上,伸出 85 mm,找正并夹紧。

(4)程序输入。把已仿真的程序通过数控面板输入数控机床。

二、对刀

外圆精车刀采用试切法(通过车端面、车外圆)进行对刀,并把操作得到的数据输入到 T02 号刀具补偿中;外圆粗车刀和切断刀对刀时,分别将刀位点移至工件右端面和外圆处进行对刀操作,并把操作得到的数据输入到 T01、T03 号刀具补偿中。

零件自动加工及尺寸控制。

1. 零件自动加工

选择自动加工方式，打开程序，调好进给倍率，按数控启动按钮进行自动加工。

2. 零件加工过程中尺寸控制

数控机床上首件加工均采用试切和试测方法保证尺寸精度，具体做法：当程序运行到 N200 程序段时，停车测量精加工余量。根据精加工余量设置精加工刀具（T02 号）磨损量，避免因对刀不精确而使精加工余量不足出现缺陷。然后运行精加工程序，程序运行至 N250 时，停车测量；根据测量结果，修调精加工车刀磨损值，再次运行精加工程序，直至达到尺寸要求为止。

例：T02 号刀具 X 磨损量设为 0.3 mm，Z 方向磨损量设为 0.2 mm。精加工程序运行后，测得 $\phi20^{0}_{-0.084}$ 外圆实际尺寸为 ϕ20.2 mm，比平均尺寸大 0.242 mm，单边大 0.121 mm；则把 X 方向磨损量修改为 0.3 mm－0.121 mm＝0.179 mm。

长度 $31^{0}_{-0.015}$ 实际尺寸若为 30.2 mm，比平均尺寸大 0.275 mm，则把 Z 方向磨损量修改为 0.2 mm－0.275 mm＝－0.075 mm。

修改刀具磨损量后，重新运行精加工程序，直至达到尺寸要求。

首件加工尺寸调好后，将程序中 M0M5 指令删除即可进行成批零件的生产，加工中不需要再测量和控制尺寸，直至刀具磨损为止。本书中参考程序均指首件加工程序。

三、零件检测与评分

零件加工结束后进行检测。

四、结束

加工结束，清理机床。

【操作注意事项】

(1)刀具刀尖严格与工件轴线等高，否则圆锥面会形如双曲线。

(2)使用刀尖半径补偿功能，需在相关刀具号中设置半径补偿值及刀尖位置号。

(3)加工循环参数必须按要求选择正确，否则会发生非正常切削情况。

(4)仿真练习在机房进行。一人一机，力求与真实环境一致进行操作，避免养成不良操作习惯。

(5)实际操作应避免出现仿真加工中的随意性。

【知识拓展】

一、端面粗车循环——G72

概述：端面粗车循环指令的含义与 G71 类似，不同之处是刀具平行于 X 轴方向切削，它是从外径方向往轴心方向切削端面的粗车循环，该循环方式适用于对长径比较小的盘类工件端面粗车。和 G94 一样，对 93°外圆车刀，其端面切削刃为主切削刃。其内部参数见图 5-53，外形见图 5-54。

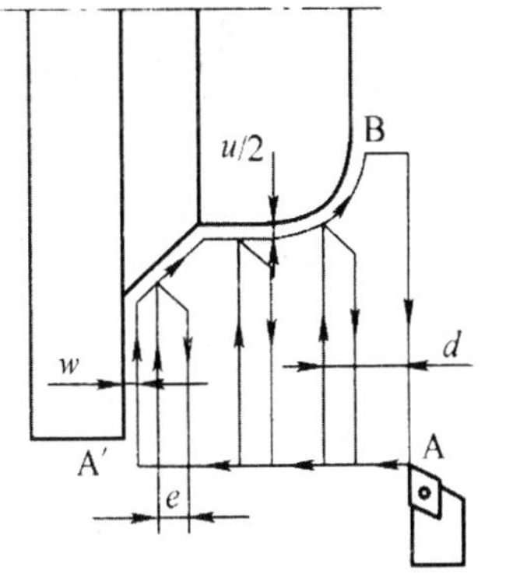

图 5-53　G72 指令段内部参数示意图

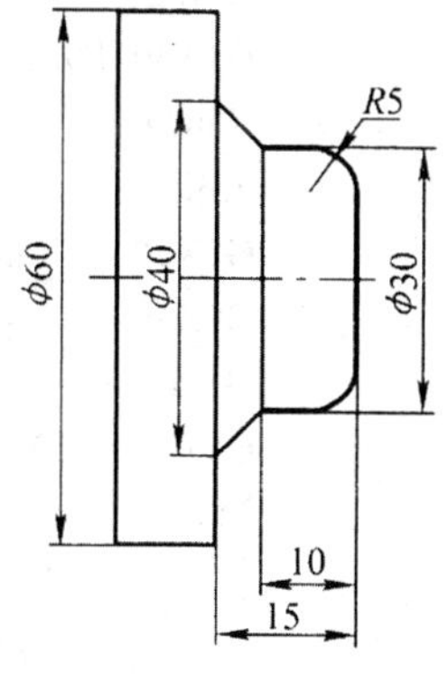

图 5-54　例一图

1. 格式

G72W(d)R(e)

G72P(ns)Q(nf)U(u)W(w)$F_{XX}S_{XX}T_{XX}$

式中 d:循环每次的切削深度(正值);

e:每次切削退刀量;

n_s:精加工描述程序的开始循环程序段的行号;

n_f:精加工描述程序的结束循环程序段的行号;

u:X 向精车预留量;

w:Z 向精车预留量。

说明:在 A′和 B 之间的刀具轨迹沿 X 和 Z 方向都必须单调变化。沿 AA′切削是 G00 方式还是 G01 方式由 A 和 A′之间的指令决定。X、Z 向精车预留量 u、w 的符号取决于顺序号"n_s"与"n_f"间程序段所描述的轮廓形状,如图 5-55 所示。

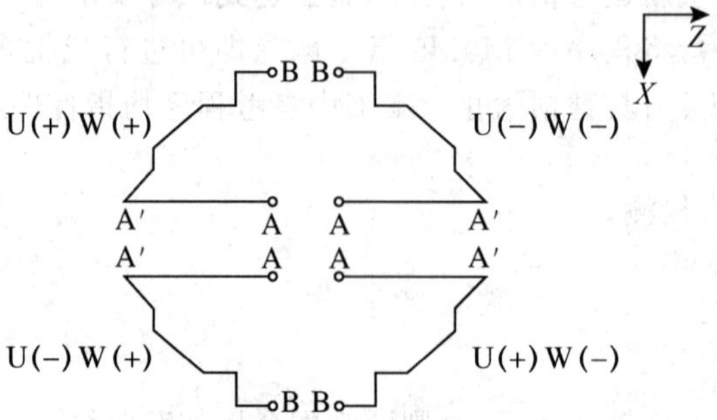

图 5-55 G72 指令段内 U、W 的符号

2. 编程示例

(例一,G72 指令外形加工,如图 5-54 所示)

```
O4012
N10     T0101
N20     G0X61. Z0. 5S500M3
N30     G72W2. R0. 5
N40     G72P50Q100U0. 1W0. 3F0. 25
N50     G0Z-15.
N60     G1X40. F0. 15S800
N70     X30. Z-10.
N80     Z-5.
N90     G2X20. Z0R5.
N100    G0Z0. 5
N110    G70P50Q100
N120    G28X100. Z100.
N130    M30
```

提示:

(1)G72 不能用于加工端面内凹的形体。

(2)精加工首刀进刀须有 Z 向动作。

(3)循环起点的选择应在接近工件处,以缩短刀具行程,避免空走刀。

二、端面沟槽复合循环或深孔钻循环——G74

1. 概述

该指令可实现端面深孔和端面槽的断屑加工,Z 向切进一定的深度,再反向退刀一定的距离,实现断屑。指定 X 轴地址和 X 轴向移动量,就能实现端面槽加工;若不指定 X 轴地址和 X 轴向移动量,则为端面深孔钻加工。

2. 格式

(1)端面沟槽复合循环。

G74R(e)

G74X(u)Z(W)P(Δi)Q(Δk)R(Δd)F_{XX}

式中 e:每次啄式退刀量。

u:X 向终点坐标值。

w:Z 向终点坐标值。

Δi:X 向每次的移动量。

Δk:Z 向每次的切入量。

Δd:切削到终点时的 X 轴退刀量(可以缺省)。

注:X 向终点坐标值为实际 X 向终点尺寸减去双边刀宽。

(2)啄式钻孔循环(深孔钻循环)。

G74R(e)

G74Z(w)Q(Δk)F_{XX}

式中 e:每次啄式退刀量;

w:Z 向终点坐标值(孔深);

Δk:Z 向每次的切入量(啄钻深度)。

G74 的动作及参数如图 5-56 端面深孔钻或端面槽参数示意所示。

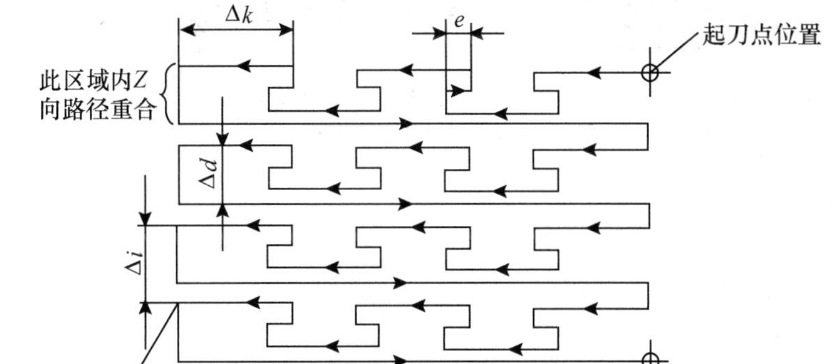

图 5-56　端面切槽参数示意图

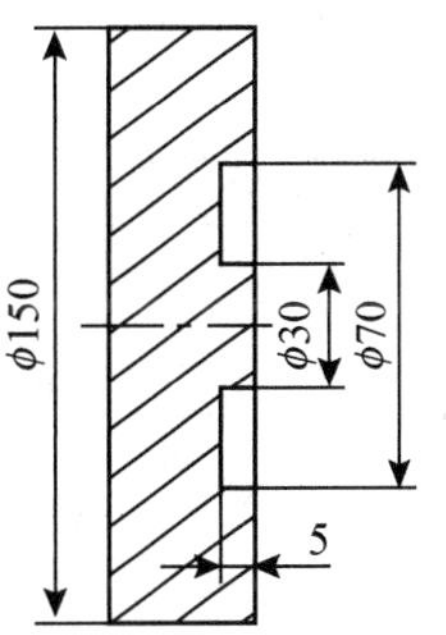

图 5-57　端面切槽

(3)编程示例。G74 指令端面切槽,如图 5-57 所示。程序示例如下:

```
N10     T0606;
N20     G0X30.Z2.S300M3
N30     G74R1.
N40     G74X62.Z-5.P3500Q3000F0.1;
N50     G28U0W0
N60     M30
```

啄式钻孔(图 5-58):

在工件上加工直径为 ϕ10 mm 的孔,孔的有效深度为 60 mm。

工件端面及中心孔已加工,程序示例如下:

```
O4016
N10     T0505(φ10 麻花钻)
N20     G0X0Z3.S300M3
N30     G74R1.
N40     G74Z-60.Q8000F0.1
N50     G28U0W0
N60     M30
```

端面均布槽加工(图 5-59):

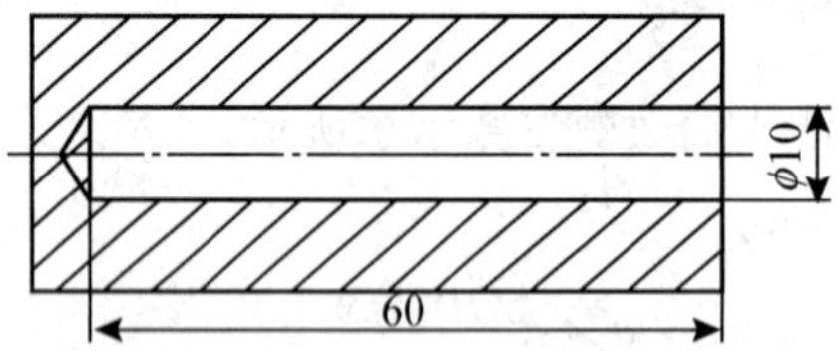

图 5-58 深孔加工

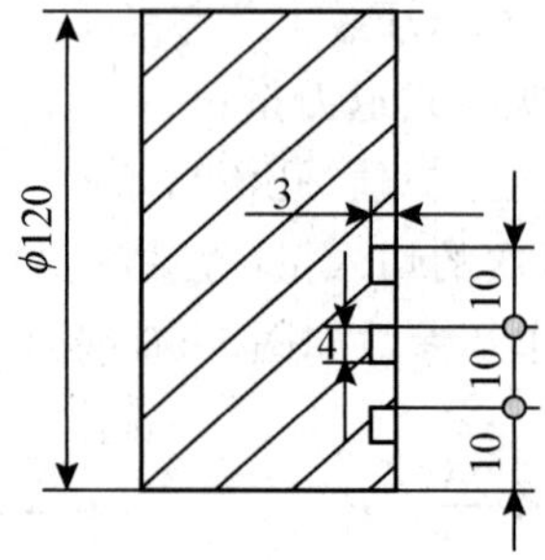

图 5-59 端面均布槽

程序示例如下:

```
O4017
N10     T0303;端面切槽刀,刃口宽 4 mm
N20     G0X60.Z2.S300M3
N30     G74R1.
N40     G74X100.Z-3.P10000Q2000F0.1
N50     G0Z100.
N60     X100.
N70     M30
```

【误差分析】

表 5-26　端面加工误差分析

问题现象	产生原因	预防和消除
端面加工时长度尺寸超差	刀具数据不准确 尺寸计算错误 程序错误	调整或重新设定刀具数据 正确计算工件尺寸 检查、修改加工程序
端面粗糙度太差	切削速度过低 刀具中心过高 切削控制较差 刀尖产生积屑瘤 切削液选用不合理	调高主轴转速 调整刀具中心高度 选择合理的进刀方式及切深 选择合适的切速范围 选择正确的切削液并充分喷注
端面中心处有凸台	程序错误 刀具中心过高 刀具损坏	检查修改加工程序 调整刀具中心高度 更换刀片
加工过程中出现扎刀，引起工件报废	进给量过大 刀具角度选择不合理	降低进给速度 正确选择刀具
工件端面凹凸不平	程序错误 刀具安装不正确	检查、修改加工程序 正确安装刀具
工件圆度超差或产生锥度	车床主轴径向间隙过大 程序错误 切削用量选择过大	调整车床主轴间隙 检查、修改加工程序 合理选择切削用量

【思考题与练习题】

1. 编程尺寸为何取极限尺寸的平均值？

2. 编写图 5-60 所示零件程序并练习加工。毛坯 $\phi25$ mm 铝棒。

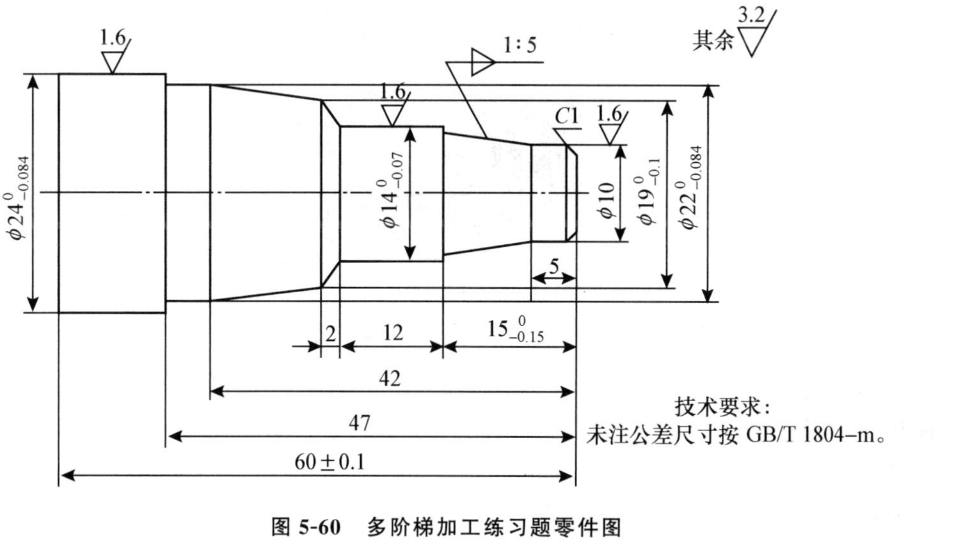

图 5-60　多阶梯加工练习题零件图

任务3 成形面类零件加工

课题1 圆柱面凹圆弧面零件加工

知识点:

了解加工凹圆弧面车刀种类及选用。

会判断圆弧插补方向。

掌握 G02/G03 圆弧插补指令及终点坐标+半径格式应用。

会制定凹圆弧面零件加工工艺。

技能点:

了解圆弧面测量方法。

掌握各种凹圆弧面加工及尺寸控制方法。

【任务引入】

完成图 5-61 所示零件,其三维效果图如图 5-62 所示。材料为硬铝。

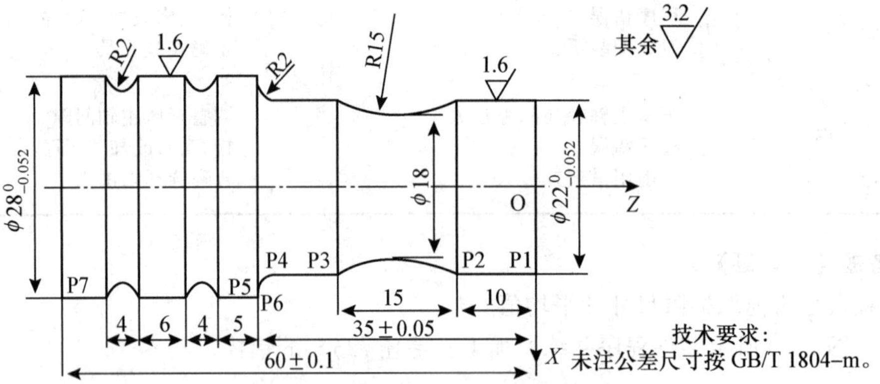

图 5-61 圆柱面凹圆弧面零件图

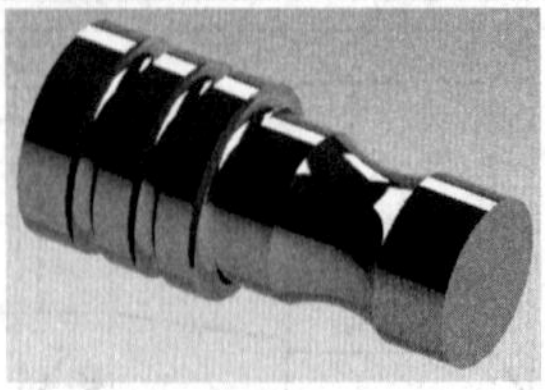

图 5-62 圆柱面凹圆弧面三维效果图

【相关知识】

编程指令(圆弧插补指令)

1. 指令功能

使刀具按给定进给速度沿圆弧方向进行切削加工。

2. 指令代码

顺时针圆弧插补指令代码：G02(G2)；逆时针圆弧指令代码：G03(G3)

顺时针、逆时针判别方法：从不在圆弧平面的坐标轴正方向往负方向看，顺时针为 G02，逆时针为 G03。

后置刀架数控车床(刀架在操作者对面)的机床坐标系如图 5-63(a)所示，按右手笛卡儿直角坐标系原则，假象的 Y 轴正方向指向操作者，判别方向由面向操作者方向看进行判别，顺时针用 G02，逆时针用 G03。

前置刀架数控车床(刀架在操作者同侧)的机床坐标系如图 5-63(b)所示，按右手笛卡儿直角坐标系原则，假象的 Y 轴正方向背向操作者，判别方向由面向操作者方向看进行判别，顺时针用 G02，逆时针用 G03；若按操作者向前正视的方向，圆弧插补方向应相反，即顺时针用 G03，逆时针用 G02。

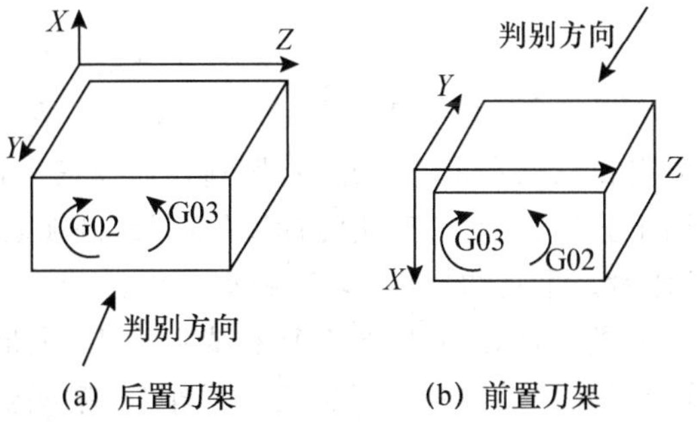

图 5-63　圆弧插补顺时针、逆时针方向判别方法

例如，对图 5-63 所示零件，判别圆弧插补方向。

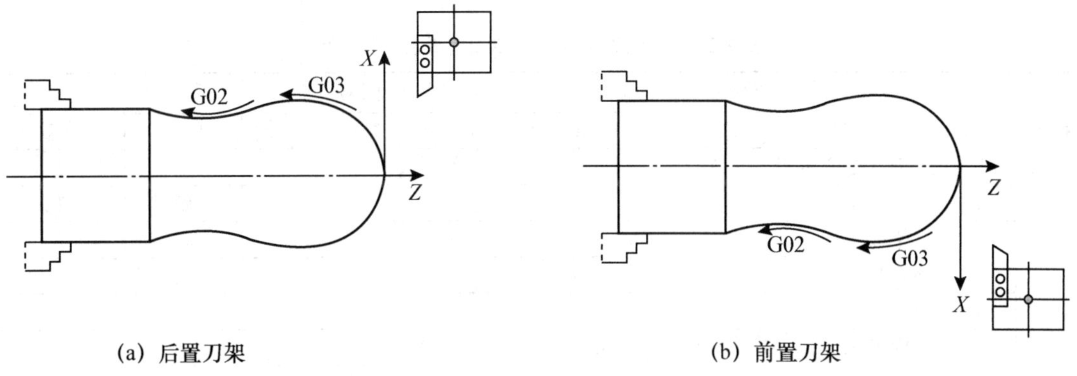

图 5-64　前置刀架与后置刀架圆弧顺、逆方向判别

如图 5-64(a)所示采用后置刀架，建立 ZX 坐标系(X 轴正方向向上)，顺时针方向用 G02，逆时针用 G03。图 5-64(b)所采用前置刀架，建立 ZX 坐标系(X 轴正方向向下)，从里往外看顺时针用 G02，逆时针用 G03；从外往里看，则相反，顺时针用 G03，逆时针用 G02。

从以上例子可以看出，同一零件不管采用前置还是后置刀架车削，判别方法不一样，但圆弧插补结果是一致的。通常可不考虑前置、后置刀架，一律以上半部分圆弧为基准判别圆弧插补方向。

3.圆弧插补指令格式

终点坐标+圆弧半径格式：

G18G02(G03)X_Z_R_F_

其中 X、Z 为圆弧终点坐标；R 为圆弧半径；F 为圆弧插补进给速度。

4.指令使用说明

(1)G02、G03 均为模态有效指令，一经使用，持续有效，直到被同组 G 代码(G00、G01)取代为止。

(2)R 为程序段有效代码，在圆弧插补格式中不能省略。

例如图 5-65 所示，加工圆弧，起点为 A 点，终点为 B 点，进给速度为 0.2 mm/r。

法那克系统程序：N30G18G03X90Z20R52F0.2。

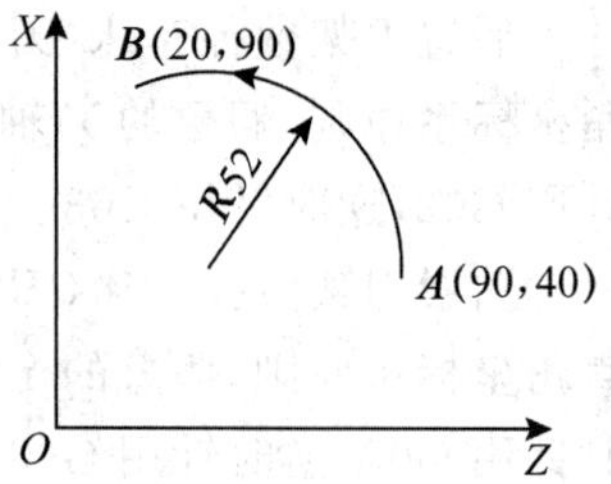

图 5-65 圆弧加工示例

【任务实施】

一、加工工艺分析

1.选择工、量、刀具

(1)选择工具。工件装夹在三爪自定心卡盘中，用划线盘校正。其余工具见表 5-27。

(2)选择量具。外径用千分尺测量，长度用游标卡尺测量，圆弧表面用半径样板检测，表面粗糙度用表面粗糙度样板比对。量具的规格、参数见表 5-27。

(3)选择刀具。加工凹弧成形表面，使用的刀具有成形车刀、尖形车刀、棱形偏刀等，如图 5-66 所示。加工半圆弧或半径较小的圆弧表面选用成形车刀；精度要求不高时可采用尖形车刀；加工成形表面后还需要加工台阶表面可选用 90°棱形偏刀(副偏角较大)；本课题的两个 R 2 mm圆弧槽采用成形车刀加工；外圆轮廓及 R 15 mm 圆弧选择 90°棱形偏刀进行加工。所以棱形偏刀副偏角应足够大，防止干涉(车刀副切削刃与凹圆弧表面干涉情况如图 5-66 所示)。刀具规格见表 5-27。

表 5-27 凹圆弧面零件加工工、量、刀具清单

工、量、刀具清单				图号	图 5-61	
种类	序号	名称	规格	精度	单位	数量
工具	1	三爪自定心卡盘			个	1
	2	卡盘扳手			副	1
	3	刀架扳手			副	1
	4	垫刀片			块	若干片
	5	划线盘			个	1
量具	1	游标卡尺	0～150 mm	0.02 mm	把	1
	2	千分尺	0～25 mm 25～50 mm	0.01 mm	把	1
	3	半径样板	R 1 mm～R 6.5 mm R 7 mm～R 14.5 mm		套	1
	4	表面粗糙度样板			套	1
刀具	1	外圆粗车刀	90°		把	1
	2	外圆精车刀	90°		把	1
	3	圆弧成形车刀	R 2 mm		把	1
	4	切槽刀	4 mm		把	1

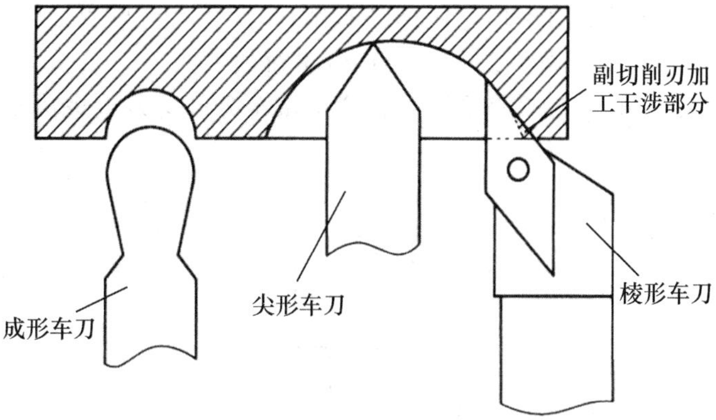

图 5-66　凹圆弧加工刀具及副切削刃干涉情况

2. 加工工艺路线

(1)毛坯长度较长时,采用一次装夹车削,工件伸出长度 70 mm 左右。车完表面后,用切断刀切断,以保证零件的位置精度。本次课题采用一次装夹时应注意校正,以保证同轴度要求。本次课题采用一次装夹车削,然后切断成零件的加工方法。

(2)外圆轮廓分粗、精加工两道工序完成,其中凹圆弧面粗加工时因各处余量不同,应采用相应方法进行解决,常见加工方法有等径圆弧(等径不同心)、同心圆弧(同心不等径)、梯形形式和三角形形式等,图 5-67 所示,各自的加工特点见表 5-28。

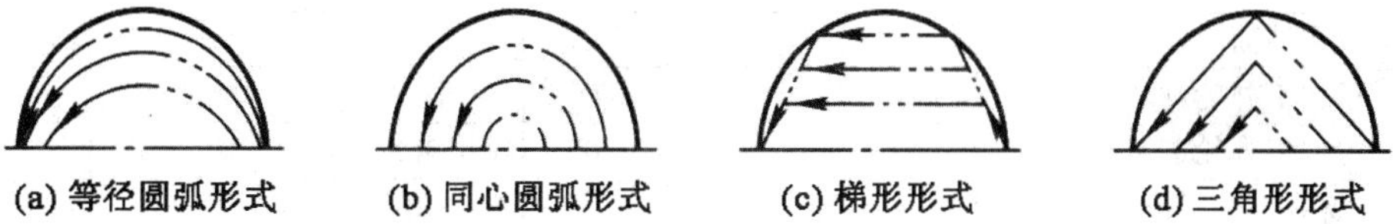

图 5-67　凹圆弧表面车削方式

表 5-28　各种粗车圆弧形式加工特点

形式	特点
等径圆弧形式	计算和编程最简单,但走刀路线较其他几种方式长
同心圆弧形式	走刀路线短,且精车余量均匀
梯形形式	切削力分布合理,切削率最高
三角形形式	走刀路线较同心圆弧形式长,但比梯形、等径圆弧形式短

本题课中 R 15 mm 圆弧采用等径圆弧形式粗加工,以简化坐标计算,粗加工路径从刀具起点→A→B→C→D→E→F→G→H→I→J→K→刀具起点,如图 5-68 所示。

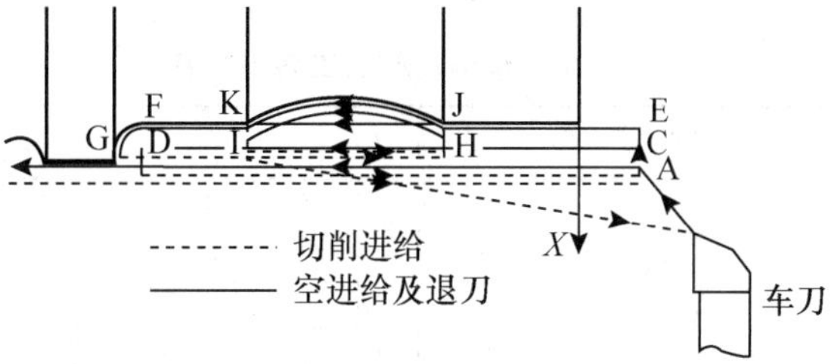

图 5-68　粗加工路径

此外，外圆粗加工也可采用毛坯外圆循环车削，然后再对凹圆弧面采用等径圆弧形式粗车。法那克系统还可直接调用外圆综合循环G73进行加工。

(3)外圆上两个 R 2 mm 圆弧槽采用半径为 2 mm 成形车刀直进法车出，车削过程如图5-69所示，具体加工工艺见表5-29。

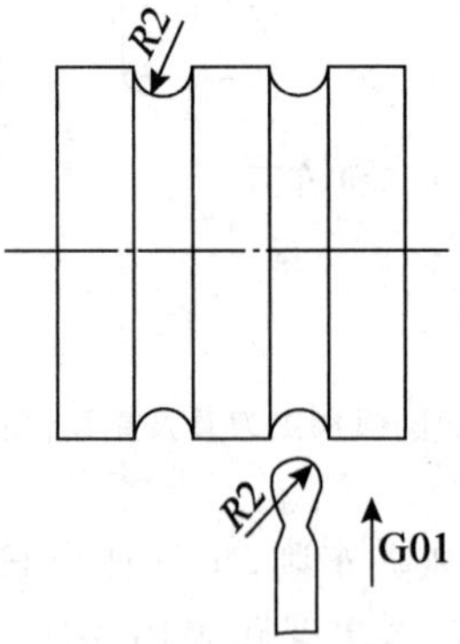

图 5-69 直进法车圆弧槽

表 5-29 凹圆弧零件加工工艺

工步号	工步内容	刀具号	切削用量		
			背吃刀量 a_p/mm	进给速度 f/(mm/r)	主轴转速 n/(r/min)
1	车右端面	T01	1～2	0.2	600
2	粗加工外轮廓，留0.4 mm精车余量	T01	1～2	0.2	600
3	精加工外轮廓至尺寸	T02	0.2	0.1	800
4	车两个 R 2 mm 凹圆弧至尺寸	T03	2	0.08	400
5	切断，控制工件总长(60±0.1)mm	T04	4	0.08	400

3. 选择合理切削用量表

加工材料为硬铝，硬度较低，切削力较小，切削速度可选大些；粗加工凹圆弧表面余量不均匀，背吃刀量及进给速度可选择较小一些。具体切削用量见表5-29。

二、编写参考程序

1. 建立工件坐标系

根据工件坐标系建立原则，工件坐标系设置在工件右端面轴线上，如图5-61所示。

2. 计算基点坐标

建立工件坐标系后，不仅要计算P1、P2、…、P7等基点坐标，还需计算粗加工轮廓时各点坐标，见图5-61和图5-68。具体各点坐标见表5-30。

表 5-30 基点及粗加工各点坐标 mm

点	坐标(Z,X)	点	坐标(Z,X)
A	(5,28.4)	J	(−10,22.4)
B	(−65,28.4)	K	(−25,22.4)
C	(5,25.4)	P1	(0,21.974)
D	(−34.4,25.4)	P2	(−10,21.974)

续表 5-30

点	坐标(Z,X)	点	坐标(Z,X)
E	(5,22.4)	P3	(−25,21.974)
F	(−33,22.4)	P4	(−33,21.974)
G	(−34.8,26)	P5	(−35,25.974)
H	(−10,24.4)	P6	(−35,27.974)
I	(−25,24.4)	P7	(−65,27.974)

3. 参考程序

法那克系统程序名为“O0041”;参考程序见表 5-31。

表 5-31　法那克系统参考程序

程序段号	程序内容	动作说明
N10	G40G99G80G21	设置初始状态
N20	M3S600T0101	设置加工参数
N30	G00X0Z5	刀具移至进刀点
N40	G01Z0F0.2	刀具加工至工件原点
N50	X28.4	车右断面
N60	Z-65	粗车 ϕ28 mm 外圆至 B 点
N70	X32	刀具沿 X 方向退出
N80	G00Z5	刀具沿 Z 方向退出
N90	X25.4	刀具进到至 C 点
N100	G01Z-34.4	粗车 ϕ22 mm 外圆至 D 点
N110	X29	刀具沿 X 方向退出
N120	G00Z5	刀具沿 Z 方向退出
N130	X22.4	刀具进刀至 E 点
N140	G01Z-33	粗车 ϕ22 mm 外圆至 F 点
N150	G02X26Z-34.8R1.8	粗车圆弧至 G 点
N160	G01X29	刀具沿 X 方向退出
N170	G00Z-10	刀具退至 Z-10 处
N180	G01X24.4	刀具进给至 H 点
N190	G02Z-25R15F0.15	粗车 R15 mm 凹圆弧面至 I 点
N200	G01X26F0.2	刀具沿 X 方向退出
N210	G00Z-10	刀具移动至 Z-10 处
N220	G01X22.4	刀具进给至 J 点
N230	G02Z-25R15F0.15	粗车 R15 mm 凹圆弧面至 K 点
N240	G01X24	刀具沿 X 方向退出
N250	G00X100Z200	刀具退回至换刀点
N260	M0M5	程序停、主轴停、测量
N270	T0202	换外圆精车刀
N280	M3S800F0.1	调整精车转速和进给速度
N290	G00G42X0Z2	建立刀尖半径补偿至进刀点
N300	G01Z0	刀具进给至工件原点
N310	X21.974	精车端面至 P1 点

续表 5-31

程序段号	程序内容	动作说明
N320	G01Z-10	精车轮廓至 P2 点
N330	G02Z-25R15	精车圆弧至 P3 点
N340	G01Z-33	精车轮廓至 P4 点
N350	G02X25.974Z-35R2	精车轮廓至 P5 点
N360	G01X27.974	精车轮廓至 P6 点
N370	Z-65	精车轮廓至 P7 点
N380	X32	刀具沿 *X* 方向退出
N390	G00G40X100Z200	刀具退回至换刀点
N400	M0M5	程序停、主轴停、测量
N410	T0303	换 *R* 2 mm 成形车刀
N420	M3S400	调整主轴转速
N430	G00X36Z-42	刀具移动至 *R* 2 mm 圆弧处
N440	G01X28F0.08	车 *R* 2 mm 圆弧槽
N450	G04X2	暂停时间 2 s
N460	G01X36F0.5	刀具沿 *X* 方向退出
N470	G00Z-52	刀具移动至 Z-52 处
N480	G01X28F0.08	继续车 *R* 2 mm 圆弧槽
N490	G04X2	暂停时间 2 s
N500	G01X36F.5	刀具沿 *X* 方向退出
N510	G00Z200X100	刀具退回至换刀点
N520	M0M5	程序停、主轴停、测量
N530	T0404	换切断刀
N540	M3S400	主轴转速 400 r/min
N550	G00X31Z-64	刀具移至工件左端面处
N560	G01X0F0.08	切断工件
N570	X32F0.5	刀具沿 *X* 方向退出
N580	G00X100Z200	刀具退回至起始位置
N590	M2	程序结束

【资料链接】

刀尖圆弧半径对凹圆弧面形状及尺寸的影响：编程时刀位点是指刀具理想刀尖，而实际刀具总存在一个较小的刀尖圆弧，其圆弧半径一般为 0.2～2 mm，在加工圆形表面时会出现过切或欠切现象，而影响圆弧面形状及尺寸，如图 5-70 所示。

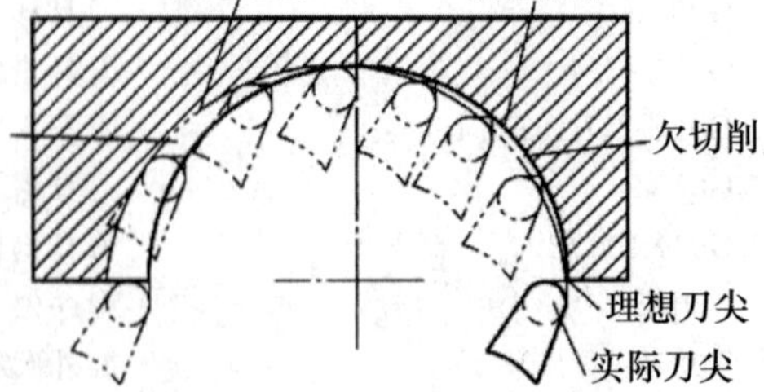

图 5-70 刀尖圆弧半径对凹圆弧表面形状及尺寸的影响

加工凹圆弧面，为避免出现欠切削或过切削现象，编写零件加工程序应使用刀尖半径补偿功能，由数控系统自动计算补偿值，生成刀具路径，完成零件的合理加工。

【技能训练】

一、加工准备

(1)检查毛坯尺寸。

(2)开机、回参考点。

(3)输入程序。把编写好的程序通过数控面板输入数控机床。

(4)装夹工件。用三爪自定心卡盘装夹毛坯,伸出 70 mm 左右,用划线盘校正并夹紧。

(5)装夹刀具。把外圆粗车刀、外圆精车刀、*R* 2 mm 成形车刀、切断刀按要求依次装入 T01、T02、T03、T04 号刀位。其中对于 *R* 2 mm 成形车刀及切断刀尤其应注意使刀头垂直于工件轴线。

二、对刀

4 把刀依次采用试切法对刀,通过对刀把操作得到的零偏值分别输入到各自长度补偿中。*R* 2 mm 成形车刀,切削刃为圆弧形,对刀刀位点应选取在刀头圆心上,与编程时采用的刀位点一致;切断刀选取左侧刀尖为刀位点。

三、空运行及仿真

打开程序,选择 MEM(自动)工作方式,打开机床锁住开关,按空运行键,按循环启动按钮,观察程序运行情况;若按图形显示键再按数控启动键可进行轨迹仿真,观察加工轨迹。空运行结束后,使空运行及机床锁住功能复位,机床重回参考点。

四、零件自动加工及尺寸控制

选择 MEM(或 AUTO)自动加工模式,打开程序,调好进给倍率,按下循环启动按钮进行自动加工。

尺寸控制:外圆、长度尺寸通过设置刀具磨损量及加工过程中试切、试测来保证。当程序运行到 N260 段时停车测量。根据测量结果,把 T02 号外圆精车刀 *X*、*Z* 方向分别设置一定磨损量,再运行精加工程序。精加工程序运行结束后(N400 程序段)停车测量,根据测量结果;修调。T02 号刀具磨损量,继续运行精加工程序,直至达到尺寸要求为止。

R 2 mm 圆弧槽精度主要由圆弧成形车刀来保证;对于 *R* 15 mm 圆弧,通过编程时采用刀尖半径补偿指令等方法保证其精度。

五、零件检测与评分

零件上圆弧表面形状主要用半径样板(俗称 R 规)检测。测量时半径样板应沿零件直径方向,根据透光间隙,判别圆弧表面与半径样板的吻合程度;其他尺寸用相应量具进行检测。

六、结束

加工结束。清理机床。

【操作注意事项】

(1)T02 号刀具使用刀尖半径补偿,应输入刀尖半径值及刀尖位置号。

(2)凹圆弧车刀的副偏角必须足够大,以保证车削时不发生干涉。

(3)切断刀和成形刀对刀时,应注意选好刀位点并与程序中刀位点一致。

(4)首件加工时采用试切、试测法控制尺寸,加工无误后可不用停车测量,程序中不用 M0M5 指令,采用自动方式加工,直至刀具磨损后修改刀具磨损量。

(5)外圆精车刀通过车端面进行对刀测试,其余刀具只能将刀位点移至工件右端面进行 *Z* 轴对刀。

【思考题与练习题】

1. 圆弧加工方向如何判别?

2. 加工凹圆弧面时常采用哪些车刀？有何要求？

3. 编写图 5-71 所示零件程序并加工练习，毛坯为 $\phi30$ mm 铝棒。

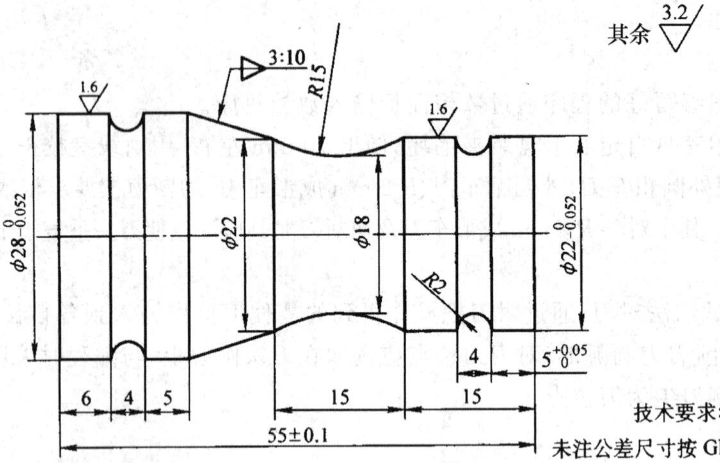

技术要求：

未注公差尺寸按 GB/T 1804-m。

图 5-71　圆柱面凹圆弧面加工练习零件图

课题 2　凸圆弧面零件加工

知识点：

掌握圆弧插补终点坐标＋圆心坐标指令格式及应用。

掌握倒圆、倒角指令及应用。

了解凸圆弧表面车刀特点及选用。

会制订凸圆弧零件加工工艺。

技能点：

掌握凸圆弧类零件尺寸检验方法。

掌握凸圆弧类零件加工及尺寸控制方法。

【任务引入】

完成图 5-72 所示零件，其三维效果图如图 5-73 所示。材料为硬铝。

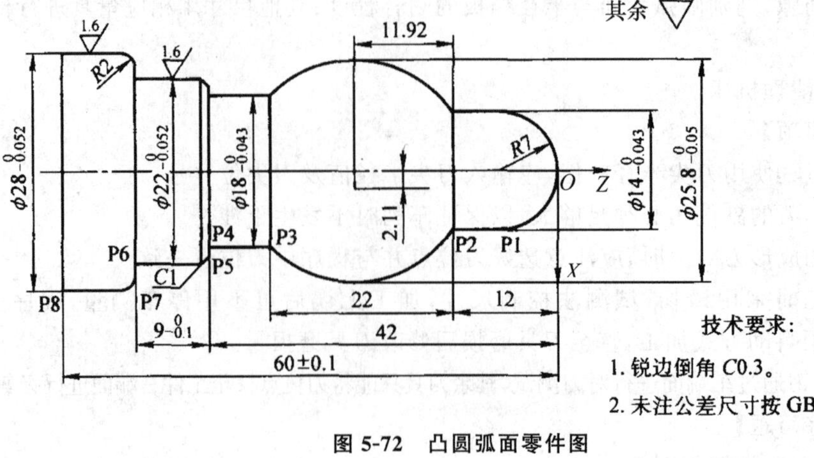

技术要求：

1. 锐边倒角 C0.3。

2. 未注公差尺寸按 GB/T 1804-m。

图 5-72　凸圆弧面零件图

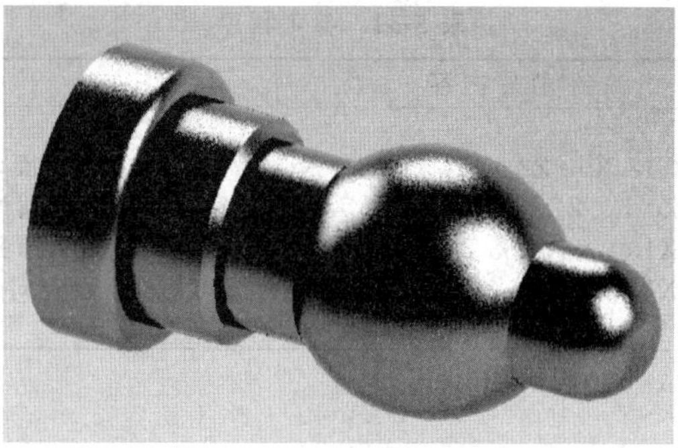

图 5-73　凸圆弧面三维效果图

【相关知识】

编程指令

一、圆弧加工指令格式

1. 圆弧加工终点坐标＋圆心坐标指令格式

G18G02(G03)X_Z_I_K_F_

其中 *X*、*Z*：圆弧终点坐标。

I、*K*：表示圆弧圆心相对于圆弧起点的增量坐标，如图 5-74 所示。

F：圆弧插补进给速度。

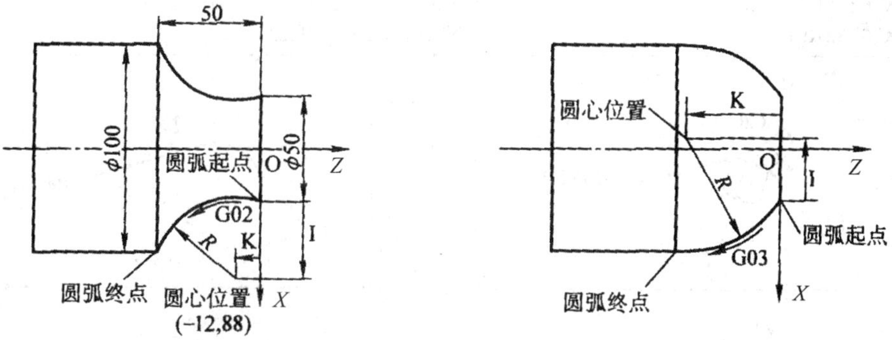

(a) 凹圆弧　　(b) 凸圆弧

图 5-74　圆弧圆心相对于圆弧起点的增量坐标

2. 圆弧加工终点坐标＋圆心坐标指令格式使用说明

(1)采用直径编程时，*I* 值为圆心相对于圆弧起点的增量值的 2 倍。

(2)*I*、*K* 方向若与坐标轴方向一致，其值为正；若 *I*、*K* 方向与坐标轴方向相反，其值为负。

(3)圆心增量坐标值(*I*,*K*)在圆弧插补中不能省略。

例：如图 5-74 所示，用直径方式编写圆弧加工程序，圆弧起点坐标(0,50)，终点坐标(－50,100)，圆心坐标(－12,88)。

解：圆弧圆心相对于起点 *X* 方向增量 *I* 为 38 mm，*Z* 方向增量 *K* 为－12 mm。参考程序见表 5-32。

表 5-32 参考程序

程序号	程序内容	动作说明
N5	…	…
N10	G00 G18 X50 Z2	选择 G18 平面，刀具移动至进刀点
N20	G01 Z0 F0.2	刀具加工至圆弧起点
N30	G02 X100 Z-50 I38 K-12 F0.1	顺时针加工圆弧至圆弧终点
N40	G01 X150	刀具沿 X 方向退出
N50	…	…

二、倒角、倒圆指令

1. 指令功能

在轮廓拐角处插入倒角或倒圆。

2. 指令格式

倒角、倒圆指令格式见表 5-33。

表 5-33 法那克系统倒角、倒圆指令格式

倒角	倒圆
格式(直线与直线、直线与圆弧间倒角)： G01X_Z_F_,C_ 例 图(a) N20G01X40Z50F0.2,C7; N30X30Z85; 例 图(b) N20G01X16Z18F0.2,C3; N30G03X10Z32R9;	格式(直线与直线、直线与圆弧间倒圆)： G01X_Z_F_,R_ 例 图(c) N20G01X16Z18F0.2,R10; N30X12Z35; 例 图(d) N20G01X16Z18F0.2,R5; N30G03X10Z36R12;
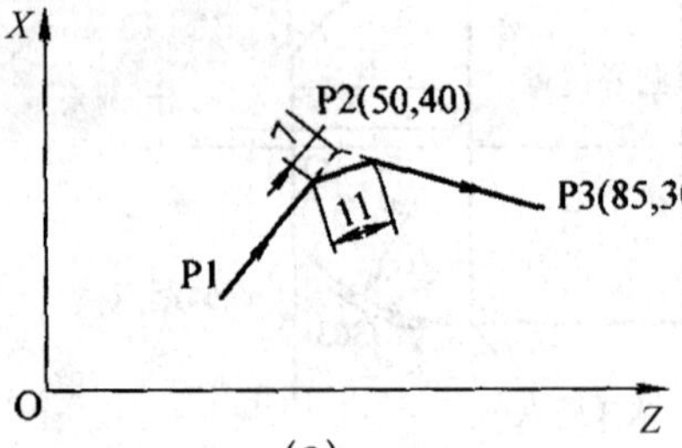 (a) 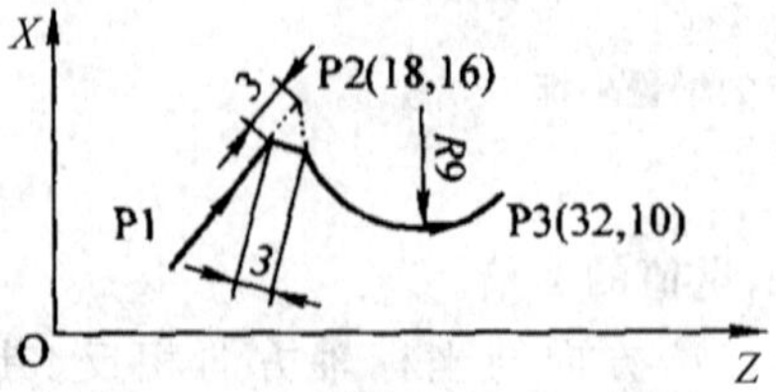 (b)	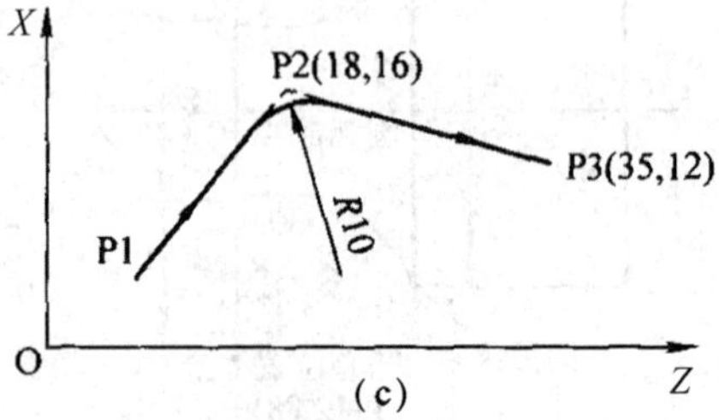 (c) 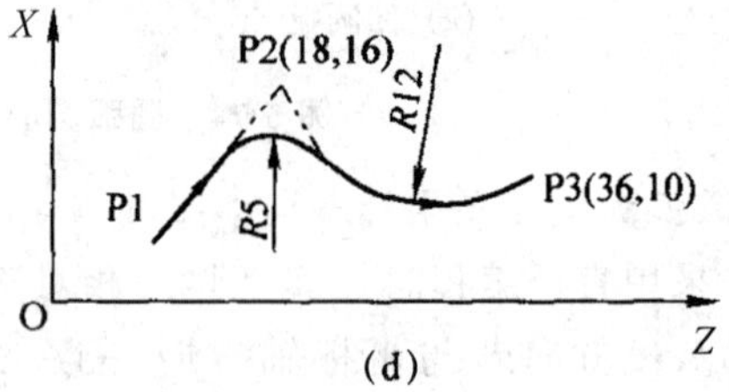 (d)

3. 指令使用说明

(1)指令格式中 X、Z 坐标是指两轮廓线(直线与直线、直线与圆弧)间虚拟交点 P2 点的坐标。

(2)法那克系统中 C 表示从虚拟交点到拐角起点或终点的距离；倒角的方向与两轮廓角平分线垂直。

(3)倒圆指令中的 R 表示倒圆部分圆弧半径，该圆弧与两轮廓线相切。

(4)倒角、倒圆指令不仅可用于直线与直线、直线与圆弧之间也可用于圆弧与直线、圆弧与

圆弧之间的过渡。

(5)倒角、倒圆指令只能在(G17、G18)指定平面内执行,在平面切换过程中,不能指定倒角或倒圆。

(6)如果连续超过 3 个程序段不含移动指令,则不能进行倒角或倒圆。

(7)不能进行任意角度倒角和拐角圆弧过渡。

【任务实施】

一、加工工艺分析

1. 选择工、量、刀具

(1)工具选择。工件装夹在三爪自定心卡盘中,用划线盘校正。其余工具见表 5-34。

(2)量具选择。外径用千分尺测量,长度用游标卡尺测量,圆弧表面用半径样板测量,表面粗糙度用表面粗糙度样板比对。量具规格、参数见表 5-34。

表 5-34　凸圆弧面零件加工工、量、刀具清单

工、量、刀具清单				图号	图 5-71	
种类	序号	名称	规格	精度	单位	数量
工具	1	三爪自定心卡盘			副	1
	2	卡盘扳手			副	1
	3	刀架扳手			副	1
	4	垫刀片			块	若干
	5	划线盘			个	1
量具	1	游标卡尺	0～150 mm	0.02 mm	把	1
	2	千分尺	0～25 mm 25～50 mm	0.01 mm	个	1
	3	半径样板	R 1 mm～R 6.5 mm R 7 mm～R 14.5 mm		套	2
	4	表面粗糙度样板			套	1
刀具	1	外圆粗车刀	90°		把	1
	2	外圆精车刀	90°		把	1
	3	切槽刀	4 mm		把	1

(3)刀具选择。加工凸圆弧面,使用的刀具有成形车刀、棱形偏刀及尖刀。加工半圆形表面选用成形车刀;加工精度较低的凸圆弧可选用尖刀;加工圆弧表面后还需车台阶时应选用棱形偏刀。选用尖刀及棱形偏刀时主、副偏角应足够大,否则加工时会发生干涉现象,如图 5-75 所示。

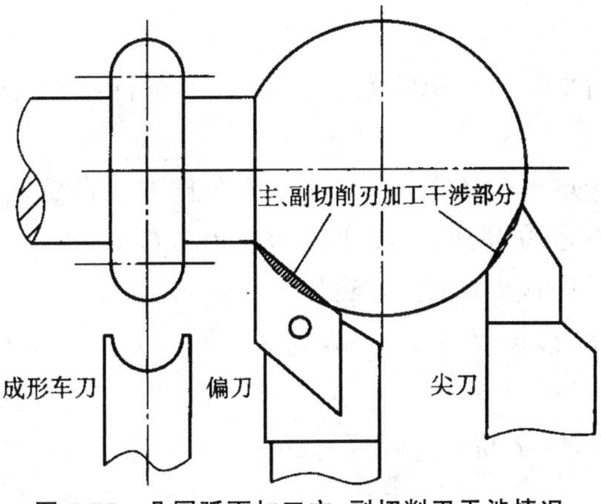

图 5-75　凸圆弧面加工主、副切削刃干涉情况

本课题因存在台阶，不宜采用尖刀或成形车刀车削，粗、精加工外圆、圆弧均用棱形偏刀，棱形偏刀副偏角应足够大。刀具规格见表 5-34。

2. 加工工艺路线

(1)本课题台阶面单向递增，调头装夹无法加工，宜采用一次装夹车削，然后切断。

(2)凸圆弧面粗加工与凹圆弧面加工一样，余量不均匀，应采用相应方法解决，生产中常采用车锥法(斜线法)和车圆法(同心圆法)两种加工方法，如图 5-76 所示。

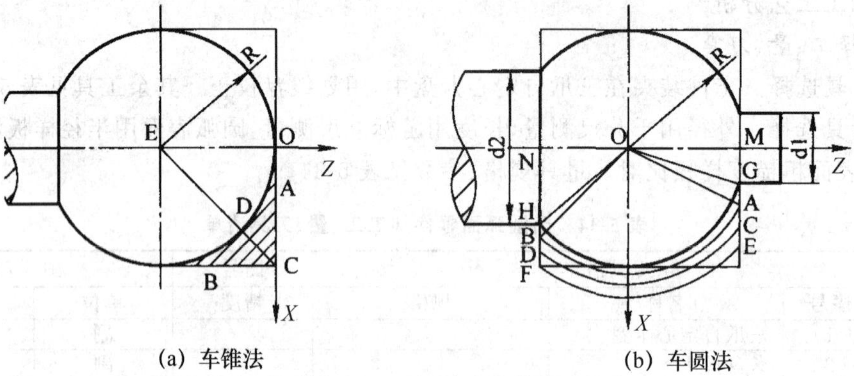

图 5-76 圆弧表面车削加工分、方法

①车锥法。即用车圆锥的方法切除圆弧毛坯余量，加工路线不能超过 A、B 两点的连线，否则会伤到圆弧的表面。此种加工方法适用于圆心角小于 90°的圆弧。

车锥法需计算 A、B 两点的坐标值。

图 5-76(a)所示，A、B 两点坐标计算方法如下：

$$CE=\sqrt{2}R$$

$$CD=CE-R=\sqrt{2}R-R=0.414R$$

$$AC=BC=\sqrt{2}CD=0.586R$$

$$OA=OC-AC=R-0.586R=0.414R$$

A 点坐标$(0,2\times0.414R)$。

B 点坐标$(-0.586R,2R)$。

其中 R 为圆弧半径。

②车圆法。即用不同半径的圆切除毛坯余量，车刀空行程时间较长，常用于圆心角大于 90°的圆弧面。

车圆法同样需要进行点坐标计算。若已知两端外圆部分直径 d_1、d_2，圆弧半径 R，加工余量 δ，工件坐标原点处于圆心位置，如 5-76(b)所示，求 A、C、E、B、D、F 等点坐标。

此处只求 A、B 两点，其他点类似。方法如下：

例：如图 5-76(b)所示，假设 $d_1=20$ mm，$d_2=30$ mm，$R=50$ mm 单边加工余量 2 mm，求 A、B 点坐标。

解：

$$OM=\sqrt{OG^2-GM^2}=\sqrt{R^2-(d_1/2)^2}$$

$$AM=\sqrt{OA^2-OM^2}=\sqrt{(R+\delta)^2-R^2+(d_1/2)^2}$$

A 点坐标为(OM,$2AM$)

同理 B 点坐标为($-ON$,$2BN$)

$$ON=\sqrt{OH^2-HN^2}=\sqrt{R^2-(d_2/2)^2}$$

$$BN=\sqrt{OB^2-ON^2}=\sqrt{(R+\delta)^2-R^2+(d_2/2)^2}$$

$$OM=\sqrt{OG^2-GM^2}=\sqrt{50^2-10^2}=49(\text{mm})$$

$$AM=\sqrt{OA^2-OM^2}=\sqrt{52^2-49^2}=17.44(\text{mm})$$

A 点坐标为(49,38,88)

$$ON=\sqrt{OH^2-HN^2}=\sqrt{50^2-15^2}=47.7(\text{mm})$$

$$BN=\sqrt{OB^2-ON^2}=\sqrt{52^2-47.7^2}=20.7(\text{mm})$$

则 B 点坐标为(-47.7,41.4)。

③零件粗车路线。从刀具起点→A→B→C…→N→P→Q→刀具起点,如图 5-77 所示。凸圆弧采用车锥法车削,中间凸圆弧采用车圆法粗车。

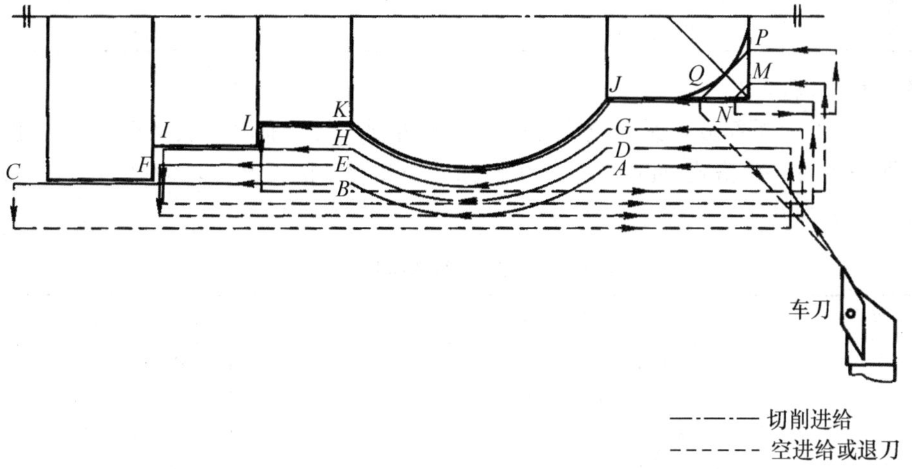

图 5-77　粗加工路线图

3. 选择合理切削用量

加工材料为硬铝,硬度较低,切削力较小,切削用量可选大些。具体见表 5-35。

表 5-35　车凸圆弧面零件加工工艺

工步号	工步内容	刀具号	切削用量		
			背吃刀量 a_p/mm	进给速度 F/(mm/r)	主轴转速 n/(r/min)
1	粗加工外轮廓,留 0.4 mm 精车余量	T01	1~2	0.2	600
2	精加工外轮廓至尺寸	T02	0.2	0.1	800
3	切断,控制工件总长	T03	4	0.08	400

二、编写参考程序

1. 建立工件坐标系

根据工件坐标系建立原则,工件坐标系设置在工件右端面轴线上,如图 5-72 所示。

2. 计算点坐标

建立工件坐标系后不仅要计算 O、P1、P2、…、P8 等基点坐标，还需计算粗加工轮廓各点坐标，如图 5-72 和图 5-73 所示。根据粗车余量分配原则，选定 B、E、H、K 各点坐标分别为(−34,28.4)、(−34,25.4)、(−34,22.4)、(−34,18.4)，再求出粗车圆弧半径，最后计算出 A、D、G、J 各点坐标。具体各点坐标见表 5-36。

表 5-36 基点及粗加工各点坐标 mm

点	坐标(Z,X)	点	坐标(Z,X)
A	(−12,25.818)	P	(0,5.962)
C	(−65,28.4)	Q	(−4.219,14.4)
D	(−12,22.53)	P1	(−7,13.978)
F	(−50.8,25.4)	P2	(−12,13.978)
G	(−12,19.166)	P3	(−34,17.978)
I	(−50.8,22.4)	P4	(−42,17.978)
J	(−12,14.486)	P5	(−42,21.974)
l	(−41.8,18.4)	P6	(−51,21.974)
M	(0,9.962)	P7	(−51,27.974)
N	(−2.219,14.4)	P8	(−65,27.974)

3. 参考程序(表 5-37)

程序中，加工圆弧部分可采用终点坐标＋半径格式，也可采用终点坐标＋圆心坐标格式编。本例题采用后一种格式，此时需计算出圆弧圆心相对于圆弧起点增量坐标 I、K 值。法那克系统程序名为“O0042”。

表 5-37 法那克系统参考程序

程序段号	程序内容	动作说明
N5	G40G99G80G21	设置初始状态
N10	M3S600T0101	设置加工参数
N20	G00X25.818Z2	刀具快速移动到进刀点
N30	G01Z-12F0.2	粗车外圆轮廓至 A 点
N40	G03X28.4Z-34I-30.038K-11.92	粗车凸圆弧至 B 点
N50	G01Z-65	粗车外圆至 C 点
N60	X32	刀具沿 X 方向退出
N70	G00Z2	刀具 Z 方向退回
N80	X22.53	X 方向进刀至 X22.53 处
N90	G01Z-12	粗车外圆至 D 点
N100	G03X25.4Z-34I-26.75K-11.92	粗车凸圆弧至 E 点
N110	G01Z-50.8	粗车外圆至 F 点
N120	G01X32	刀具沿 X 方向退出
N130	G00Z2	刀具沿 Z 方向退回
N140	X19.166	X 方向进刀至 X19.166 处
N150	G01Z-12	粗车外圆至 G 点
N160	G03X22.4Z-34I-23.386K-11.92	粗车凸圆弧至 H 点
N170	G01Z-50.8	粗车外圆至 I 点

续表 5-37

程序段号	程序内容	动作说明
N180	X32	X 方向退刀
N190	G00Z2	Z 方向退回至 Z2 处
N200	X14.486	X 方向进刀至 X14.486 处
N210	G01Z-12	粗车外圆至 J 点
N220	G03X18.4Z-34I-18.706K-11.92	粗车凸圆弧至 K 点
N230	G01Z-41.8	粗车外圆至 L 点
N240	X32	X 方向退刀至 X28 处
N250	G00Z2	Z 方向退刀至 Z2 处
N260	X9.962	X 方向进刀至 X9.962 处
N270	G01Z0	粗车至 M 点
N280	X14.4Z-2.219	粗车圆锥至 N 点
N290	X16	刀具沿 X 方向退出
N300	G00Z2	刀具沿 Z 方向退回
N310	X5.962	X 方向进刀至 X5.962 处
N320	G01Z0	粗车至 P 点
N330	X14.4Z-4.219	粗车圆锥至 Q 点
N340	X16	刀具沿 X 方向退出
N350	G00X100Z200	刀具退至换刀点
N360	M0M5	程序停、主轴停、测量
N370	T0202	换外圆精车刀
N380	M3S800F0.1	精加工转速为 800 r/min
N390	G00G42X0Z3	建立刀尖半径补偿
N400	G01Z0	精加工至 0 点
N410	G03X13.978Z-7R7	精加工圆弧至 P1 点
N420	G01Z-12	精加工直线至 P2 点
N430	G03X17.978Z-34I-18.2K-11.92	精加工圆弧至 P3 点
N440	G01Z-41	精加工直线至 P4 点
N450	X21.974.C1	精加工直线至 P5 且倒角
N460	Z-51	精加工直线至 P6 点
N470	X27.974.R2	精加工直线至 P7 且倒圆
N480	G01Z-65	精加工直线至 P8 点
N490	X32	刀具沿 X 方向退出
N500	G40G00X100Z200	刀具退至换刀点
N510	M0M5	程序停、主轴停、测量
N520	T0303	换切断刀
N530	M3S400	切断转速为 400 r/min
N540	G00X33Z-64	切断刀移动至切断处
N550	G01X0F0.08	切断工件
N560	X33F0.5	刀具沿 X 方向退出
N570	G00X100Z200	刀具退至换刀点
N580	M30	程序结束

【资料链接】

加工凸圆弧面时，若不采用刀尖半径补偿，同样会出现欠切削或过切削现象而影响圆弧表面形状及尺寸，如图 5-78 所示。

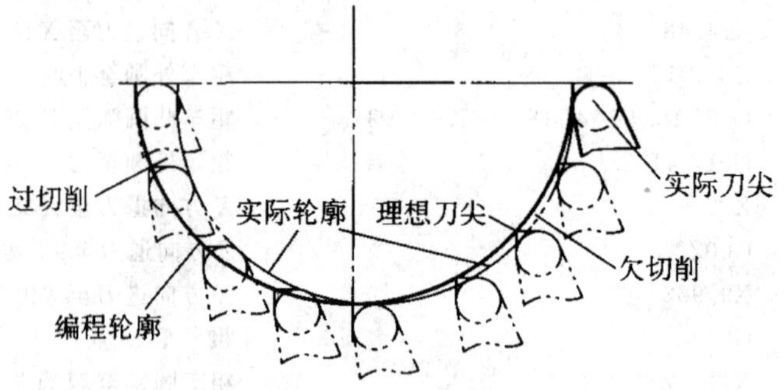

图 5-78 刀尖圆弧半径对凸圆弧面形状及尺寸的影响

为避免刀尖圆弧半径的影响，编写数控加工程序时，要使用刀尖半径补偿指令，由数控系统计算补偿值，生成刀具路径，完成零件的合理加工。

【技能训练】

一、加工准备

(1)检查毛坯尺寸。

(2)开机、回参考点。

(3)输入程序。把编写好的程序通过数控面板输入数控机床。

(4)装夹工件。把坯料装入三爪自定心卡盘，伸出 70 mm 左右，用划线盘校正并夹紧。

(5)装夹刀具。把外圆粗车刀、外圆精车刀、切断刀按要求依次装入 T01、T02、T03 号刀位。其中，安装切断刀应注意使刀杆垂直于工件轴线。

二、对刀

三把刀依次采用试切法对刀，通过对刀把操作得到的零偏值分别输入到各自长度补偿中；切断刀仍选取左侧刀尖为刀位点。

三、空运行及仿真

对输入的程序进行空运行或轨迹仿真，以检测程序是否正确。

四、零件自动加工方法及尺寸控制

零件自动加工方法：打开程序，选择 MEM(或 AUTO)工作模式，调好进给倍率，按数控启动按钮进行自动加工。

外圆及长度尺寸通过设置刀具磨损量控制，加工过程中采用试切和试测方法进行控制，程序运行至 N360 段停车测量；根据测量结果设置 T02 号刀具磨损量，然后运行精加工程序至 N510 程序段，停车测量。根据测量结果，修调 T02 号刀具磨损量，再次运行精加工程序，直至尺寸复合要求为止。圆弧面形状及尺寸通过设置刀尖半径补偿、装夹刀具是使刀尖与工件轴线等高、试测量等方法控制。

五、零件检测与评分

凸圆弧面形状用半径样板(俗称 R 规)检测，测量时半径样板通过凸圆弧直径方向与圆弧贴紧,通过透光判别与半径样板吻合程度;其他尺寸用相应量具进行测量。

六、结束

加工结束,清理机床。

【误差分析】

表 5-38　圆弧加工误差分析

问题现象	产生原因	预防和清除
切削过程出现干涉现象	1. 刀具参数不正确 1. 刀具安装不正确	1. 正确编制程序 2. 正确安装刀具
圆弧凹凸方向不对	程序不正确	正确编制程序
圆弧尺寸不符合要求	1. 程序不正确 2. 刀具磨损 3. 没考虑刀尖圆弧半径补偿	1. 正确编制程序 2. 及时更换刀具 3. 考虑刀尖圆弧半径补偿

【操作注意事项】

(1)精车时应使用刀尖半径补偿指令,并输入刀尖半径值及刀尖位置号。

(2)凸圆弧车刀主、副偏角必须足够大,以保证车削时不发生干涉。

(3)外圆精车刀通过车端面对刀,其余刀具只能将刀位点移至工件右端面进行 Z 轴对刀。

(4)工件伸出长度不能太长也不能太短。太长时工件刚性差;太短时无法切断。

【思考题与练习题】

1. 粗加工凸圆弧常采用哪些车削方法?

2. 编写图 5-79 所示零件程序并加工练习。毛坯为 $\phi30$ mm 铝棒。

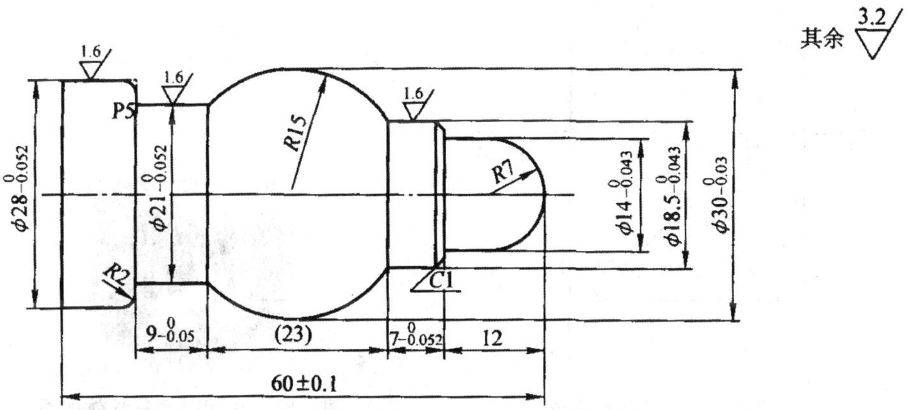

图 5-79　凸圆弧面加工习题零件图 1

3. 如图 5-80 所示工件,精度要求较高,用刀尖半径为 0.4 mm 车刀车削,试用刀具半径补偿方法编程。

4. 如图 5-81 所示为椭圆手柄工件,材料为铝合金钢,试对其进行编程。

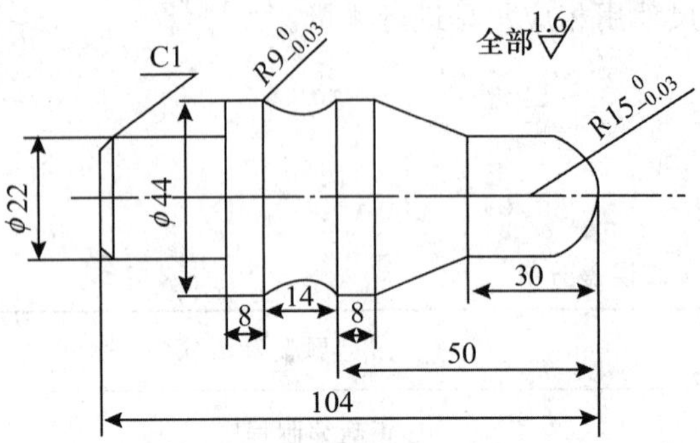

图 5-80 凸圆弧面加工习题零件图 2

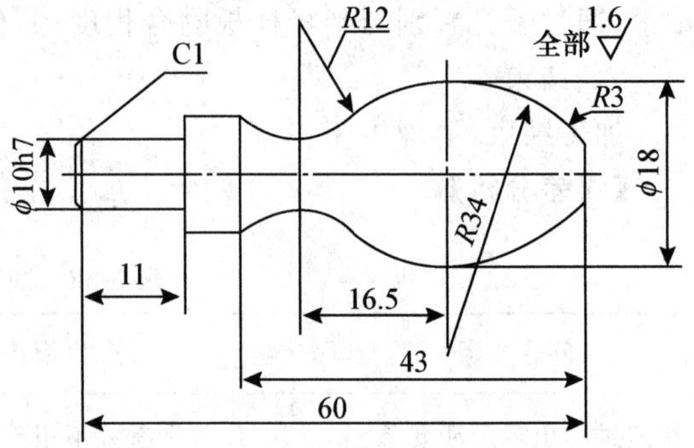

图 5-81 凸圆弧面加工习题零件图 3

课题 3 内圆弧面零件加工

知识点：

了解回机床参考点、回固定点的指令。

了解内圆弧车刀特点及选用。

会制定内圆弧面加工工艺路线。

技能点：

掌握内圆弧面加工方法。

掌握内圆弧面尺寸测量方法。

【任务引入】

完成图 5-82 所示零件，其三维效果图如图 5-83 所示。材料为 45＃钢。

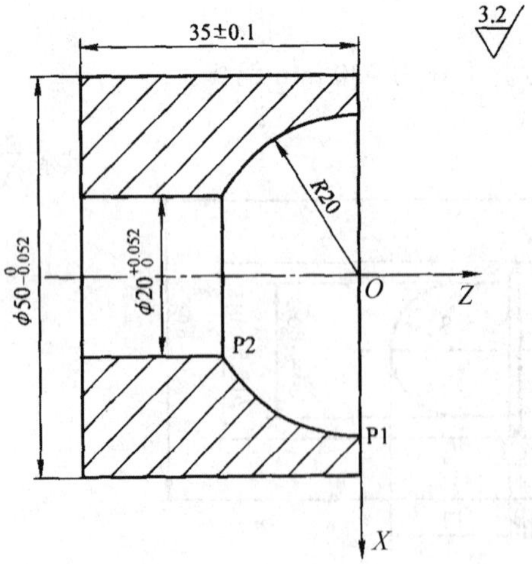

图 5-82 内圆弧面零件图

图 5-83 内圆弧面三维效果图

【相关知识】

一、回参考点指令

1. 指令功能

参考点是机床上的一个固定点，用该指令可以使刀具非常方便地移动到该位置。

2. 指令格式

G28X_Z_;X、Z 指定中间点的坐标

例:N1G28X40Z10;中间点(X40,Z10)

　N2G28Z60;中间点(X40,Z60)

3. 指令使用说明

(1)用 G28 指令回参考点的各轴移动速度储存在机床数据中(快速)。

(2)使用回参考点指令前,为安全起见应取消刀具半径补偿和长度补偿。

(3)法那克系统须指定中间点坐标,刀具经中间点回到参考点。

(4)回参考点指令为程序段有效指令。

二、返回固定点指令

(1)功能指刀具自动返回到机床上某一指定的固定点,如换刀点。

(2)指令格式见表 5-41。

(3)指令使用说明。

①返回固定点指令为程序段有效指令。

G29X_Z_;X、Z 指定参考点返回目标点的坐标

例:N2G29X40Z60;目标点(X40,Z60)

②返回固定点指令之后的程序段中原先的 G0、G1、G2、G3…将再次生效。

③有些法那克系统车床不用 G29 返回定点指令。

【任务实施】

加工工艺分析

1. 工、量、刀具选择

(1)工具选择。工件装夹在三爪自定心卡盘中,用划线盘校正。其他工具见表 5-39。

表 5-39　内圆弧面零件加工工、量、刀具清单

工、量、刀具清单				图号	图 5-82	
种类	序号	名称	规格	精度	单位	数量
工具	1	三爪自定心卡盘			个	1
	2	卡盘扳手			副	1
	3	刀架扳手			副	1
	4	垫刀片			块	若干
	5	划线盘			个	1
量具	1	游标卡尺	0～150 mm	0.02 mm	把	1
	2	外径千分尺	25～50 mm	0.01 mm	把	1
	3	内径百分表	8～35 mm	0.01 mm	把	1
	4	半径样板	R 15 mm～R 25 mm		套	1
	5	表面粗糙度样板			套	1
刀具	1	外圆车刀	90°		把	1
	2	中心钻	ϕ3 mm		只	1
	3	麻花钻	ϕ18 mm		只	1
	4	内孔粗车刀	75°		把	1
	5	内孔精车刀	75°		把	1
	6	切槽刀	4 mm		把	1

(2)量具选择。长度用游标卡尺测量，外圆用外径千分尺测量，内孔用内径百分表测量，圆弧表面用半径样板测量，表面粗糙度用表面粗糙度样板比对。量具规格、参数见表 5-39。

(3)刀具选择。加工外圆、端面选用外圆车刀，内圆弧面加工前先用麻花钻钻孔(含用中心钻钻中心孔)，加工内圆弧选用内孔车刀，内孔车刀主、副偏角应足够大，防止干涉；当内圆弧无预制孔时，内孔车刀主偏角必须大于 90°，如图 5-84(a)车刀主偏角小于 90°情况，(b)车刀主偏角大于 90°情况。

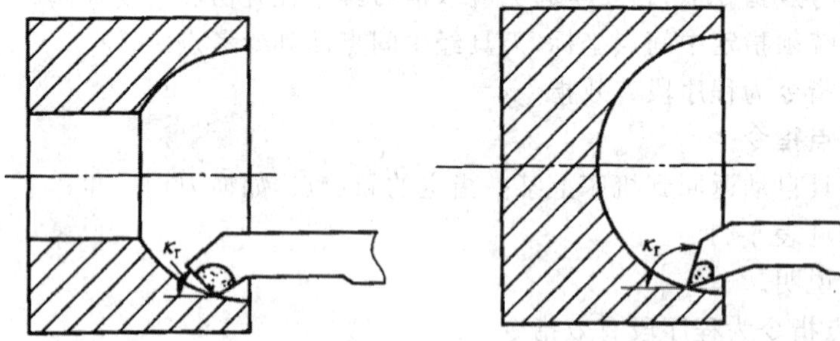

(a) 车刀主偏角小于90°情况　　(b) 车刀主偏角大于90°情况

图 5-84　内圆弧加工主偏角情况

2. 制定加工工艺路线

坯料较短时，夹紧毛坯外圆，车右端面、钻中心孔、钻孔、粗精车内轮廓，然后调头以 $\phi20_{0}^{+0.052}$ mm 内孔定位车另一端面及 $\phi50_{-0.052}^{0}$ mm 外圆；坯料较长时，夹紧毛坯外圆车右端面 $\phi50_{-0.052}^{0}$ mm 外圆、钻中心孔、钻孔、车 $\phi20_{0}^{+0.052}$ mm 内孔及内圆弧表面，最后切断控制总长。本课题采用后一种加工方法。粗车内圆弧时余量不均匀，需用分层方法车削。本课题径向尺寸单向增减，采用固定循环粗加工。具体步骤见表 5-40。

3. 选择合理切削用量

加工材料为 45＃钢，硬度较高，切削力较大，切削速度应选低些；粗加工凹圆弧表面时余量不均匀，背吃刀量、进给速度选择较小。具体切削用量见表 5-40。

表 5-40　凹圆弧面零件加工工艺

工步号	工步内容	刀具号	切削用量		
			背吃刀量 a_p/mm	进给速度 f/(mm/r)	主轴转速 n/(r/min)
1	车右端面	T01	1～2	0.2	500
2	粗车外圆，留 0.6 mm 精车余量	T01	1～2	0.2	500
3	精加工 $\phi50_{-0.052}^{0}$ mm 外圆至尺寸	T01	0.3	0.1	700
4	钻 $\phi3$ mm 中心孔(手动)		1.5	0.15	800
5	钻 $\phi18$ mm 内孔(手动)，长 40 mm		9	0.15	300
6	粗车内圆弧面及内孔，留 0.6 mm 精车余量	T02	1.5	0.15	500
7	精车内圆弧面及内孔至尺寸	T03	0.3	0.1	700
8	切断，控制工件总长	T04	4	0.08	300

4. 编写参考程序

(1)建立工件坐标系。根据工件坐标系建立原则,工件坐标系设置在工件右端面轴线上,如图 5-82 所示。

(2)计算基点坐标。基点 P2 坐标计算方法为

$$X=20.052\ \text{mm} \quad Z=-\sqrt{20^2-10^2}=17.32\ \text{mm}$$

故 P2 点坐标为(−17.32,20.026);P1 点坐标为(0,40);其余点坐标略。

(3)参考程序(表 5-41)。法那克系统程序名为"O0043"。

表 5-41　法那克系统参考程序

程序段号	程序内容	动作说明
N10	G40G99G80G21	设置初始状态
N20	M3S500T0101M8	设置加工参数
N30	G00X0Z5	刀具快速移动到进刀点
N40	G01Z0F、0.2	刀具加工至工件原点
N50	X52.8	车右端面
N60	Z-40	粗车 ϕ50 mm 外圆
N70	X56	刀具沿 X 方向退出
N80	G00Z5	刀具沿 Z 方向退回至 Z5 处
N90	X50.6	进刀至 X50.6 外圆处
N100	G01Z-40	继续粗车 ϕ50 mm 外圆轮廓
N110	X56	刀具沿 X 方向退出
N120	G00Z5	刀具沿 Z 方向退回
N130	X49.974S700	刀具进刀至 X49.974 处
N140	G01Z-40F、0.1	精加工外圆
N150	X56	刀具沿 X 方向退出
N160	G28X65Z-30	刀具回参考点
N170	M0	程序停,换成手动方式钻中心孔、钻 ϕ18 mm 孔
N180	M3S500	主转转速为 500 r/min
N190	T0202	换内圆弧粗车刀
N200	G00X0Z3	刀具进刀至循环起点
N210	G71U1.5R1	设置循环参数,调用粗加工循环
N220	G71P230Q260U-0.6W0.3F0.15	
N230	G01X40Z0	内孔轮廓精加工程序段
N240	G03X20.026Z-17.32R20	
N250	G01Z-40	
N260	X17	

续表 5-41

程序段号	程序内容	动作说明
N270	G28X20Z20	刀具回参考点
N280	M0M5	程序停、主轴停、测量
N290	T0303	换内圆弧精加工车刀
N300	M3S700	设置精加工转速
N310	G00G41X40Z2	建立刀尖半径补偿
N320	G01Z0F0.1	精车内轮廓至 P1 点
N330	G03X20.026Z-17.32R20	精车内轮廓至 P2 点
N340	G01Z-40	精车内孔
N350	X19	*X* 方向退出至 *X*19 处
N360	G00G40Z10	退出刀具,取消刀尖半径补偿
N370	G28X50Z50	刀具退回参考点
N380	M0M5	程序停、主轴停、测量
N390	T0404	换切断刀
N400	M3S300	转速为 300 r/min
N410	G00X59Z-40	刀具移动至(-40,59)
N420	G01X15F0.08	切断
N430	X56F0.5	刀具沿 *X* 方向退出
N440	G28X60Z-40	刀具回参考点
N450	M2	程序结束

【技能训练】

一、加工准备

(1)检查毛坯尺寸。

(2)开机、回参考点。

(3)输入程序。把编写好的程序通过数控面板输入数控机床。

(4)装夹工件。把坯料装入三爪自定心卡盘,伸出 45 mm 左右,用划线盘校正并夹紧。

(5)装夹刀具。外圆车刀、内孔粗车刀、内孔精车刀及切断刀按要求依次装入 T01、T02、T03、T04 号刀位。其中,应注意使切断刀刀头垂直于工件轴线。

二、对刀

4 把刀依次采用试切法对刀。把通过对刀操作得到的零偏值分别输入到各自长度补偿中,加工时调用。

三、空运行及仿真

对输入的程序进行空运行或轨迹仿真,以检测程序是否正确。

四、零件自动加工方法及尺寸控制

打开程序,选择 AUT0(自动加工)模式,按数控启动按钮进行自动加工。加工过程中进行外圆、内孔尺寸控制,方法同前面课题。

五、零件检测与评分

内圆弧面用半径样板检测，由于在零件内部，检测、观察都不方便，有时需凭借手感区别其与半径样板的吻合程度；其他尺寸用相关量具进行检测。

六、结束

加工结束，清理机床。

【操作注意事项】

(1)安装内孔车刀应避免车刀后刀面干涉，加工前应先检测内孔车刀是否干涉。

(2)零件材料为 45＃钢，加工时应充分浇注切削液。

(3)车端面、钻中心孔、钻孔均采用手动方式加工，不需编写程序；若采用全功能数控车床，则可采用编程加工。

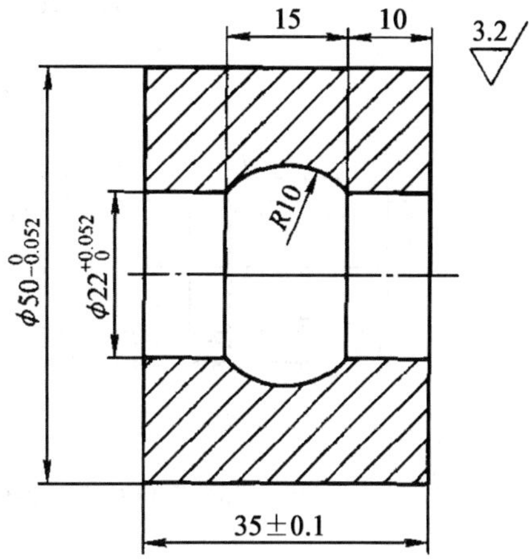

图 5-85　内圆弧面加工练习零件图

(4)为加工方便，也可在钻孔后安排切断工序，然后加工内轮廓。

【思考题与练习题】

1. 内圆弧车刀有何要求？

2. 编写图 5-85 所示零件的加工程序，并练习加工(工件材料为 45＃钢)。

任务 4　槽类零件加工

知识点：

理解进给速度单位指令及含义。

掌握暂停指令及应用。

会编制外槽加工工艺。

技能点：

掌握切槽刀装夹方法。

掌握切槽刀对刀及验证方法。

掌握程序断点加工方法。

【任务引入】

完成图 5-86 所示零件，其三维效果图如图 5-87 所示。材料为硬铝。

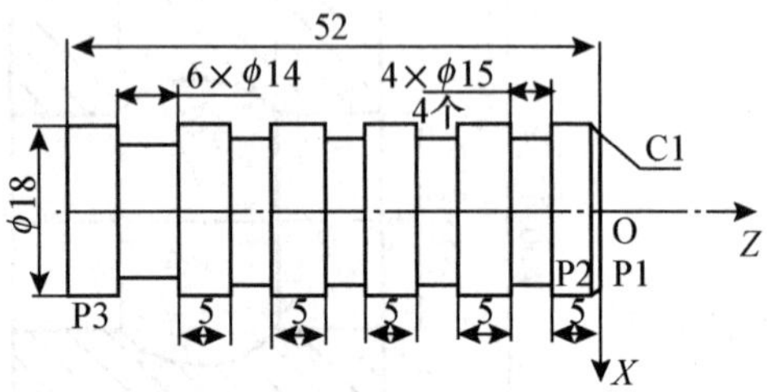

图 5-86 槽类加工零件图

图 5-87 槽类零件三维效果图

【相关知识】

一、进给速度单位控制指令

1. 指令功能

用于确定刀具进给速度为每分钟进给量还是每转进给量。

2. 指令代码

每分钟进给量 mm/min:G98;每转进给量 mm/r:G99。

3. 指令使用说明

(1)指令均为模态指令，一经使用，持续有效。当指定 G99 后，地址 F 后单位始终为每转进给量，直到指定 G98 指令为止。

(2)G99、G98 指令更换后应重新写入一个新的地址 F。

(3)数控车床上一般使用每转进给量，即指定 G99 指令有效，且只有在主轴为旋转轴时才有意义。

4. 程序示例(表 5-42)

表 5-42 法那克系统进给速度单位指令示例

程序段号	法那克系统	指令说明
N10	G98 F150	进给速度为 150 mm/min
N20	…	…
N30	M3 S500	主轴转速 500 r/min
N40	G99 F0.3	进给速度为 0.3 mm/r
N50	G1 X40. Z10. F0.1	进给速度为 0.1 mm/r

二、进给暂停指令 G04(或 G4)

1. 指令功能

执行本指令进给暂停至指定时间后，执行下一段程序，常用于车槽、车端面、锪孔等场合，以提高表面质量。

2. 指令格式

法那克系统进给暂停指令见表 5-43。

表 5-43　法那克系统系统进给暂停指令

指令格式	说明
G04　X_	X 为暂停时间，可用带小数点的数，单位为 s
G04　U_	U 为暂停时间，可用带小数点的数，单位为 s
G04　P_	P 为暂停时间，不允许用带小数点的数，单位为 ms

3. 程序示例

G04　X5(U5)表示暂停 5 s。

G04　P50 表示暂停 50 ms，即暂停 0.05 s。

【任务实施】

一、加工工艺分析

1. 工、量、刀具选择

(1)工具选择。铝棒装夹在三爪自定心卡盘上，用划线盘校正。其他工具见表 5-44。

(2)量具选择。尺寸精度不高，选用 0～150 mm 游标卡尺测量。

(3)刀具选择。加工材料为硬铝，刀具选用 90°硬质合金外圆车刀车外圆并置于 T01 号刀位；切槽和切断工件选用硬质合金切槽刀，刀头宽度为 4 mm，刀头长度应大于 10 mm，安装在 T02 刀位。刀具规格见表 5-44。

表 5-44　切槽、切断刀、量、刀具清单

工、量、刀具清单				图号	图 5-86	
种类	序号	名称	规格	精度	单位	数量
工具	1	三爪自定心卡盘			个	1
	2	卡盘扳手			副	1
	3	刀架扳手			副	1
	4	垫刀片			块	若干
	5	划线盘			个	1
量具	1	游标卡尺	0～150 mm	0.02 mm	把	1
刀具	1	外圆车刀	90°		把	1
	2	切槽刀	4 mm×15 mm		把	1

2.加工工艺方案

(1)窄槽加工方法。当槽宽度尺寸不大,可用刀头宽度等于槽宽的切槽刀,一次进给切出,如图 5-88 所示。编程时还可用 G04 指令在刀具切至槽底时停留一定时间,以光整槽底。本课题零件右端面四个窄槽即采用这种方法加工。

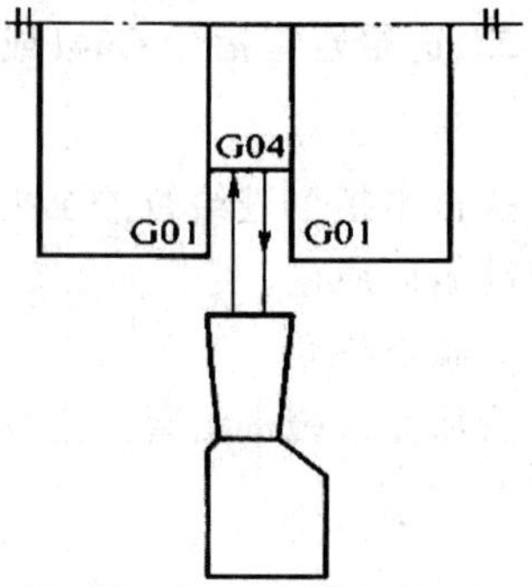

图 5-88 窄槽加工方法

(2)宽槽加工方法。当槽宽度尺寸较大(大于切槽刀刀头宽度),应采用多次进给方法加工,并在槽底及槽壁两侧留有一定精车余量,然后根据槽底、槽宽尺寸进行精加工。宽槽加工的刀具路线如图 5-89 宽槽加工方法所示。本课题零件在左侧宽度为 6 mm 的槽采用这种方法加工。

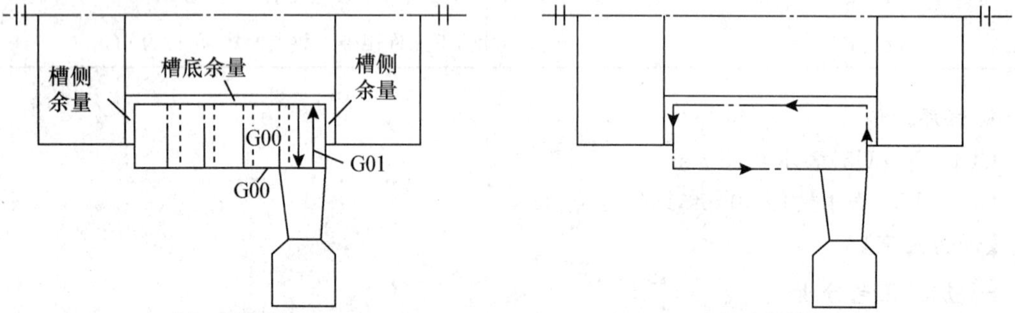

(a) 宽槽粗加工　　(b) 宽槽精加工

图 5-89 宽槽加工方法

(3)切槽加工应注意的问题。

①切槽刀有左、右两个刀尖及切削刃中心处等三个刀位点,如图 5-90 所示。

②切槽过程中退刀路线应合理,避免撞刀;切槽后应先沿径向(X 向)退出刀具,再沿轴向(Z 向)退刀,如图 5-91 所示。

(4)加工工艺路线。先用 T01 号外圆车刀粗、精加工外圆,然后换 T02 号切槽刀切槽,最后切断工件。切槽时右侧四个窄槽用刀头宽度等于槽宽的切槽刀直进法切出;左侧宽槽采用分次进给切出。左侧宽槽采用分次进给切出。

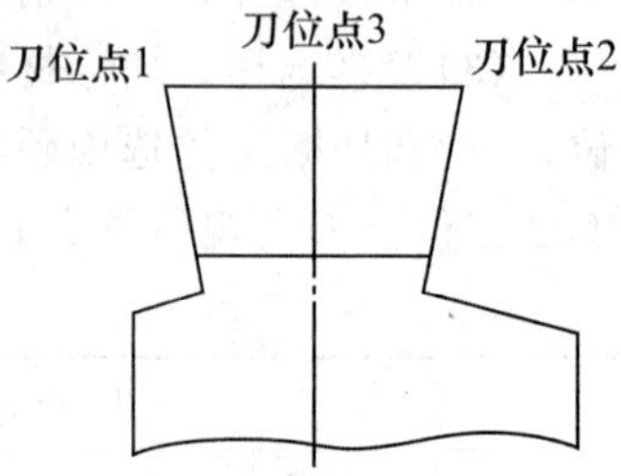

图 5-90 刀位点

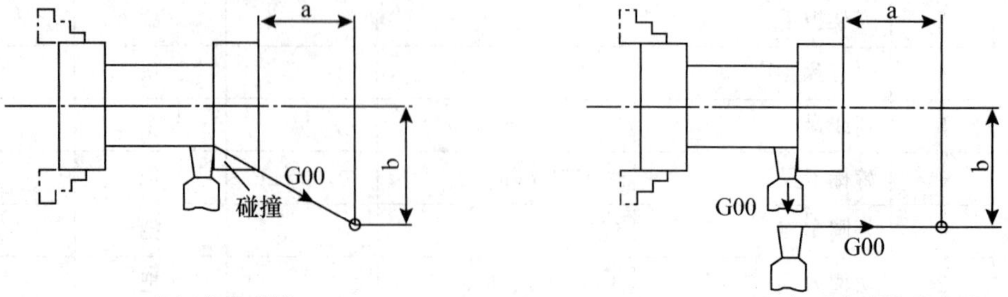

(a) 产生碰撞　　(b) 避免碰撞的方法

图 5-91 切槽后退刀实例

具体加工工艺见表 5-45。

表 5-45　切槽及切断零件加工工艺

工步号	工步内容	刀具号	切削用量		
			背吃刀量 a_p/mm	进给速度 f/(mm/r)	主轴转速 n/(r/min)
1	车右端面	T01	1～2	0.2	600
2	粗加工 ϕ18 mm 外圆，留 0.4 mm 精车余量	T01	1～2	0.2	600
3	精加工 ϕ18 mm 外圆至尺寸	T01	0.2	0.1	800
4	车右端四个 4 mm×ϕ15 mm 窄槽	T02	4	0.08	400
5	粗车左侧 6 mm×ϕ14 mm 宽槽	T02	4	0.08	400
6	精车 6 mm×ϕ14 mm 宽槽至尺寸	T02	4	0.08	500
7	切断，控制工件总长为 52 mm	T02	4	0.08	400

3. 选择合理切削用量

加工材料为硬铝，硬度较低，切削力较小，切削用量可选大些；但切槽时，由于切槽刀强度较低，转速及进给速度应选择小一些。

二、编写参考加工程序

1. 建立工件坐标系

根据工件坐标系建立原则，工件原点设在工件右端面与工件轴线交点上，如图 5-82 所示。

2. 计算基点坐标

车外圆采用直径编程，基点 P1、P2、P3 坐标分别为(0,16)、(−1,18)、(−52,18)。切槽、切断时均选择左侧刀尖为刀位点，第一槽 Z 方向坐标为 −9 mm，以后每个槽 Z 方向递减 9 mm，采用增量编程方式比较方便。外圆自 ϕ20 mm 切至 ϕ15 mm，用增量方式编程 X 方向递减 5 mm。

3. 参考程序(表 5-46)

程序名为“O0022”。

表 5-46　切槽、切断零件参考程序

程序段号	程序内容	动作说明
N10	M3 S600 G99	转速 600 r/min，绝对坐标编程。每转进给量、直径编程
N20	T0101	换 1 号外圆车刀
N30	G00 X0 Z5	刀具快速运动到进刀点
N40	G01 Z0 F0.2	进刀至工件右端面
N50	X16.4	粗车至 P1 点
N60	X18.4 Z-1.	粗车 C1 倒角至 P2 点
N70	Z-56.	粗车外圆至 P3 点，留切断余量
N80	X22.	刀具沿 X 方向退出
N90	G00 Z5.	刀具沿 Z 方向退回
N100	M3 S800	精车转速 800 r/min
N110	X0	进刀至工件轴线
N120	G01 Z0 F0.1	进刀至工件右端面

续表 5-46

程序段号	程序内容	动作说明
N130	X16.	精车右端面至 P1 点
N140	X18. Z-1.	精车倒角至 P2 点
N150	Z-56.	精车外圆至 P3 点,留切断余量
N160	X22.	刀具沿 X 方向退出
N170	G00 Z200.	刀具沿 Z 方向退回
N180	X100.	刀具沿 X 方向退回
N190	M0 M5	程序停、主轴停、测量
N200	M3 S400	变换主轴转速为 400 r/min
N210	T0202	换切槽刀
N220	X20. Z-9.	刀具移动至第一个槽进刀点
N230	G01 U-5. W0 F0.08	切第一个槽至槽底,增量编程
N240	G04 X2.	槽底停 2 s
N250	G01 U5. W0	刀具沿 X 方向退出
N260	G00 U0 W-9.	刀具移动至第二个槽进刀点
N270	G01 U-5. W0	切第二个槽至槽底
N280	G04 X2.	槽底停 2 s
N290	G01 U5. W0	刀具沿 X 方向退出
N300	G00 U0 W-9.	刀具移动至第三个槽进刀点
N310	G01 U-5. W0	切第三个槽至槽底
N320	G04 X2.	槽底停 2 s
N330	G01 U5. W0	刀具沿 X 方向退出
N340	G00 U0 W-9.	刀具移动至第四个槽进刀点
N350	G01 U-5. W0	切第四个槽至槽底
N360	G04 X2.	槽底停 2 s
N370	G01 U5 W0	刀具沿 X 方向退出
N380	G00 U0 W-9.2	刀具移动至宽槽进刀点,槽侧留 0.2 mm 余量
N390	G01 U-5.6 W0	车宽槽至槽底并留余量
N400	G01 U5.6 W0	刀具沿 X 方向退出
N410	G00 U0 W-1.6	刀具沿 Z 方向向左移动 1.6 mm
N420	G01 U-5.6 W0	再次粗车宽槽并留余量
N430	G01 U5.6 W0	刀具沿 X 方向退出
N440	G00 Z-45.	刀具移至宽槽右侧面(精车),绝对坐标编程
N450	M3 S500	精车转速为 500 r/min
N460	G01 X14.	精车宽槽右侧面
N470	Z-47.	精车宽槽槽底
N480	X23.	精车宽槽左侧面
N490	G00 Z-56.	刀具移至切断出
N500	G01 X0 F0.08	切断工件
N510	X20. F0.5	刀具沿 X 方向退出
N520	G00 X100. Z200.	刀具退回
N530	M2	程序结束

【编程提示】

等距或不等距槽也可用子程序方法加工。

【知识链接】

尺寸较大槽的加工方法：对于深度、宽度较大的槽加工，法那克系统有专门的槽加工循环。调用槽加工循环，给循环参数赋一定值即可加工出符合要求的槽。其指令格式、参数见表5-47。

表 5-47　法那克系统切槽循环指令格式参数

系统	法那克系统
图例	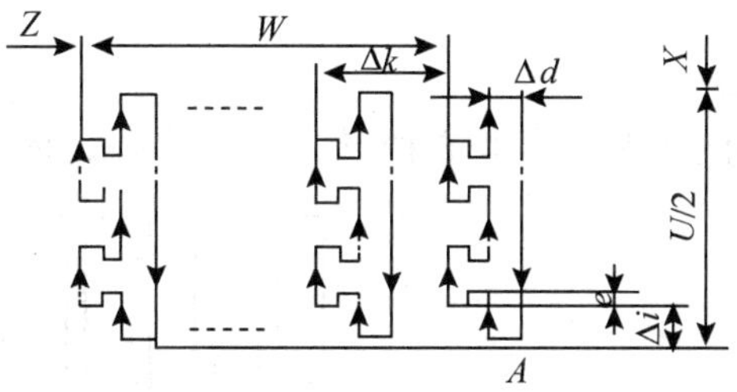
指令含义：G75指令用于内外径切槽或钻孔，当G75用于径向钻孔时，需配备动力刀具	指令格式 G75　R(e)； G75 X(U)_Z(W)_P(Δi)-Q(Δk)-R(Δd)-F(f)-； 参数含义： e：退回量 X：槽底X坐标 U：增量坐标 Z：槽底Z坐标 W：增量坐标 Δi：X方向进给量 Δk：Z方向进给量 Δd：刀具在槽底退回量 F：进给速度

例题一：

G75用于切削较宽的径向槽，如图5-92所示。程序示例如下：

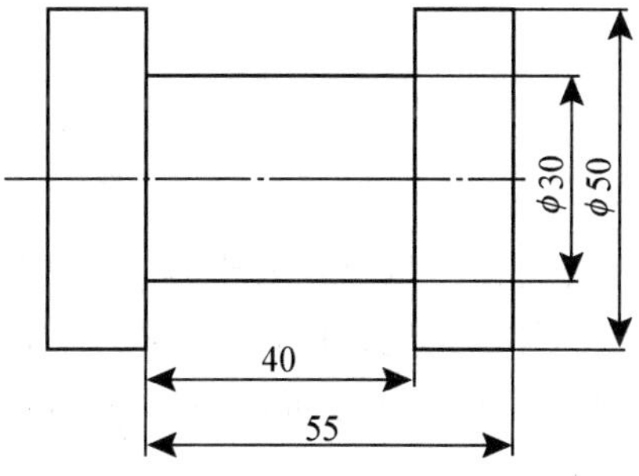

图 5-92　槽类零件加工例一图

04018

N10 T0202 切槽刀，刃口宽 5 mm

N20 G0 X52. Z-15. S300 M3 右刀尖为刀位点

N30 G75 R1.

N40 G75 X30. Z-50. P3000 Q4500 F0.1

N50 G28 X100. Z100.

N60 M30

例题二：

G75 用于切削径向均布槽，如图 5-93 所示，程序示例如下：

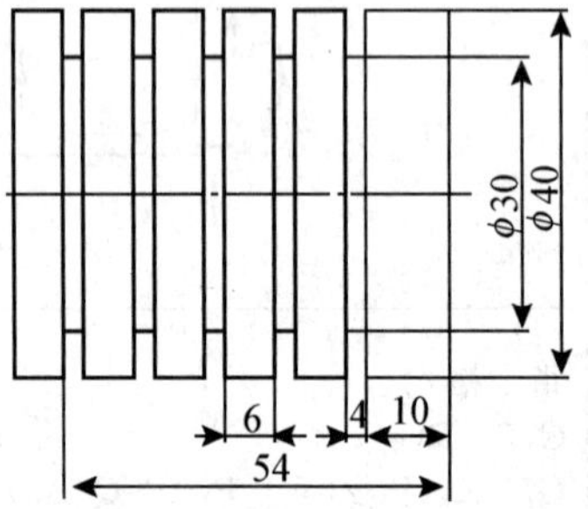

图 5-93 槽类零件加工例二图

04019

N10 T0202 切槽刀，刃口宽 4 mm

N20 G0 X42. Z-10. S300 M3

N30 G75 R1.

N40 G75 X30. Z-50. P3000 Q10000 F0.1

N50 G28 U0 W0

N60 M30

【技能训练】

一、加工准备

(1)检查毛坯料尺寸。

(2)开机、回参考点。

(3)刀具与工件装夹。工件装夹在三爪自定心卡盘上，伸出 60 mm，找正并夹紧。将 90°外圆车刀装于刀架的 T01 号刀位，伸出一定长度，刀尖与工件中心等高，夹紧。切槽刀安装在 T02 号刀位，伸出不能太长，保证刀尖与工件等高，保证刀头与工件轴线垂直，防止因干涉而折断刀头。

(4)程序输入。把编写好的程序通过数控面板输入数控机床。

二、切槽刀的对刀

切槽刀对刀时采用左侧刀尖为刀位点，与编程采用的刀位点一致。对刀操作步骤：

1. Z 轴对刀

(1)手动方式下，使主轴正转；或 MDA(MDI)方式中输入 M3 S500，使主轴正转。

(2)手动方式下，移动刀具，使切槽刀左侧刀尖接触工件右端面。注意刀具接近工件时，进给倍率为 1%～2%，如图 5-94 所示。

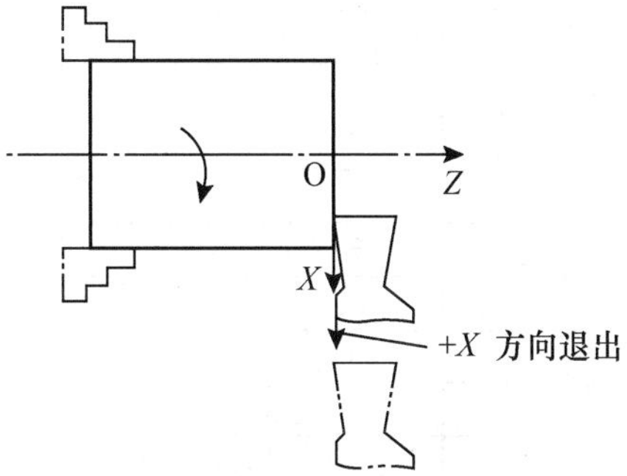

图 5-94　Z 轴方向对刀示意图

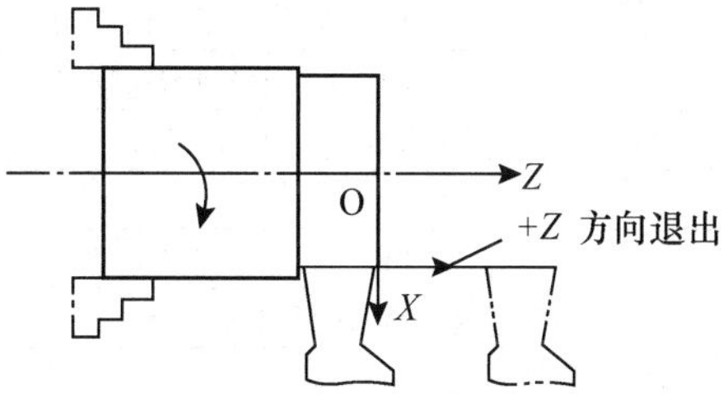

图 5-95　X 轴方向对刀示意图

(3)刀具沿＋X 方向退出，然后进行面板操作。面板操作同外圆车刀对刀。注意刀具号为 T02。

2. X 轴对刀

(1)手动方式下，使主轴正转；或 MDA(MDI)方式中输入 M3 S500，使主轴正转。

(2)手动方式下，移动刀具，使切槽刀主切削刃刚好接触工件外圆(或车削一段外圆)。注意刀具接近工件时，进给倍率为 1%～2%。

(3)刀具沿＋Z 方向退出，如图 5-95 所示，停车测出外圆直径，然后进行面板操作。面板操作同外圆车刀对刀。注意刀具号为 T02。

三、空运行及仿真

打开程序，选择 MEM(自动)工作方式，打开机床锁住开关，按空运行键，按循环启动按钮，观察程序运行情况；若按图形显示键再按数控启动键可进行轨迹仿真，观察加工轨迹。空运行结束后，使空运行及机床锁住功能复位，机床重回参考点。

四、零件自动加工方法

打开程序，选择 MEM(或 AUTO)自动加工方式，调好进给倍率，按数控启动键进行自动加工。当程序运行到 N190 段，停车测量，继续按数控启动键，程序从 N200 开始往下加工。

五、程序断点加工方法

当需要从程序某一段开始运行加工，需采用断点加工方法具体操作步骤为：

法那克系统按 EDIT 键，选择编辑工作模式。将光标移至要加工的程序段(断点处)，切换成 MEM 自动工作模式，按数控启动键，程序便从断点处往后加工。

六、零件检测与评分

零件加工结束后进行检测。检测结果写在表 5-48 中。

表 5-48 切槽及切断加工评分表

班级			姓名		学号	
课题			切槽及切断加工	零件编号		图 5-91
基本检查	编程	序号	检测内容	配分	学生自评	教师评分
		1	切削加工工艺指定正确	5		
		2	切削用量选择合理	5		
		3	程序正确、简单、规范	10		
	操作	4	设备操作、维护保养正确	10		
		5	安全、文明生产	10		
		6	刀具选择、安装正确、规范	5		
		7	工件找正、安装正确、规范	5		
工作态度		8	行为规范、纪律表现	5		
外圆		9	ϕ18 mm	10		
长度		10	52 mm	3		
槽		11	4 mm×ϕ15 mm	20		
		12	6 mm×ϕ14 mm	10		
倒角		13	C1	2		
综合得分				100		

【质量分析】

在数控车床上进行槽加工时经常遇到的加工误差有多种，其问题现象、产生原因、预防和消除的措施见表 5-49。

表 5-49 槽加工误差分析

问题现象	产生原因	预防和消除
槽的一侧或两个侧面出现台阶	刀具数据不准确或程序错误	调整或重新定刀具数据。 检查、修改加工程序
槽出现倾斜	刀具安装不正确	正确安装刀具
槽的侧面呈现凹凸面	1.刀具刃磨角度不对称 2.刀具安装角度不对称 3.刀具两刀尖磨损不对称	1.正确安装刀具 2.重新刃磨刀具 3.更换刀片
槽的两个侧面倾斜	刀具磨损	重新刃磨刀具或更换刀片
槽底出现震动现象，留有震纹	1.工件装夹不正确 2.刀具安装不正确 3.切削参数不正确 4.程序延时时间太长	1.检查工件安装，增加安装刚度 2.调整刀具安装位置 3.提高或降低切削速度 4.缩短程序延时时间
车槽过程中出现扎刀现象，造成刀具断裂	1.进给量过大 2.切屑阻塞	1.降低进给速度 2.采用断、退屑方式切入
车槽过程中出现较强的震动，表现为工件刀具出现共振现象，严重时车床也会一同产生共振，切削不能继续	1.工件夹不正确 2.刀具安装不正确 3.进给速度过低	1.检查工件安装，增加安装刚度 2.调整刀具安装位置 3.提高进给速度

【操作注意事项】

(1)切槽刀刀头强度低,易折断,安装时应按要求严格装夹。

(2)加工中使用两把车刀,对刀时不要弄错每把刀具的刀具号及补偿号。

(3)对刀时,外圆车刀采用试切端面、外圆方法进行,切槽刀不能再切端面;否则,加工后零件长度尺寸会发生变化。

(4)首件加工时,尽可能采用单段程序进行加工,程序准确无误后再采用自动加工以避免意外。

(5)对刀时,刀具接近工件过程中进给倍率要小,以避免产生撞刀现象。

(6)切断刀采用左侧刀尖作为刀位点,编程时刀头宽度尺寸应考虑在内。

【思考题与练习题】

1.用增量编程方式编写图 5-86 所示的零件法那克系统加工程序。

2.编写图 5-96 所示的零件程序并练习加工。毛坯为 ϕ20 mm 铝棒。

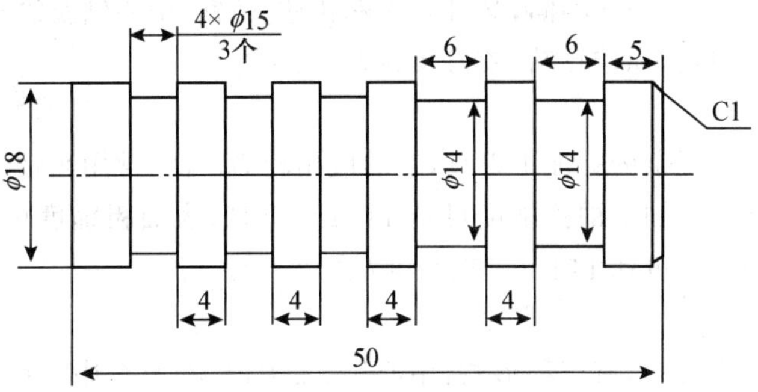

图 5-96 槽类零件加工图

任务 5 套类零件加工

课题 1 通孔类零件加工

知识点:

了解钻中心孔、深孔及应用。

掌握通孔加工刀具选择。

会制定通孔加工工艺。

技能点:

掌握通孔加工及尺寸控制方法。

【任务引入】

完成图 5-97 所示零件,其三维效果图如图 5-98 所示。材料为硬铝。

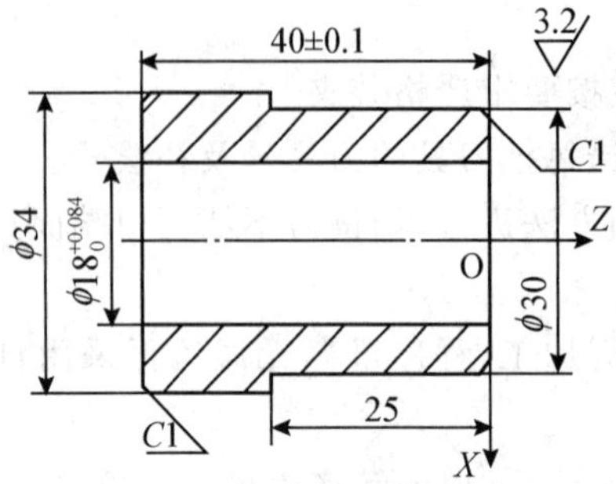

图 5-97 通孔类零件图

图 5-98 通孔类三维效果图

【相关知识】

一、孔加工刀具

孔加工刀具按其用途可分为两大类：一类是钻头，它主要用于在实心材料上钻孔（也用于扩孔）。根据钻头的构造及用途不同，又可分为麻花钻、扁钻、中心钻及深孔钻等。另一类是对已有孔进行再加工的刀具，如扩孔钻、铰刀及镗刀等。

1. 麻花钻

麻花钻是一种形状复杂的孔加工刀具，它的应用较为广泛，常用来钻削精度较低和表面较粗糙的孔。用高速钢钻头加工的孔精度可达 IT11～IT13，表面粗糙度可达 R_a6.3～25；用硬质合金钻头加工时则分别可达 IT10～IT11 和 R_a3.2～12.5。

2. 中心钻

中心钻用于加工中心孔，有三种形式：中心钻、无护锥 60°复合中心钻和带护锥 60°复合中心钻。为节约刀具材料，复合中心钻常制成双端的，钻沟一般制成直的。复合中心钻的工作部分由钻孔和锪孔部分组成，钻孔部分与麻花钻相同，有倒锥度及钻尖几何参数；锪孔部分制成 60°锥度，保护锥制成 120°锥度。

复合中心钻工作部分的外圆需经斜向铲磨，才能保证锪孔部分及锪孔部分与钻孔部分的过渡部分具有后角。

3. 深孔钻

一般深径比（孔深与孔径比）在 5～10 范围内的孔为深孔，加工深孔可用深孔钻。深孔钻的结构有多种，常用的主要有外排屑深孔钻、内排屑深孔钻和喷吸钻等。

4. 扩孔钻

扩孔钻用于将现有孔扩大，一般加工精度可达 IT10～IT11，表面粗糙度可达 R_a3.2～12.5，通常作为孔的半精加工刀具。

扩孔钻的类型主要有两种，即整体锥柄扩孔钻和套式扩孔钻。

5. 锪钻

锪钻用于加工各种埋头螺钉沉头座、锥孔和凸台面等。

6. 镗刀

镗刀用来扩孔及用于孔的粗、精加工。镗刀能修正钻孔、扩孔等工序所造成的孔轴线歪曲、偏斜等缺陷，故特别适用于要求孔距很准确的孔系加工。镗刀可加工不同直径的孔。

为了保证镗孔时的加工质量，镗刀应满足下列要求：

(1)镗刀和镗刀杆要有足够的刚度。

(2)镗刀在镗刀杆上既要加持牢固，又要装卸方便，便于调整。

(3)要有可靠地断屑和排屑措施。

7. 铰刀

铰刀用于中、小型孔的半精加工和精加工，也常用于磨孔或研孔的预加工。铰刀的齿数多，导向性好、刚度好、加工余量小、工作平稳，一般加工精度可达 IT6～IT8，表面粗糙度可达 R_a0.4～1.6。

二、孔加工要求

孔加工要求见表 5-50。

表 5-50　孔加工要求

公差等级	孔径/mm	加工方法
IT7、IT8	≤10	采用钻孔及一次或二次铰孔
	>10～30	采用钻孔、扩孔、一次或二次铰孔
	>30～80	采用钻孔、扩孔(或者用扩孔刀镗孔)以及一次或二次铰孔
IT9、IT10	≤10	采用钻孔以及铰孔
	>10～30	采用钻孔、扩孔和铰孔
	>30～80	采用钻孔、扩孔、铰孔或者用扩孔刀镗孔
IT11	≤10	采用一次钻孔
	>10～30	采用钻孔和扩孔
	>30～80	采用钻孔、扩钻、扩孔刀或车刀镗孔
IT12、IT13		一次钻孔就可实现

除此之外，孔的加工要求还与孔的位置精度有关。当孔的位置精度要求较高时，可以通过在车床上镗孔实现。在车床上镗孔时，合理安排孔的加工路线比较重要，安排不当就可能把坐标轴的反向间隙带入到加工中，从而直接影响孔的位置精度。

【任务实施】

一、工艺分析

1. 选择工、量、刀具

(1)工具选择。工件装夹在三爪自定心卡盘中，用划线盘校正，调头装夹时用百分表校正。其余工具见表 5-51。

(2)量具选择。外径、长度用游标卡尺测量，内孔用百分表测量，表面粗糙度用表面粗糙度样板比对。刀具规格、参数见表 5-51。

(3)刀具选择。选择外圆车刀车外圆、端面；内孔车刀车内孔，本课题为通孔，可选择主偏角小于 90°的通孔车刀，其结构形状如图 5-99 所示。

(a)通孔车刀形状

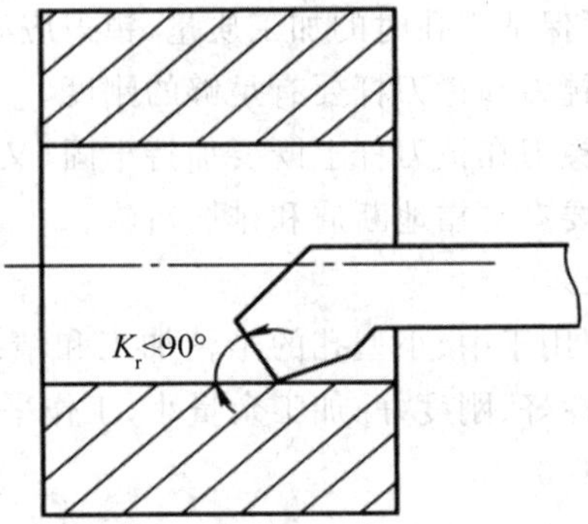

(b)通孔车刀结构参数图

图 5-99 内孔(通孔)车刀形状、结构

此外,车内孔前还需用中心钻钻中心孔;内孔孔径为 ϕ18 mm,宜选用 ϕ16 mm 麻花钻。具体见表 5-51。

表 5-51 通孔类零件加工工、量、刀具清单

工、量、刀具清单				图号	图 5-97	
种类	序号	名称	规格	精度	单位	数量
工具	1	三爪自定心卡盘			个	1
	2	卡盘扳手			副	1
	3	刀架扳手			副	1
	4	垫刀片			块	若干
	5	划线盘			个	1
	6	磁性表座			个	1
	7	钻夹头			个	1
量具	1	游标卡尺	0～150 mm	0.02 mm	把	1
	2	内径百分表	0～135 mm	0.01 mm	把	1
	3	表面粗糙度样板			套	1
	4	百分表	0～10 mm	0.01 mm	只	1
刀具	1	外圆车刀	90°		把	1
	2	中心钻	A3		把	1
	3	麻花钻	ϕ16 mm	mm	把	1
	4	内孔车刀	<90°		把	1
	5	切槽刀	4 mm	mm	把	1

2.加工工艺方案

方案一:全功能数控车床(有 C 轴),先车外圆、端面,采用钻孔和钻深孔循环钻中心孔及钻孔;切断后,再掉头装夹,车另一端面,粗、精车内孔。

方案二:普通数控车床(不带 C 轴),先车外圆、端面,采用手动方式钻中心孔及钻孔;切断后,再掉头装夹,车另一端面,粗、精车内孔。

两种方案加工路线相似。具体加工工艺见表 5-52。

选择合理切削用量,加工材料为硬铝,硬度较低,切削力较小,切削用量可选大些。

表 5-52　通孔零件加工工艺

工步号	工步内容	刀具号	切削用量		
			背吃刀量 a_p/mm	进给速度 f/(mm/r)	主轴转速 n/(r/min)
1	车右端面	T01	1～2	0.2	600
2	粗、精车 ϕ34 mm、ϕ30 mm 外圆至尺寸	T01	1～2	0.2	600
3	手动钻中心孔		1.5	0.1	800
4	手动钻 ϕ16 mm 孔		8	0.08	400
5	切断	T02	4	0.08	400
6	调头夹住 ϕ30 mm 外圆，手动车左端面，控制长度尺寸(40±0.1)	T01	1	0.15	600
7	粗车 ϕ18 mm 内孔，留 0.4 mm 精车余量	T03	1～2	0.15	600
8	精车 ϕ18 mm 内孔	T04	0.2	0.08	800

二、编写参考程序

1. 建立工件坐标系

加工右侧表面时，取右端面与工件轴线交点为工件坐标系原点，如图 5-97 所示。掉头装夹后，则取左侧端面与工件轴线交点为工件原点。

2. 计算基点坐标

(略)。

3. 参考程序

(1)车外圆程序。手动钻中心孔、钻孔，只需编写车外圆程序。

(2)车内孔程序。法那克系统程序名为“O0031”；手动车端面并控制总长。车内孔参考程序见表 5-53。

表 5-53　法那克系统参考程序

程序段号	程序内容(法那克系统)	动作说明
N10	G40 G99G80 G18	设置初始状态
N20	T0303	选择刀具
N30	M3 S600	主轴正转，转速为 600 r/min
N40	G00 X17.6 Z3.	刀具快速接近内孔表面
N50	G01 Z-43. F0.15	粗车内孔
N60	X17.	刀具沿－X 方向退回
N70	G00 Z3.	刀具沿＋Z 方向退回
N80	X100. Z200.	刀具退回至换刀点
N90	M0 M5	程序停、主轴停、测量
N100	T0404	换内孔精车刀
N110	M3 S800	设置精车内孔转速
N120	G00 X18.042 Z3.	刀具快速接近内孔表面
N130	G01 Z-43. F0.08	精车内孔
N140	X17.	刀具沿－X 方向退出
N150	G00 Z3.	刀具沿＋Z 方向退出
N160	X100. Z200.	刀具退回至换刀点
N170	M30	程序结束

【资料链接】

数控车床上孔的常用加工方法：数控车床上加工孔根据孔径大小和精度高低，分别可采用钻、扩、铰、车(镗)等方法加工，见表 5-54。

表 5-54 车床孔加工方法

加工方法	特点及应用场合
钻	精度低(IT11～IT12)、表面粗糙度值为 R_a12.5～25 μm，适用于在实心材料上粗加工孔
钻、扩	精度较低(IT9～IT10)，表面粗糙度值为 R_a5～10 μm，适用于孔径较大的孔或孔的半精加工
钻、扩、铰	精度较高(IT7～IT9)，表面粗糙度值小，达到 R_a0.4 μm，适用于直径较小孔的精加工
钻、扩、车(镗)	精度较高(IT7～IT8)，表面粗糙度值小，达到 R_a0.8 μm，适用于直径较大孔的半精加工、精加工

【技能训练】

一、加工准备

(1)检查毛坯尺寸。

(2)开机、回参考点。

(3)输入程序：把编写好的程序通过数控面板输入数控机床。

(4)装夹工件：把铝棒装入三爪自定心卡盘，伸出 55 mm 左右，用划线盘校正并夹紧。调头加工用百分表校正。

(5)装夹刀具：把外圆车刀、中心钻、麻花钻切断刀、内孔粗车刀、内孔精车刀按要求依次装入 T01、T02、T03、T04、T05、T06 号刀位(普通数控车床中心钻麻花钻分别装夹在尾座套筒中)。其中，中心钻、麻花钻应与工件轴线重合，内孔车刀刀尖应与工件轴线等高。

二、对刀

内孔车刀对刀方法：

1. *X* 方向对刀

用内孔车刀试车一内孔，长度为 3～5 mm，然后沿＋*Z* 方向退出刀具，停车测出内孔直径，将其值输入到相应刀具长度补偿中，如图 5-100 所示。

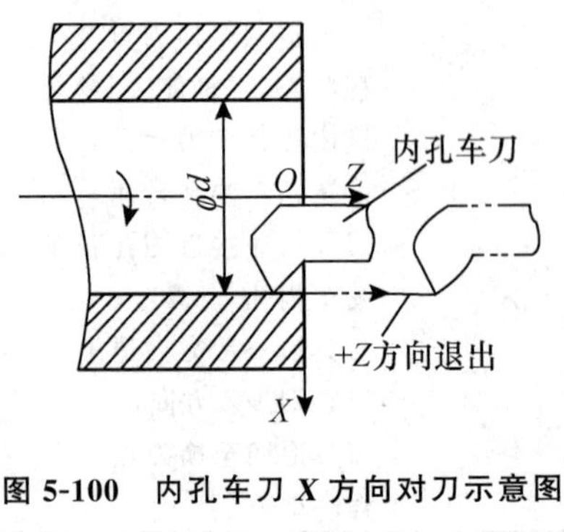

图 5-100 内孔车刀 *X* 方向对刀示意图

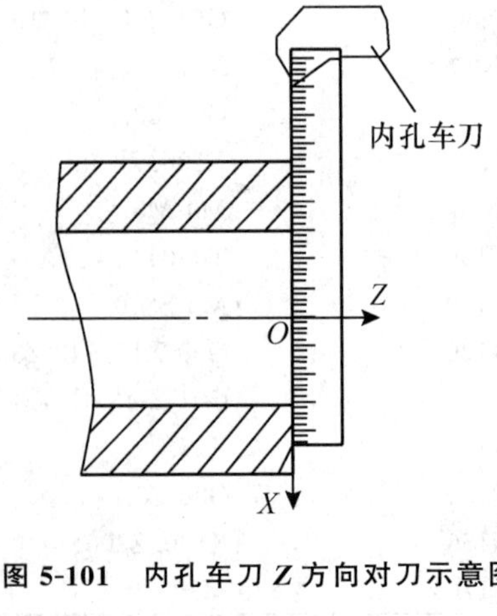

图 5-101 内孔车刀 *Z* 方向对刀示意图

2. Z 方向对刀

移动内孔车刀使刀尖与工件右端面平齐，可借助金属直尺确定，然后将刀具位置数据输入到相应刀具长度补偿中，如图 5-101 所示。外圆车刀对刀方法如前讲述；对于中心钻、麻花钻，只需 Z 方向对刀，分别将中心钻、麻花钻钻尖与工件右端面对齐，再将其值输入到相应长度补偿中；若手动钻中心孔、钻孔，则中心钻、麻花钻不需对刀。

三、空运行及仿真

打开程序，选择 MEM(自动)工作方式，打开机床锁住开关，按空运行键，按循环启动按钮，观察程序运行情况；若按图形显示键再按数控启动键可进行轨迹仿真，观察加工轨迹。空运行结束后，使空运行及机床锁住功能复位，机床重回参考点。

四、零件自动加工及孔径尺寸控制

打开程序，选择 MEM(或 AUTO)自动加工模式调好进给倍率，按数控启动键进行自动加工。

孔径尺寸控制：内孔尺寸通过设置刀具磨损量及加工过程中试切、测试来保证。执行车孔程序，程序运行到 N90 段停车测量。根据测量结果，设置刀具磨损量，运行精车内孔程序，内孔精加工结束后，测量孔径尺寸，根据测量结果，修调刀具磨损量，继续运行精车内孔程序段，直至符合尺寸要求为止。具体示例如下：

内孔精车刀(T06)刀具磨损量设为−0.2 mm，执行精车 $\phi18_{0}^{+0.084}$ mm 内孔程序后测得内孔实际孔径为 ϕ17.92 mm，比孔径平均尺寸小 0.122 mm，单边余量小 0.061 mm，则把刀具磨损量修调为−0.2 mm+0.061 mm=−0.139 mm。

五、零件检测与评分

加工结束后，进行尺寸测量。检查结果写在表 5-55 中。

表 5-55　通孔类零件加工评分表

班级		姓名			学号	
课题		通孔类零件加工		零件编号	图 5-97	
基本检查		序号	检测内容	配分	学生自评	教师评分
	编程	1	切削加工工艺制定正确	5		
		2	切削用量选择合理	5		
		3	程序正确、简单、规范	10		
	操作	4	设备操作、维护保养正确	5		
		5	安全、文明生产	5		
		6	刀具选择、安装正确、规范	5		
		7	工件找正、安装正确、规范	5		
工作态度		8	行为规范、纪律表现	5		
外圆		9	ϕ34 mm	5		
		10	ϕ30 mm	5		
内孔		11	ϕ18 mm	20		
长度		12	(40±0.1) mm	10		
		13	25 mm	5		
倒角		14	C_1(两处)	5		
表面粗糙度		15	R_a3.2 μm	5		
综合得分				100		

六、结束

加工结束，清理机床。

【操作注意事项】

（1）安装中心钻、麻花钻时，应严格使中心钻、麻花钻与工件同轴，以防因偏心而折断钻头。

（2）车内孔前，应先检测内孔车刀是否与工件发生干涉。

（3）车内孔时，X 轴退刀方向与车外圆相反，且退刀距离不能太大，以防止刀背面碰撞到工件。

（4）内孔车刀 Z 方向对刀时，工件应停转，避免对刀时发生安全事故。

（5）控制孔径尺寸时，刀具磨损量的设置、修改与外圆加工相反。

（6）调头加工，所用刀具都应重新对刀。

【思考题与练习题】

1. 通孔车刀有何要求？

2. 编写图 5-102 所示零件程序并加工练习，材料为 $\phi45$ mm 铝棒。

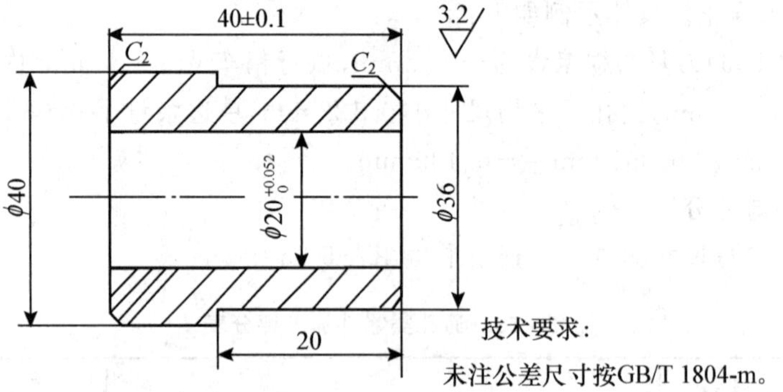

图 5-102　通孔类加工练习零件图

课题 2　阶梯孔、不通孔类零件加工

知识点：

了解公制、英制尺寸输入指令及应用。

能正确选用不通孔车刀、内沟槽车刀。

会制定不通孔加工工艺。

能合理确定切削用量。

技能点：

掌握不通孔加工方法及尺寸控制方法。

掌握内沟槽加工方法。

【任务引入】

完成图 5-103 所示零件，其三维效果图如图 5-104 所示。材料为 45＃钢。

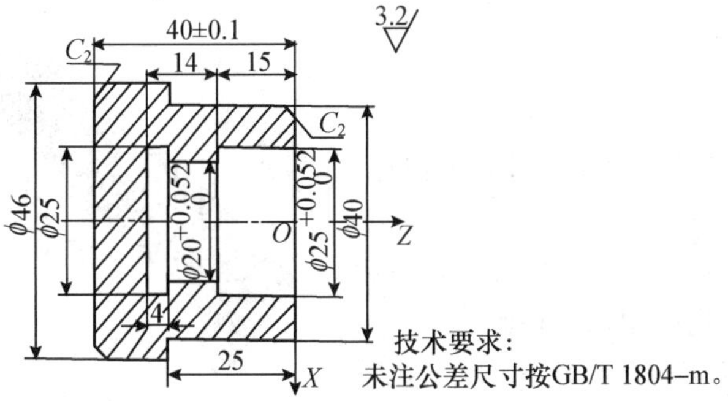

图 5-103　阶梯孔、不通孔零件图

图 5-104　阶梯孔、不通孔零件三维效果图

【相关知识】

一、公制、英制尺寸输入指令

1. 指令功能

公制、英制尺寸输入指令是指选定输入的尺寸是英制还是公制。

2. 指令代码

指令代码见表 5-56。

公制：G21

英制：G20

本课题所用数控系统采用公制尺寸输入指令，程序启动时指令生效。

法那克系统公、英制尺寸输入编程示例见表 5-56。

表 5-56　法那克系统公、英制尺寸输入编程示例

法那克系统	含义说明
N10 G20	开始输入英制尺寸
N15 G00 X10 Z30	G20(或 G70)继续有效
N20 X40 Z50	…
…	…
N80 G21	开始输入公制尺寸
N85 X19 Z10	继续为公制尺寸输入

二、指令使用说明

(1)法那克系统 G20、G21 指令必须在设定坐标之前，以单独程序段指定。

(2)在程序执行期间，均不能切换公、英制尺寸输入指令。

(3)G20、G21 均为模态有效指令。

(4)在公制/英制转换之后，将改变下列值的单位制。

(5)由 F 代码指定的进给速度。

(6)位置指令。

(7)工件零点偏移值。

(8)刀具补偿值。

(9)手摇脉冲发生器的刻度单位。

(10)在增量进给中的移动距离。

【任务实施】

一、加工工艺分析

1. 选择工、量、刀具

(1)工具选择。工件装夹在三爪自定心卡盘中,用划线盘校正。其余工具见表5-57。

(2)量具选择。外径、长度用游标卡尺测量,内孔用百分表测量,表面粗糙度用表面粗糙度样板比对,内沟槽用样板检测。

(3)刀具选择。选择外圆车刀车外圆、端面;内孔车刀车内孔,本课题为不通孔,应选择主偏角大于等于90°的不通孔车刀;此外,刀尖到刀背距离应小于内孔半径才能车平底孔,如图5-106、图5-107所示。内沟槽用内沟槽刀切削,刀头宽度等于槽宽,如图5-105所示。刀具规格见表5-57。

图5-105 内沟槽刀形状

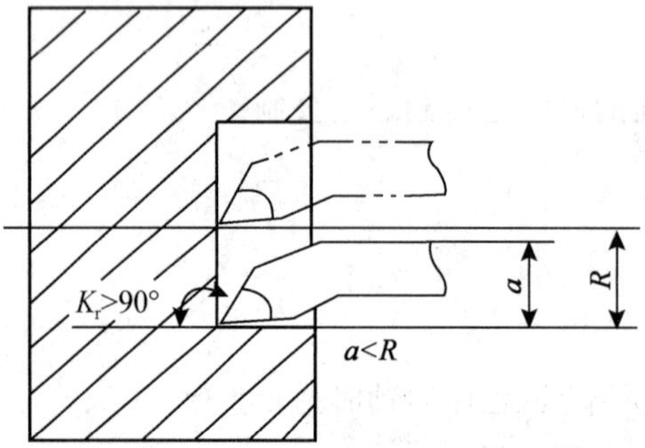

图5-106 不通孔车刀及尺寸要求

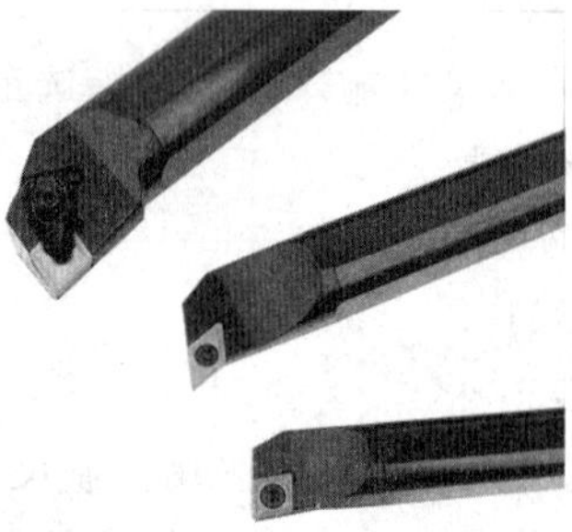

图5-107 不通孔车刀形状

2. 工艺加工方案

采用普通数控车床(不带C轴),先车外圆、端面,手动方式钻中心孔及钻孔;再粗车内孔,车内沟槽,精车内孔;最后掉头装夹,车另一端面及外圆。具体加工工艺见表5-58。

表5-57 阶梯孔、不通孔类零件加工工、量、刀具清单

工、量、刀具清单				图号	图5-103	
种类	序号	名称	规格	精度	单位	数量
工具	1	三爪自定心卡盘			个	1
	2	卡盘扳手			副	1
	3	刀架扳手			副	1
	4	垫刀片			块	若干
	5	划线盘			个	1
	6	钻夹头			个	1
	7	磁性表座			个	1
量具	1	游标卡尺	0～150 mm	0.02 mm	把	1
	2	内径百分表	0～35 mm	0.01 mm	把	1
	3	表面粗糙度样板			套	1
	4	内沟槽样板	4 mm		把	1
	5	百分表	0～10 mm	0.01 mm	只	1

续表 5-57

工、量、刀具清单				图号	图 5-103	
种类	序号	名称	规格	精度	单位	数量
刀具	1	外圆车刀	90°		把	1
	2	中心钻	A3		把	1
	3	麻花钻	ϕ18 mm		把	1
	4	内孔粗车刀	≥90°		把	1
	5	内孔精车刀	≥90°		把	1
	6	内沟槽刀	4 mm		把	1

表 5-58　阶梯孔不通孔类零件加工工艺

工步号	工步内容	刀具号	切削用量		
			背吃刀量 a_p/mm	进给速度 f/(mm/r)	主轴转速 n/(r/min)
1	夹住毛坯外圆，车右端面	T01	1～2	0.2	500
2	车倒角及 ϕ40 mm 外圆	T01	1～2	0.2	500
3	粗车 $\phi20_{0}^{+0.052}$ mm、$\phi25_{0}^{+0.052}$ mm 内孔，留 0.4 mm精加工余量	T02	1～2	0.15	500
4	车内沟槽至尺寸	T03	4	0.08	300
5	精车 $\phi20_{0}^{+0.052}$ mm、$\phi25_{0}^{+0.052}$ mm 内孔至尺寸要求	T04	0.2	0.1	700
6	调头装夹 ϕ40 mm 外圆，车左端面，控制工件总长(40±0.1)mm	T01	1～2	0.15	500
7	车倒角及 ϕ46 mm 外圆	T01	1～2	0.2	500

3. 选择合理切削用量

加工材料为 45＃钢，硬度较高，切削力较大，切削用量应选小些。因切削温度较高，加工中应充分浇注切削液。

二、编写参考程序

(1)建立工件坐标系。

(2)加工工件右侧表面时取右端面与工件轴线交点为工件坐标系原点，如图 5-103 所示。

(3)计算基点坐标(略)。

(4)参考程序。

①法那克系统程序名为“O0032”。手动钻中心孔、钻孔已完成，只编写车外圆、车孔及车内沟槽程序。钻中心孔、钻孔不需编程。参考程序见表 5-59。

表 5-59　法那克系统参考程序

程序段号	程序内容(法那克系统)	动作说明
N10	G40 G99 G80 G21 G18	设置初始状态
N20	T0101	换外圆车刀
N30	M3 S500 M08	设置工件转速、切削液开
N40	G00 X48 Z3	刀具快速接近工件
N50	G01 Z-25 F0.2	车 ϕ40 mm 外圆
N60	X52	刀具沿＋X 方向退出

续表 5-59

程序段号	程序内容(法那克系统)	动作说明
N70	G00 Z3	刀具沿＋Z 方向退回
N80	X44	刀具沿－X 方向进刀
N90	G01 Z-25	继续车 ϕ40 mm 外圆
N100	X52	刀具沿＋X 方向退出
N110	G00 Z5	刀具沿＋Z 方向退回
N120	X0	刀具沿－X 方向进刀
N130	G01 Z0 F0.1	刀具车至工件端面
N140	X36	车右端面
N150	X40 Z-2	车倒角
N160	Z-25	车 ϕ40 mm 外圆至尺寸
N170	X52	刀具沿 X 方向退出
N180	G00 X100 Z200	刀具退回至换刀点
N190	M0 M5	程序停、主轴停、测量
N200	G00 X100 Z200	刀具退至换刀点
N210	T0202 S500	换内孔粗车刀，设置车孔转速
N220	G00 X19.6 Z3	刀具快速接近工件
N230	G01 Z-29 F0.15	粗车 ϕ20 mm 内孔
N240	X0	刀具沿－X 方向车至工件中心
N250	G00 Z3	刀具沿＋Z 方向退回
N260	X23	刀具沿＋X 方向进刀
N270	G01 Z-14.7	粗车 ϕ25 mm 内孔
N280	X19	刀具沿 X 方向车台阶面
N290	G00 Z3	刀具沿＋Z 方向退回
N300	X24.6	刀具沿 X 方向进刀
N310	G01 Z-14.7	继续粗车 ϕ25 mm 内孔
N320	X19	刀具沿 X 方向退出
N330	G00 Z3	刀具沿 Z 方向退回
N340	X100 Z200	刀具退至换刀点
N350	M0 M5	程序停、主轴停、测量
N360	T0303	换内沟槽刀
N370	M3 S300	设置主轴转速
N380	G00 X19 Z3	刀具快速接近工件
N390	G01 Z-29 F0.2	刀具沿 Z 方向进刀
N400	X25 F0.08	切内沟槽
N410	G04 X2	槽底暂停 2 s
N420	X19 F0.2	刀具沿 X 方向退出
N430	G00 Z3	刀具沿 Z 方向退回
N440	X100 Z200	刀具退至换刀点
N450	M0 M5	程序停、主轴停、测量
N460	T0404	换内孔精车刀
N470	M3 S700	设置精车转速
N480	X25.026 Z3	刀具快速接近工件
N490	G01 Z-15 F0.1	精车 ϕ25 mm 内孔
N500	X20.026	车内孔台阶

续表 5-59

程序段号	程序内容(法那克系统)	动作说明
N510	Z-26	精车 ϕ20 mm 内孔
N520	X19	刀具沿 X 方向退出
N530	G00 Z3	刀具沿 Z 方向退回
N540	X100 Z200	刀具退至换刀点
N550	M30	程序结束

②调头装夹,车左端面、倒角及 ϕ46 mm 外圆(程序略)。

【技能训练】

一、加工准备

(1)检查毛坯尺寸。

(2)开机、回参考点。

(3)输入程序。把编写好的程序通过数控面板输入数控机床。

(4)装夹工件,把外圆车刀、内孔粗车刀、内沟槽刀、内孔精车刀按要求依次装入刀位(普通数控车床将中心钻、麻花钻分别装夹在尾座套筒中)。

二、对刀

每把刀依次采用试切法对刀,通过对刀把操作得到的零偏值分别输入到各自长度补偿中;若手动钻中心孔、钻孔,则中心钻、麻花钻不需对刀。

三、空运行及仿真

打开程序,选择 MEM(自动)工作方式,打开机床锁住开关,按空运行键,按循环启动按钮,观察程序运行情况;若按图形显示键再按数控启动键可进行轨迹仿真,观察加工轨迹。空运行结束后,使空运行及机床锁住功能复位,机床重回参考点。

四、零件自动加工及尺寸控制

打开程序,选择 MEM(或 AUTO)自动加工模式,按数控启动按钮进行自动加工。

尺寸控制:内孔孔径控制同课题二,通过设置刀具磨损量及加工过程中试切、试测来保证。当程序运行到 N50 段时停车测量,根据测量结果,设置刀具磨损量,运行精车内孔程序。内孔精加工结束后,测量孔径尺寸,根据测量结果,修调刀具磨损量。继续运行精车内孔程序段,直至符合尺寸要求为止。

五、零件检测与评分

加工结束后,进行尺寸测量。

六、结束

加工结束,清理机床。

【操作注意事项】

(1)安装中心钻、麻花钻时,应严格使其与工件旋转轴线同轴,预防因偏心而折断刀具。

(2)车内孔、内沟槽前,应先检测内孔车刀、内沟槽刀是否会与工件发生干涉。

(3)车内孔、内沟槽时,X 退刀方向与车外圆刚好相反,且防止刀背面碰撞到工件。

(4)控制内孔尺寸时,刀具磨损量的修改与外圆加工相反。

(5)调头加工时,所用刀具都应重新对刀。

【思考题与练习题】

1. 车削外沟槽与车削内沟槽有何区别？

2. 不通孔车刀有何要求？

3. 编写图 5-108 所示零件程序并加工练习，材料为 45＃钢，毛坯尺寸为 ϕ50 mm×45 mm。

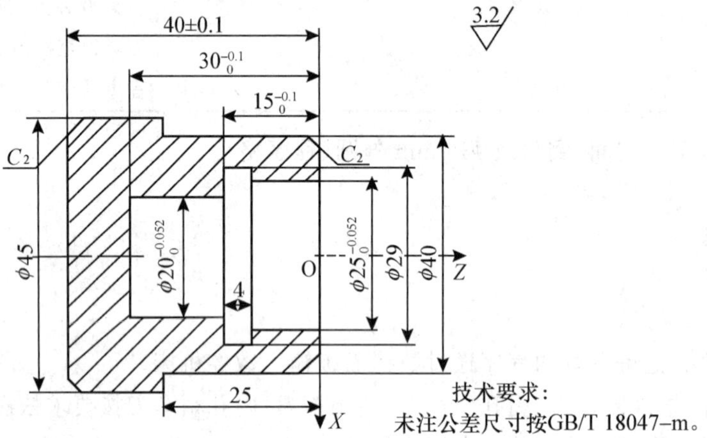

图 5-108　阶梯孔、不通孔加工零件练习图

课题 3　内轮廓综合加工

知识点：

掌握恒定切削速度功能指令及应用。

掌握内轮廓综合加工工艺的制定。

会选择内轮廓加工循环参数。

技能点：

巩固数控机床上钻中心孔、钻孔方法。

巩固内孔车刀的对刀方法及验证。

熟练掌握内轮廓尺寸控制方法。

【任务引入】

完成图 5-109 所示零件，其三维效果图如图 5-110 所示。材料为硬铝。

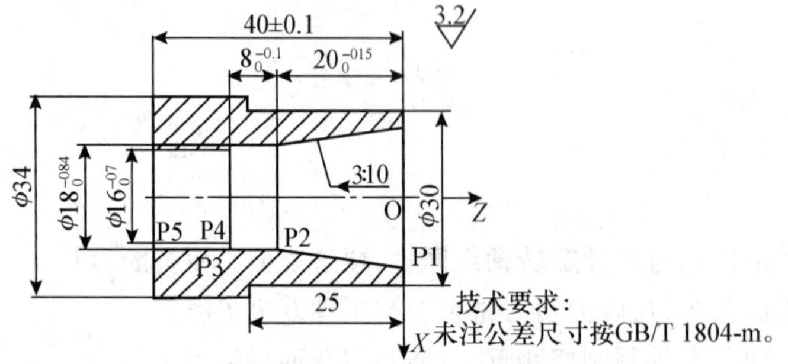

图 5-109　内轮廓加工零件图

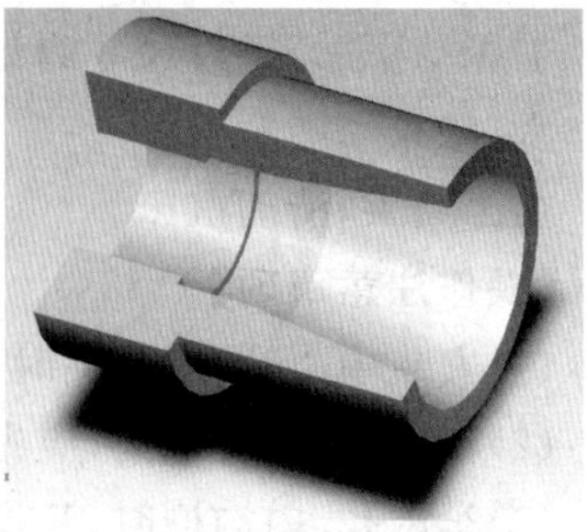

图 5-110　内轮廓零件三维效果图

【相关知识】

一、恒定切削速度功能指令(G96、G97)

1. 指令功能

使用恒定切削速度功能后,可以使刀具切削点切削速度始终为常数(主轴转速 X 直径=常数)。如图 5-111 所示,切削速度不随刀具位置面发生变化,切削时工件直径发生变化,主轴转速随之发生变化,以保证各点切削速度 v_a、v_b、v_c恒定。

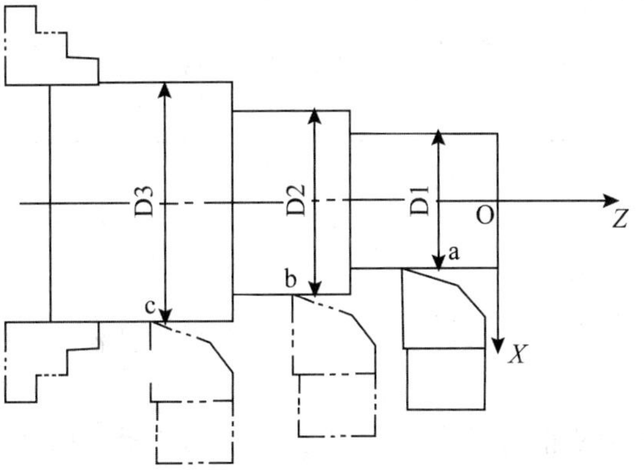

图 5-111　恒定切削速度主轴转数与直径关系

2. 指令代码

G96——恒定切削速度生效。

G97——取消恒定切削速度。

3. 指令格式

G96　S_;恒定切削速度生效,S 表示切削速度(m/min)。

G50　S_;主轴转速上限,S 表示主轴转速(r/min)。

G97　S_;取消恒定切削速度,S 表示主轴转速(r/min)。

4. 指令使用说明

(1)主轴必须为受控主轴,该指令才能生效。

(2)当工件从大直径加工到小直径时,主轴转速可能提高得非常快,因此使用恒定切削速度时,必须设定主轴转速上限。

(3)用 G00 快速移动指令时,主轴转速不改变。

(4)取消恒定切削速度后,S 地址下数值生效,单位为 r/mm。如果没有重新写地址 S,则主轴以原先的 G96 功能生效前转速旋转。

二、编程示例

编程示例见表 5-60。

表 5-60　法那克系统恒定切削速度功能编程示例

程序段号	程序内容	动作说明
N10	M3　S500　G97	主轴转速 500 r/min,取消恒定切削速度
N20	T0101	选 T01 号刀具
N30	G00　X10 Z2	刀具移至进刀点
N40	G50　S2000	设置恒定切削速度功能,切削速度为 150 m/min,最高转速为 2 000 r/min
N50	G96　S150	

续表 5-60

程序段号	程序内容	动作说明
N60	G01 Z-15 F0.2	车外圆
N70	X18 Z-20	…
N80	Z-25	…
N90	X24	…
N100	Z-30	…
N110	G97 S600	取消恒定转速功能，主轴转速为 600 r/min
N120	…	…

【任务实施】

一、加工工艺分析

1. 工、量、刀具选择

(1)工具选择。铝棒装夹在三爪自定心卡盘中，用划线盘校正。掉头装夹用百分表校正。其余工具见表 5-61。

(2)量具选择。外圆尺寸精度要求不高，用游标卡尺测量。内孔精度较高，用内径千分尺测量。内孔深度用深度千分尺测量。内锥面用游标万能角度尺测量。

(3)刀具选择。外圆加工选用 90°硬质合金外圆车刀；内孔车削选用硬质合金内孔车刀，(不通孔车刀)。车削内孔前还需用中心钻钻中心孔及用麻花钻钻孔。

表 5-61 内轮廓综合加工工、量、刀具清单

工、量、刀具清单				图号	图 5-109	
种类	序号	名称	规格	精度	单位	数量
工具	1	三爪自定心卡盘			个	1
	2	卡盘扳手			副	1
	3	刀架扳手			副	1
	4	垫刀片			块	若干
	5	划线盘			个	1
	6	钻夹头			个	1
	7	磁性表座			个	1
量具	1	游标卡尺	0～150 mm	0.02 mm	把	1
	2	内径千分尺	0～25 mm	0.01 mm	把	1
	3	深度千分尺	0～200 mm	0.01 mm	把	1
	4	游标万能角度尺	0～320°	2′	把	1
	5	百分表	0～10 mm	0.01 mm	只	1
刀具	1	外圆车刀	90°		把	1
	2	内孔粗车刀	93°		把	1
	3	内孔精车刀	93°		把	1
	4	中心钻	A3		只	1
	5	麻花钻	ϕ14 mm		只	1

2. 加工工艺路线

本课题零件需加工端面、外圆、内孔，加工时还需掉头装夹。先加工右端面、ϕ30 mm 外圆及内轮廓表面；然后掉头加工左侧端面及 ϕ34 mm 外圆。外圆精度要求不高，可不分粗、精车；内轮廓分粗、精加工完成。内轮廓粗车可采用编程方法分层切削，也可采用毛坯循环加工。本课题采用毛坯循环完成内轮廓粗、精加工。加工工艺见表 5-62。

3. 选择合理切削用量

加工材料为硬铝，硬度较低，切削力较小，切削用量可选大些。具体切削用量见表 5-62。

表 5-62　内轮廓综合加工工艺

工步号	工步内容	刀具号	切削用量		
			背吃刀量 a_p/mm	进给速度 f/(mm/r)	主轴转速 n/(r/min)
1	夹持毛坯外圆，车右端面	T01	1～2	0.2	600
2	车 ϕ30 mm 外圆	T01	1～2	0.2	600
3	手动钻中心孔		1.5	0.1	800
4	手动钻 ϕ14 mm 孔		8	0.08	400
5	粗车 $\phi16^{+0.07}_{0}$ mm、$\phi18^{+0.084}_{0}$ mm 等内轮廓，留 0.4 mm 精加余量	T02	1～2	0.15	600
6	精车 $\phi16^{+0.07}_{0}$ mm、$\phi18^{+0.084}_{0}$ mm 等内轮廓至尺寸要求	T03	0.2	0.1	800
7	调头装夹 ϕ30 mm 外圆，车左端面，控制工件总长(40±0.1) mm	T01	1～2	0.15	600
8	车 ϕ34 mm 外圆至尺寸要求	T01	1～2	0.2	600

二、编写参考加工程序

1. 建立工件坐标系

加工右侧表面时，取右端面与工件轴线交点为工件坐标系原点，如图 5-109 所示。加工左侧表面时，则取左侧端面与工件轴线交点为工件原点。本课题零件左侧面加工程序略。

2. 计算基点坐标

基点坐标按各点极限尺寸的平均值进行计算。内轮廓各点坐标见表 5-63。

表 5-63　基点坐标

基点	坐标(Z,X)	基点	坐标(Z,X)
$P1$	(0,24)	$P4$	(−28.125,16.035)
$P2$	(−20.075,18.042)	$P5$	(−20,16.035)
$P3$	(−28.125,18.042)		

3. 参考程序

程序名为“O0033”，中心孔及 ϕ14 mm 孔采用手动钻削。参考程序见表 5-64。

表 5-64 内轮廓综合加工参考程序

程序段号	程序内容	动作说明
N05	G97 G99 M3 S600 G21	设置初始状态
N10	T0101	选择 T01 号外圆车刀
N20	G00 X0 Z5	刀具移近至进刀点
N30	G01 Z0 F0.2	刀具加工至工件原点
N40	X32	车右端面
N50	Z-25	粗车 ϕ30 mm 外圆
N60	X36	刀具沿 *X* 方向退出
N70	G00 Z2	刀具沿 *Z* 方向退回
N80	X30	刀具沿 *X* 方向进刀
N90	G01 Z-25 F0.1	车 ϕ30 mm 外圆至尺寸
N100	X36	刀具沿 *X* 方向退出
N110	G00 X100 Z200	刀具沿 *Z* 方向退回
N120	M0	程序停,手动钻中心孔、钻孔
N130	T0202	换内孔粗车刀
N135	G50 S1500	恒定切削速度控制,切削速度为 100 m/min,主轴最高转速为 1 500 r/min
N140	G96 S100	
N150	G00 X12 Z5	刀具移至循环起点
N160	G71 U2 R1	设置循环参数,调粗加工循环
N170	G71 P180 Q240 U-0.4 W0.2	
N180	G00 X24	精加工内轮廓程序段
N190	G01 Z0F0.1	
N200	X18.042 Z-20.075	
N210	Z-28.125	
N220	X16.035	
N230	Z-42	
N240	X14	
N250	G00 X100 Z200	刀具退回至换刀点
N260	M0 M5	主轴停、程序停、测量
N270	T0303	换内孔精车刀
N275	G50 S2000	恒定切削速度控制,切削速度为 120 m/min,最高工件转速为 2 000 r/min
N280	G96 S120	
N290	G00 X12 Z5	刀具移至循环起点
N300	G70 P180 Q240	调用精加工循环,精加工内轮廓
N310	G00 G97 X100 Z200	取消恒定切削速度控制
N320	M30	程序结束

【知识链接】

镗孔加工的特点:镗孔加工时,主要要注意镗刀的使用。车孔刀与外圆车刀相比,有如下特点:

(1)由于尺寸受到孔径的限制,装夹部分结构要求简单、紧凑,夹紧件最好不外露,夹紧可靠。

(2)刀杆悬臂使用刚度差,为增强刀具刚度尽量选用大端面尺寸刀杆,减少刀杆长度。

(3)内孔加工的断屑、排屑可靠性更为重要，因而刀具头部要留有足够的排屑空间。

在数控车床和车削加工中心上，多选用截面形状为普通型和模块式的圆杆车刀，也有一些特殊用途的车刀，如柄部有切削液输送孔的，柄部装有减振机构和用重金属做刀柄的等。

由于圆柄车刀的刀尖高度是刀柄高度的 1/2，且柄部为圆形，有利于排屑，故在加工相同直径的孔时，圆柄车刀的刚度明显高于方柄车刀，所以在条件允许时应尽量采用圆柄车刀。在卧式车床上因受四方刀架的限制，一般采用正方形或矩形柄车刀。如用圆柄车刀，为使刀尖与主轴中心线处于同高度，当圆柄车刀顶部超过四方刀架的使用权范围时，可增加辅具后再使用。标准内孔车刀已给定了最小加工孔径。对于加工最大孔径范围，一般不超过比它大一个规格的车孔刀所定的最小加工孔径，如特殊需要，也应小于再大一个规格的使用范围。通常大量使用的是整体钢制刀柄，这时刀柄的伸出量应在刀杆直径的 4 倍以内。

当伸出量大于 4 倍或加工刚度差的工件时，应选用带有减振机构的刀柄。如加工精度要求很高的孔，应选用重金属(硬质合金)制造的刀柄。如在加工过程中刀尖部需要充分冷却，则应选用有切削液输送孔的刀柄。

用数控车床进行孔的镗削加工时，因为镗刀的装刀方向与外圆刀不同，在刀具定位到主轴旋转中心线附近时，系统容易出现超行程问题。

内孔镗刀的刚度和刀具的材料有很大的关系，尤其是镗深孔，选用高速钢材料比一般的普通材料要好得多，也可以用焊接刀具自己刃磨。

【技能训练】

一、加工准备

(1)检查毛坯料尺寸。

(2)开机、回参考点。

(3)程序输入。将编写好的数控程序通过数控面板输入数控机床。

(4)装夹工件。将工件装夹在三爪自定心卡盘中，伸出 30 mm，用划线盘校正后夹紧。调头装夹用百分表校正。

(5)装夹刀具。将外圆车刀、内孔粗车刀、内孔精车刀按要求分别装夹在刀架的 T01、T02、T03 号刀位。普通数控车床，将中心钻、麻花钻依次装在尾座套筒中。

二、对刀

内孔精车刀采用试切法(通过车端面、车内孔)进行对刀，并把操作得到的数据输入到 T03 号刀具补偿中；外圆粗车刀和内孔粗车刀对刀时，分别将刀位点移至工件右端面和外圆(或内孔)处进行对刀操作，并把操作得到的数据输入到 T01、T02 号刀具补偿中。

三、空运行及仿真

打开程序，选择 MEM(自动)工作方式，打开机床锁住开关，按空运行键，按循环启动按钮，观察程序运行情况；若按图形显示键再按数控启动键可进行轨迹仿真，观察加工轨迹。空运行结束后，使空运行及机床锁住功能复位，机床重回参考点。

四、零件自动加工及尺寸控制方法

1. 零件自动加工

选择自动加工模式，打开程序，调好进给倍率，按循环启动按钮进行自动加工。

2. 零件加工过程中尺寸控制

对于内孔尺寸仍然采用试切和试测方法控制精度，具体做法是：当程序运行到 N260 程序段时停车测量精加工余量，根据精加工余量，设置精加工刀具(T03 号)磨损量，避免因对刀不准确而使精加工余量不足出现缺陷。然后运行精加工程序，程序结束后，停车测量；根据测量结果，修调精加工内孔车刀磨损值，再次运行精加工程序，直至尺寸符合要求为止。

内轮廓长度尺寸控制同外轮廓长度控制方法，通过修调刀具长度方向磨损值进行控制。

五、零件检测与评分

零件加工结束后进行检测。检测结果写在表 5-65 中。

表 5-65　内轮廓综合加工评分表

班级		姓名		学号		
课题			内轮廓综合加工	零件编号		图 5-109
基本检查		序号	检测内容	配分	学生自评	教师评分
	编程	1	切削加工工艺制定正确	5		
		2	切削用量选择合理	5		
		3	程序正确、简单、规范	5		
	操作	4	设备操作、维护保养正确	5		
		5	安全、文明生产	5		
		6	刀具选择、安装正确、规范	5		
		7	工件找正、安装正确、规范	5		
工作态度		8	行为规范、纪律表现	5		
外圆		9	$\phi34$ mm	5		
		10	$\phi30$ mm	5		
内孔		11	$\phi18^{+0.084}_{0}$ mm	10		
		12	$\phi16^{+0.07}_{0}$ mm	10		
长度		13	(40 ± 0.1)mm	5		
		14	25 mm	4		
		15	$20^{+0.05}_{0}$ mm	6		
		16	$8^{+0.1}_{0}$ mm	6		
锥度		17	3∶10	6		
其余		18		3		
			综合得分	100		

六、结束

加工结束，清理机床。

【质量分析】

孔加工中，同一工件如果具有不同的孔径时，尺寸偏差的不同往往会造成某个直径的超差。普通车床加工通常采用试切法降低加工误差，所以不用分析。而数控车床一般是使用同一把刀连续地加工整个内径，各个直径上的偏差理论上虽然相同，但实际上加工出来的往往不同，造成某个尺寸上的超差，从而无法通过修改刀补使所有尺寸都合格，产生加工废品，这是数控加工中的一种主要误差因素。造成这种种的原因比较复杂，从几个重要的方面分析，可以概括为工艺因素、操作因素、刀具因素和编程因素等。

一、工艺因素

孔径的各段直径不同，造成刀具在切削不同孔径时受力不同，从而各直径的偏差不同。设留量最大的内径余量为 $t1$，留量最小的内径余量为 $t2$，数控车削中加工余量的不均匀误差为

$\Delta 0$ 可按下列公式计算：

$$\Delta 0 = t1 - t2$$

车削外圆时，工艺系统在垂直方向切削力作用下引起的变形对工件加工精度影响不大，而在径向切削力作用下的变形对工件加工精度的影响最大，所以可以忽略垂直方向切削力，只考虑径向切削力作用下的变形。

刀尖对工件加工表面的相对位移 Y 为：

$$Y = P_Y / K$$

式中，P_Y：径向切削力；

K：工艺系统刚度。

从而可以计算数控车削中加工余量误差 Δ 为

$$\Delta = Y_1 - Y_2 = P_{Y_1}/K - P_{Y_2}/K = {}_{\alpha 1}/K - {}_{\alpha 2}/K = C\Delta_0/K$$

式中，C：径向切削力系数。

针对以上误差分析，在数控加工中，编制数控工序时，要充分考虑数控编程自动加工的特点，尽可能使各段内径的余量相同。

当加工余量过大时，刀具的高速、连续切削使得工件散热速度减慢，虽然各段直径的偏差相同，但温度降低到常温后，不同直径段的收缩率不同，导致产生不同的偏差 Δ，关系式为：

$$\Delta = (D_1 - D_2)\Delta T$$

D_1：最小段孔径；

D_2：最大段孔径；

ΔT：降低的温度值。

这方面的误差因素可以通过切削液来消除，同时编程时要适当地提高切削速度和进刀量，同时在编制数控工件工序时要充分考虑数控车床连续加工的特点，确定合理的车削余量，一般精车余量控制在 1 mm 以下。

二、操作因素

当刀具安装不当时，即刀尖与主轴回转中心不在同一轴线上，偏上或偏下一个距离，也会产生误差。这方面的误差一般出现在阶梯内孔或直径较小的孔零件的加工过程中。如果是这方面的原因造成直径偏差不同，且零件直径较大，精度要求不高，可以重新调刀，使刀具刀尖的位置尽量和主轴中心线保持一致。

三、刀具因素

刀具磨损也是造成加工误差的一个重要因素，这种现象一般出现在刀具初期磨损阶段（切削路线小于 1 000 m）和剧烈磨损阶段，只要加工人员在安装刀具前认真用油石修磨刀具，并及时更换不能修复的刀具就可以避免。

四、编程因素

程序编写的不当也是造成加工误差的一个原因，例如，在加工精度较高的不同阶梯内孔的工件时，应该充分考虑到此时很难调整好刀尖高度，所以可以采用一把刀用几组刀补的方法来进行编程。除此之外，还应该考虑反向间隙补偿值是否正确等因素。

另外，在加工孔径较小的孔零件时，由于镗刀杆较细，受力后容易变形，在径向和垂直方向变形都较大。实验表明，如果径向余量相同，径向力就基本相同，刀杆变形也基本相同，不会对工件带来太大的影响；垂直方向虽然比较敏感，但实际加工中也没必要计算和实验。因此，在编程时，一般首先考虑采用一把刀具几组刀补的方法来减小误差。另外，要尽量选用较短的内孔镗刀，以提高刀杆的刚性。

孔加工误差分析见表 5-66。

表 5-66 孔加工误差分析

问题现象	产生原因	预防和消除
切削过程出现干涉现象	1. 刀具参数不正确 2. 刀具安装不正确	1. 正确设置刀具参数 2. 正确安装刀具

【操作注意事项】

(1)加工前，应先检查内孔车刀是否会与工件发生碰撞。

(2)手动钻中心孔及钻孔时，进给量要均匀，以防止中心钻及麻花钻折断。

(3)车内轮廓刀具进给方向、刀具磨损补偿值等均与外轮廓相反。

(4)内孔精车刀车端面对刀后，其他刀具不能再通过车端面对刀，否则长度尺寸将无法控制。

(5)工件调头，加工左侧外圆及左侧端面时，刀具都应重新对刀。

(6)对于套类零件夹紧力不能太大，以防止工件变形。

【思考题与练习题】

1. 车内轮廓毛坯外圆循环参数如何选择？

2. 编写图 5-112 所示零件加工程序并练习加工。毛坯尺寸为 $\phi34$ mm，材料为硬铝。

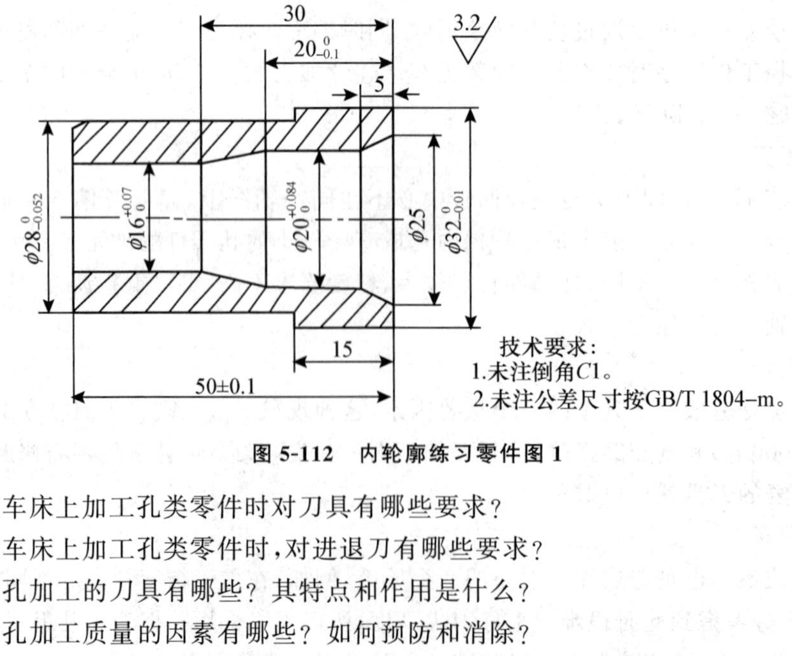

图 5-112 内轮廓练习零件图 1

3. 数控车床上加工孔类零件时对刀具有哪些要求？

4. 数控车床上加工孔类零件时，对进退刀有哪些要求？

5. 用于孔加工的刀具有哪些？其特点和作用是什么？

6. 影响孔加工质量的因素有哪些？如何预防和消除？

7. 用 G01 指令编写图 5-113 中零件孔的加工程序。

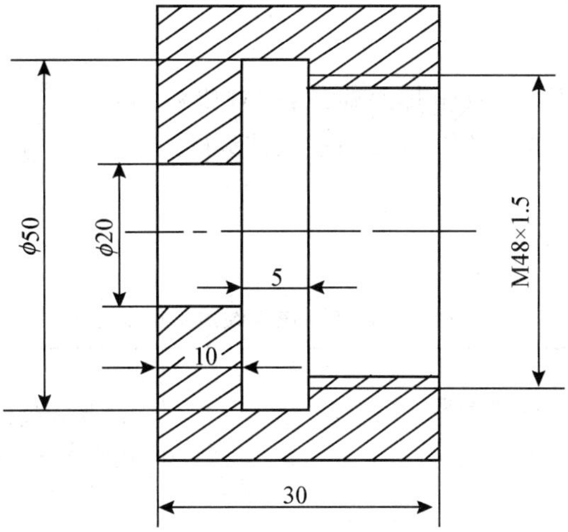

图 5-113　内轮廓孔加工示例图 2

任务 6　螺纹类零件加工

课题 1　三角形圆柱外螺纹加工

知识点：

掌握螺纹加工指令及应用。

了解三角形螺纹尺寸的计算方法。

会制定三角形圆柱外螺纹的加工工艺。

技能点：

掌握三角形外螺纹车刀的安装及对刀。

掌握三角形外螺纹的加工方法及尺寸。

【任务引入】

完成图 5-114 所示零件，其三维效果图如图 5-115 所示。材料为硬铝。

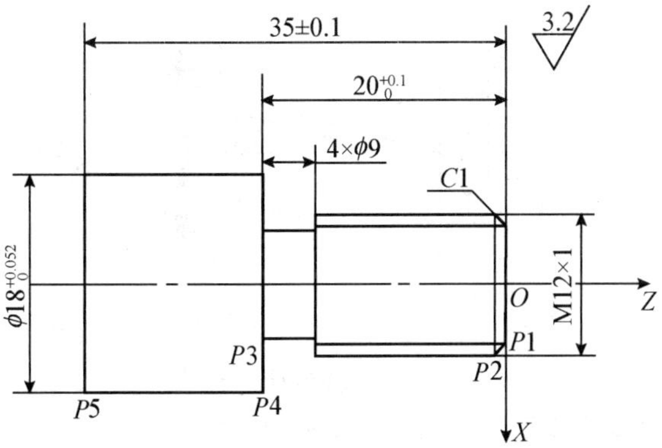

技术要求：

1. 锐边倒角 $C0.3$。

2. 未注公差尺寸按 GB/T 1804-m。

图 5-114　三角形圆柱外螺纹零件图

【相关知识】

一、螺纹切削加工指令

1. 指令功能

用此指令可以加工以下各种恒螺距螺纹：圆柱螺纹/圆锥螺纹；外螺纹/内螺纹；单线螺纹/多线螺纹；多段连续螺纹。

图 5-115　三角形圆柱外螺纹零件三维效果图

2. 指令代码

G32。

3. 指令格式(表 5-67)

表 5-67　法那克系统螺纹加工指令格式

圆柱螺纹	指令格式 G32Z_F_ *Z* 为螺纹终点坐标；*F* 为导程 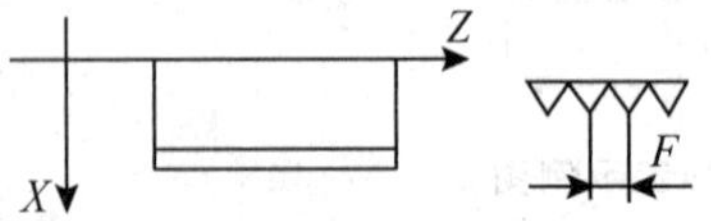	圆锥螺纹 $a>45°$	指令格式 G32X_Z_F_ *X*、*Z* 为螺纹终点坐标；*F* 为 *X* 方向导程(因为 *X* 方向位移较大) 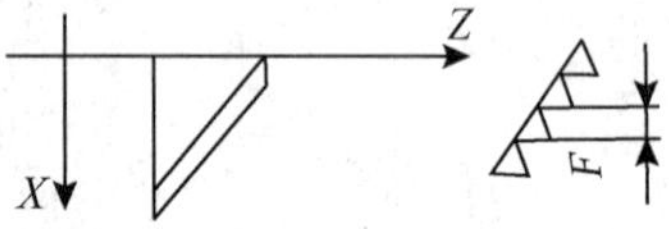
圆锥螺纹 $a<45°$	指令格式 G32X_Z_F_ *X*、*Z* 为螺纹终点坐标；*F* 为 *Z* 方向导程(因为 *Z* 方向位移较大) 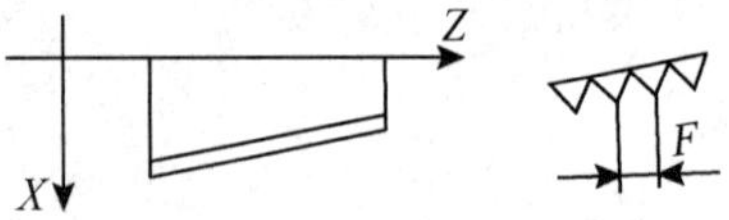	端面螺纹	指令格式 G32X_F_ *X* 为螺纹终点坐标；*F* 为 *X* 方向导程 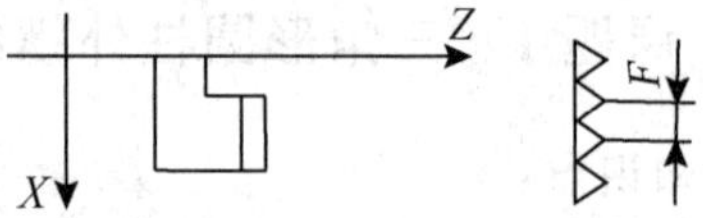

4. 指令使用说明

(1)使用螺纹切削指令时，进给倍率无效。

(2)螺纹切削指令为模态代码，一经使用，持续有效，直到被同组 G 代码(G00、G01、G02、G03)取代为止。

(3)加工螺纹时，刀具应处于螺纹起点位置。

由于数控机床伺服系统滞后，主轴加速和减速过程中，会在螺纹切削起点和终点产生不正确的导程。因此，在进刀和退刀时要留有一定空刀导入量和空刀退出量，即螺纹切削的起点和终点位置比实际螺纹要长，如图 5-116 所示。

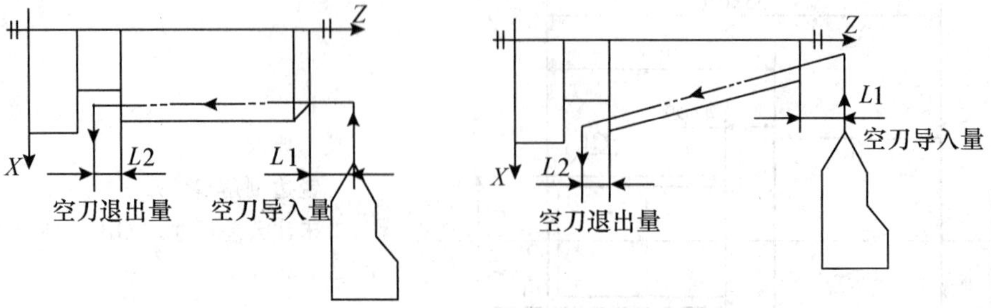

(a)圆柱螺纹　　(b)圆锥螺纹

图 5-116　螺纹加工空刀导入量和空刀退出量

二、车削三角形外螺纹尺寸计算

1. 三角形外螺纹主要参数及计算公式(表 5-68)

表 5-68　三角形外螺纹主要参数及计算公式

名称	代号	计算公式
牙型角	a	60°
螺距	P	
螺纹大径	d	
螺纹中径	d_2	$d_2=d-0.6495P$
牙型高度	h_1	$h_1=0.5413P$
螺纹小径	d_1	$d_1=d-2h_1=d-1.083P$

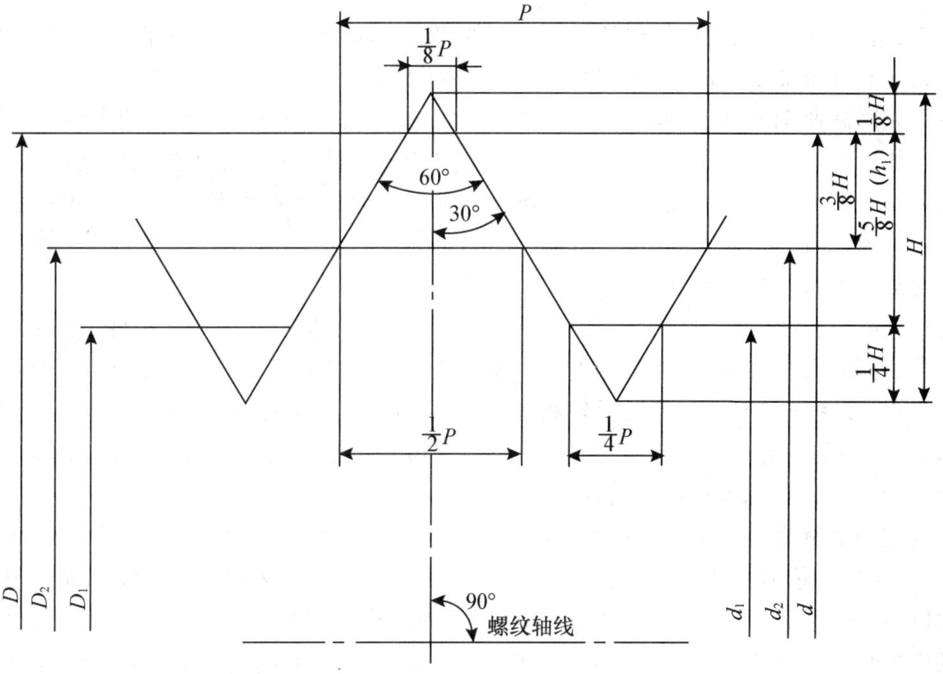

图 5-117

2. 车螺纹前圆柱面及螺纹实际小径的确定

车塑性材料螺纹，车刀挤压作用，会使外径胀大，故车螺纹前圆柱面直径应比螺纹公称直径(大径)小 0.1～0.4 mm，故一般取 $d_{计}=d-0.1P$。

螺纹实际牙型高度考虑刀尖圆弧半径等因素的影响，一般取 $h_{1实}=0.65P$；螺纹实际小径为 $d_{1实}=d-2h_{1实}=d-1.3P$。

【任务实施】

一、螺纹加工工艺分析

利用数控车床加工螺纹时，由数控系统控制螺距的大小和精度，从而简化了计算，不用手动更换挂轮，并且螺距精度高且不会出现乱扣现象；螺纹切削回程期间车刀快速移动，切削效率大幅提高；专用的数控螺纹切削刀具和较高的切削速度的选用，又进一步提高了螺纹的形状和表面质量。

1.零件的装夹

在螺纹切削过程中，无论采用何种进刀方式，螺纹切削刀具经常是由两个或两个以上的切削刃同时参与切削，与前面所讲的槽加工相似，同样会产生较大的径向切削力，容易使工件松动和变形。因此，在装夹方式上，最好也采用软卡爪且增大夹持面或者一夹一顶的装夹方式，以保证螺纹切削过程中不会出现因工件松动导致螺纹乱牙，从而避免工件报废的现象。

2.刀具选择与进刀方式

通常螺纹刀具切削部分的材料分为硬质合金和高速钢两类。刀具类型有整体式、焊接式和机械夹固式三种。

在数控车床上车削普通三角螺纹一般选用精密级机夹可转位不重磨螺纹车刀，使用时要根据螺纹的螺距选择刀片的型号。

对于其他牙型的螺纹刀具，可根据需要到刀具生产厂家定做或自制，刀具材料和几何角度应满足粗、精加工，工件材料，切削环境等方面的要求。对于工件材料加工性能一般、牙型截面尺寸较大的螺纹粗加工，可采用硬质合金刀具；在工件加工性能良好、螺纹精加工及断续切削条件下可采用高速钢刀具。刀具的几何形状与角度要考虑牙型和螺旋升角的影响。

螺纹加工的进刀方式主要有直进、斜进和分层切削三种。其选用主要依据是：在切削过程中避免因螺纹牙型截面尺寸较大，导致在螺纹切削深度比较大的情况下多个刀刃同时参加切削而出现扎刀现象。

3.切削用量与切削液的选择

(1)切削用量的选择。在螺纹加工中，背吃刀量 a_p 等于螺纹车刀切入工件表面的深度，如果其他刀刃同时参与切削，应为各刀刃切入深度之和。由此可以看出随着螺纹车刀的每次切入，背吃刀量在逐步增加。受螺纹牙型截面大小和深度的影响，螺纹切削的背吃刀量可能是非常大的，而这一点不是操作者和编程人员能够轻易改变的。要使螺纹加工切削用量的选择比较合理，必须合理地选择切削速度和进给量。

螺纹切削的背吃刀量相当于加工中的每次切深，根据材料、工件强度、刀具材料和刀具强度等诸多因素，并依靠经验，通过试切来确定。每次切深过小会增加走刀次数，影响切削效率，同时加剧刀具磨损；过大又容易出现扎刀、崩尖及螺纹乱牙现象。为避免上述现象发生，螺纹加工的每次切深一般都是选择递减方式，即随着螺纹深度的加深，用相应地减少进给量。在螺纹切削复合循环指令当中，同样也是经常采用递减方式，如第一刀的切深为 1，那么第二刀的切深为 $1/\sqrt{2}$，第三刀为 $1/\sqrt{3}$，第 n 刀为 $1/\sqrt{n}$。这一点可以在螺纹加工程序编制中灵活运用。

在螺纹车削加工过程中，主轴转速的选择受到下面几个因素的影响：

①螺纹加工程序段中指令的螺距值，相当于一进给量 f(mm/r)表示的进给速度 F(mm/min)，如果主轴转速选择得过高，其换算后的进给速度必定大大超过正常值。

②刀具在位移过程的起点和终点，都受到伺服驱动系统升降速度和数控装置插补运算速度的约束，由于升、降频特性满足不了加工需要等原因，则可能引起进给运动产生“超前”和“滞后”现象，从而导致加工出的螺距不符合要求。

③螺纹车削必须通过主轴的同步功能实现，需要用到主轴脉冲发生器(编码器)。当主轴速度选择过高，通过编码器发出的定位脉冲将可能因“过冲”而导致工件螺纹产生乱牙现象。

根据上述现象，螺纹加工时主轴转速的确定应遵循以下几条原则：

①在保证生产效率和正常切削的情况下，选择较低的主轴转速。

②当螺纹加工程序段中的升速进刀段(L_1)和降速退刀段(L_2)的长度值较大时,可选择适当高一些的主轴转速。

③当编码器所规定的允许工作转速超过车床所规定的主轴最大转速时,可选择较高一些的主轴转速。

④通常情况下,螺纹车削的主轴转速($n_{螺}$)可按车床或数控系统说明书中规定的计算式确定,其计算公式为:

$$n_{螺} \leqslant n_{允}/P$$

式中,$n_{允}$:编码器允许的最高工作转速,r/min;

P:加工螺纹的螺距或导程,mm。

(2)切削液的选用。螺纹加工多为粗精加工同时完成,要求精度较高,因此,选用合适的切削液能够进一步提高加工质量,对于一些特殊材料的加工尤为如此。根据不同的工件材料,切削液的选用见表 5-69。

表 5-69　螺纹加工切削液选用参考表

	工件材料					
	碳钢	合金钢	不锈钢及耐热钢	铸铁与黄铜	青铜	铝及铝合金
切削液的选用	1.硫化乳化液 2.氧化煤油 3.煤油 75%,油酸或植物油 25% 4.变压器油 70%,氧化石蜡 30%		1.氧化煤油 2.硫化切削液油 3.煤油 60%,松节油 20%,油酸 20% 4.硫化油 60%,煤油 25%,油酸 15% 4.四氯化碳 90%,猪油或菜油等	1.一般不用 2.煤油(用于铸铁)或菜油(用于黄铜)	1.一般不用 2.菜油	1.硫化油 30%,煤油 15%,2 号或 3 号锭子油 55% 2.硫化油 30%,硫酸 30%,2 号或 3 号锭子油 25%

二、选择工、量、刀具

1.工具选择

工件装夹在三爪自定心卡盘中,用划线盘校正。其余工具见表 5-70。

表 5-70　加工三角形外螺纹工、量、刀具清单

工、量、刀具清单				图号	图 5-114	
种类	序号	名称	规格	精度	单位	数量
工具	1	三爪自定心卡盘			个	1
	2	卡盘扳手			副	1
	3	刀架扳手			副	1
	4	垫刀片			块	若干
	5	划线盘			个	1
量具	1	游标卡尺	0～150 mm	0.02 mm	把	1
	2	千分尺	0～25 mm	0.01 mm	把	1
	3	螺纹环规	M12×1		副	1
	4	角度样板	60°		块	1
刀具	1	外圆粗车刀	90°		把	1
	2	外圆精车刀	90°		把	1
	3	切槽刀	4 mm		把	1
	4	外螺纹车刀	60°		把	1

2.量具选择

外径用外径千分尺测量、长度用游标卡尺测量；螺纹用螺纹环规测量。量具规格、参数见表5-70。

3.刀具选择

外圆选用90°偏刀车削，螺纹退刀槽用切槽刀车削，螺纹选用外螺纹车刀车削；其中外螺纹车刀形状如图5-118所示。所有刀具规格、尺寸见表5-70。

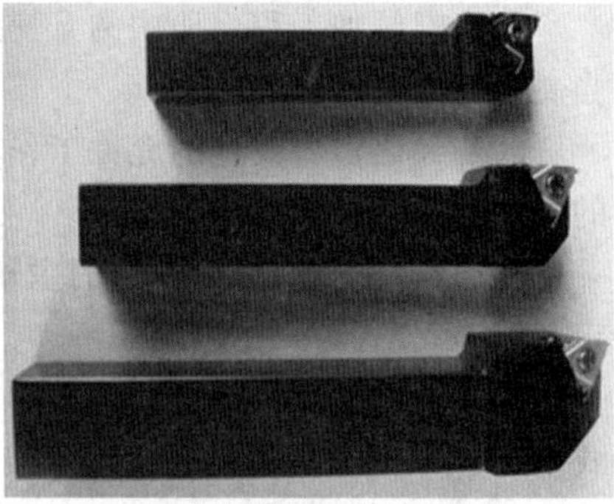

图5-118　外螺纹车刀形状

三、制定加工工艺路线

(1)切削螺纹进刀方式的选择(表5-71)。本课题螺距为1 mm，采用直进法进刀切削。

表5-71　切削螺纹进刀方式

进刀方式	图示	特点及应用
直进法	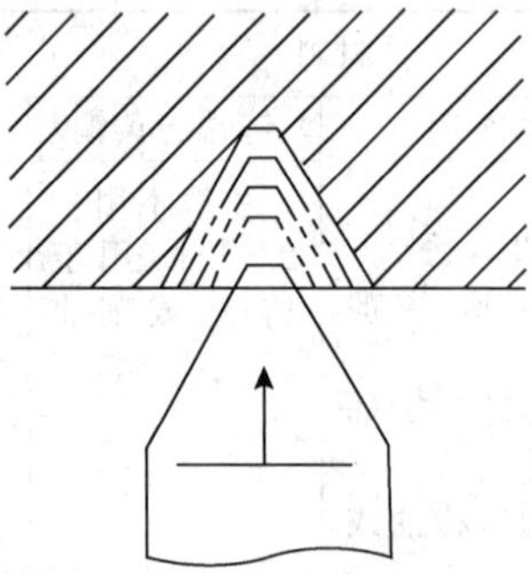	切削力大，易扎刀，切削用量低，牙型精度高 适用于加工 $P<3$ mm 普通螺纹及精加工 $P\geqslant3$ mm 螺纹
斜进法	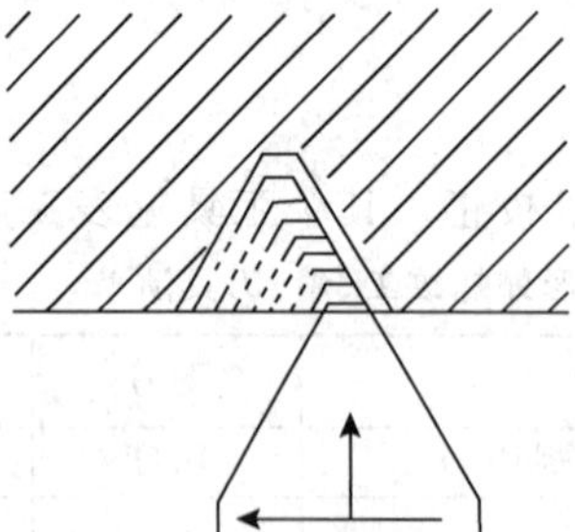	切削力小，不易扎刀，切削用量大，牙型精度低，表面粗糙度值大 适用于粗加工 $P\geqslant3$ mm 螺纹
左右切削法	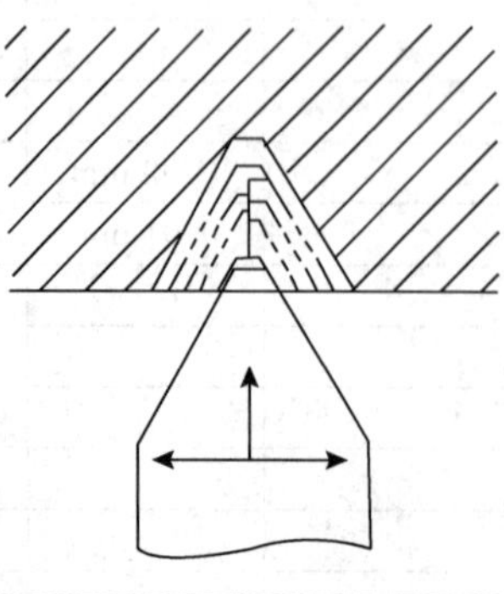	切削力小，不易扎刀，切削用量大，牙型精度低，表面粗糙度值小 适用于加工 $P\geqslant3$ mm 螺纹粗、精加工

(2)进刀次数及背吃刀量的分配。采用直进法进刀,刀具越接近螺纹牙底,切削面积越大,为避免因切削力过大而损坏刀具,背吃刀量应越来越小,如图 5-119 所示,用硬质合金刀具,为保证螺纹表面质量,最后一刀背吃刀量一般不能小于 0.1 mm。

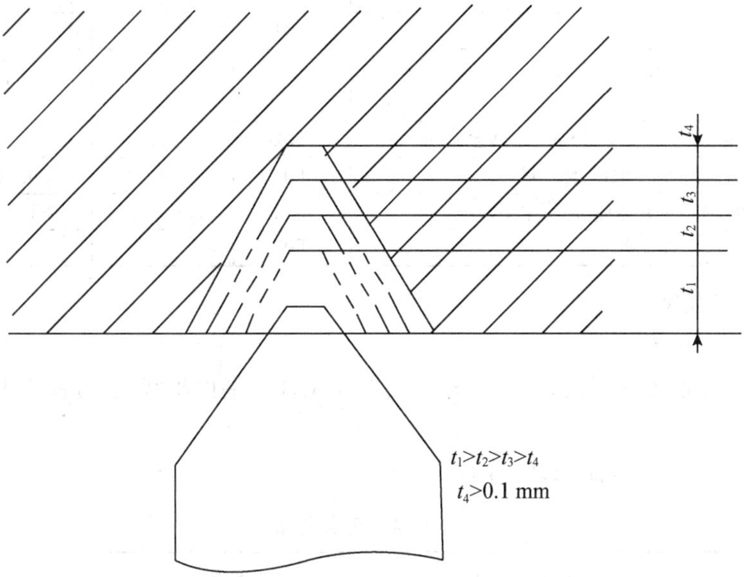

图 5-119　车螺纹背吃刀量的分配

常见螺纹的进给次数及背吃刀量见表 5-72。

表 5-72　常用螺纹的进给次数及背吃刀量(米制螺纹)　　mm

螺距		1	1.5	2	2.5	3	3.5	4
牙高(半径)		0.65	0.975	1.3	1.625	1.95	2.275	2.6
总背吃刀量(直径)		1.3	1.95	2.6	3.25	3.9	4.55	5.2
进给次数及背吃刀量(直径)	1	0.7	0.8	0.8	1.0	1.2	1.5	1.5
	2	0.4	0.5	0.6	0.7	0.7	0.7	0.8
	3	0.2	0.5	0.6	0.6	0.6	0.6	0.6
	4		0.15	0.4	0.4	0.4	0.6	0.6
	5			0.2	0.4	0.4	0.4	0.4
	6				0.15	0.4	0.4	0.4
	7					0.2	0.2	0.4
	8						0.15	0.3
	9							0.2

(3)加工工艺安排。车螺纹前应先加工外圆柱面及螺纹退刀槽,然后粗、精加工螺纹,螺纹螺距为 1 mm,分 3 次走刀切完。具体加工步骤见表 5-73。

(4)选择合理切削用量。外圆、端面、切槽用量同前面课题,螺纹加工时切削速度应选择较小,背吃刀量随切削总深度增大而减小。具体切削用量见表 5-73。

表 5-73 车普通三角形外螺纹加工工艺

工步号	工步内容	刀具号	切削用量		
			背吃刀量 a_p/mm	进给速度 f/(mm/r)	主轴转速 n/(r/min)
1	车右端面	T01	1～2	0.2	600
2	粗加工螺纹外圆及 ϕ18 mm 外圆，留 0.4 mm 精车余量	T01	1～2	0.2	600
3	精加工螺纹外圆及 ϕ18 mm 外圆至尺寸	T02	0.2	0.1	800
4	车 4 mm×ϕ9 mm 螺纹退刀槽	T03	4	0.08	400
5	粗、精车 M12×1 螺纹至尺寸要求	T04	0.1～0.4	1	400
6	切断，控制工件总长	T03	4	0.08	400

四、编写参考程序

1. 建立工件坐标系

根据工件坐标系建立原则，工件坐标系设置在工件右端面轴线上，如图 5-114 所示。

2. 计算基点坐标

车外圆时，$P1$、$P2$、$P3$、$P4$、$P5$ 等基点坐标见表 5-74。

表 5-74 基点坐标 mm

基点	坐标(Z,X)	基点	坐标(Z,X)
$P1$	(0,9.9)	$P4$	(−20.0,18.026)
$P2$	(−1,11.9)	$P5$	(−35,18.026)
$P3$	(−20.05,11.9)		

螺纹共分三次进给切完，每刀背吃刀量(直径上)分别取 0.7 mm、0.4 mm、0.2 mm。

空刀导入量取 2 mm，空刀退出量取 1.5 mm，每次进给时螺纹起点及终点坐标见表 5-75。

表 5-75 螺纹起点及终点坐标 mm

进给次数	螺纹起点坐标(Z,X)	螺纹终点坐标(Z,X)
第一次进给	(2,11.3)	(−17.5,11.3)
第二次进给	(2,10.9)	(−17.5,10.9)
第三次进给	(2,10.7)	(−17.5,10.7)

3. 参考程序

程序名为“O0051”。

程序段号	程序内容	动作说明
N10	G40G99G80G21	设置初始状态
N20	M3S600	设置工件转速
N30	T0101	调用外圆车刀
N40	G00X0Z5	刀具移动至进刀点
N50	G01Z0F0.2	进给至工件端面
N60	X18.4	车工件右端面
N70	Z-40	粗车 ϕ18 mm 外圆
N80	X22	刀具沿 X 方向退出

程序段号	程序内容	动作说明
N90	G00Z5	刀具沿 Z 方向退回
N100	X15	刀具 X 方向进刀
N110	G01Z-19.8	粗车螺纹外圆
N120	X22	刀具沿 X 方向退出
N130	G00Z5	刀具沿 Z 方向退回
N140	X12.4	刀具 X 方向进刀
N150	G01Z-19	第二次粗车螺纹外圆
N160	X22	刀具沿 X 方向退出
N170	G00X100Z200	刀具退回至换刀点
N180	M0M5	程序停、主轴停、测量
N190	T0202	换外圆精车刀
N200	M3S800	设置精车用量
N210	G00X9.9Z2	刀具移动至进刀点
N220	G01Z0	精车至 P1 点
N230	X11.9Z-1	精车至 P2 点
N240	Z-20.05	精车至 P3 点
N250	X18.026	精车至 P4 点并倒钝
N260	Z-40	精车 ϕ18 mm 外圆，留切断余量
N270	X22	刀具沿 X 方向退出
N280	G00X100Z200	刀具退回至换刀点
N290	M0M5	程序停、主轴停、测量
N300	T0303	换切槽刀
N310	G00X22Z-20.05	刀具移至螺纹退刀槽处
N320	G01X9F0.08	车螺纹退刀槽
N330	G04X2	槽底暂停 2 s
N340	G01X22F0.2	刀具沿 X 方向退出
N350	G00X100Z200	刀具退回至换刀点
N360	M0M5	程序停、主轴停、测量
N370	T0404	换螺纹车刀
N380	M3S400	车螺纹转速 400 r/min
N390	G00X11.3Z2	车刀移至进刀点
N400	G32Z-17.5F1	第一次进给切螺纹
N410	G00X22	刀具沿 X 方向退出
N420	Z2	刀具沿 Z 方向退出
N430	X10.9	刀具沿 X 方向进刀
N440	G32Z-17.5F1	第二次进给切螺纹
N450	G00X22	刀具沿 X 方向退出
N460	Z2	刀具沿 Z 方向退出
N470	X10.6	刀具沿 X 方向进刀
N480	G32Z-17.5F1	第三次进给切螺纹
N490	G00X22	刀具沿 X 方向退出
N500	X100Z200	刀具退回至换刀点

程序段号	程序内容	动作说明
N510	M0M5	程序停、主轴停、测量
N520	T0303	换切槽刀
N530	M3S400	设置切槽转速
N540	G00X26Z-39	刀具移至切断处
N550	G01X0F0.08	切断工件
N560	X22F0.2	刀具沿 X 方向退出
N570	G00X100Z200	刀具退回
N580	M30	程序结束

【资料链接】

法那克系统螺纹切削单一固定循环：用螺纹切削加工指令车螺纹，每次切削都需完成四步动作：快速进刀至螺纹起点、切削螺纹、切削螺纹终点，*X* 方向快速退刀、*Z* 方向快速退回、法那克系统将这四步动作编制成螺纹切削单一固定循环 G92 指令以供使用，如图 5-120 所示：(a)圆柱螺纹单一循环动作过程，(b)圆锥螺纹单一循环动作过程。

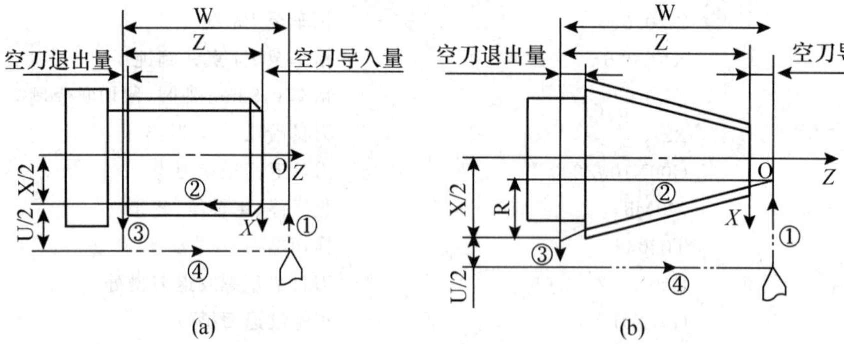

图 5-120 螺纹切削单一固定循环切削动作过程

圆柱螺纹指令格式 G92X(U)_Z(W)_F_；

圆锥螺纹指令格式 G92X(U)_Z(W)_R_F_。

其中 *X*、*Z* 为螺纹切削终点绝对坐标；*U*、*W* 为螺纹切削终点相对循环起点增量坐标；*R* 为圆锥螺纹起点半径与终点半径差值(正负差别方法：螺纹起点半径大于终点半径其值为正，螺纹起点半径小于终点半径其值为负)；*F* 为螺纹导程。

编程实例：

如图 5-121 所示。

G92 外圆柱螺纹加工程序：

O4005

N110 T0303

N120 G0X28. Z5. S350 M3；刀具定位

N130 G92 X19.4 Z-23. F1.5；螺纹加工

N140 X19；逐层进刀

N150 X18.6

图 5-121 G92 外圆柱螺纹加工

N160　X18.2
N170　X18
N180　X17.9
N190　X17.8
……

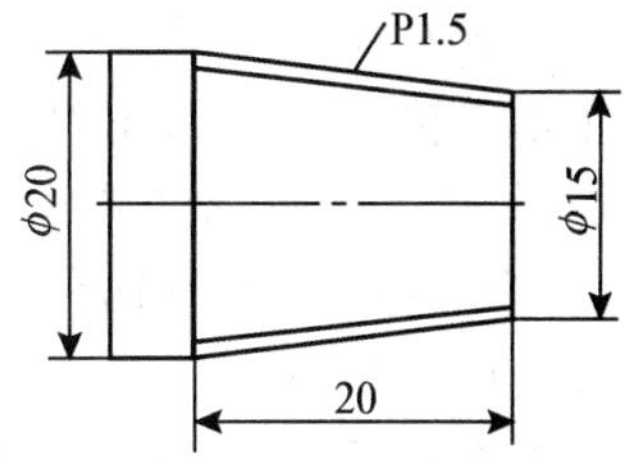

图 5-122　G92 外锥螺纹加工程序

如图 5-122 所示　G92 加工外锥螺纹程序
O4006
N10　T0303;外螺纹车刀
N20　G0　X25.　Z5.　S300　M3
N30　G92　X19.6　Z-20.　R-2.5　F1.5
N40　X19.4
N50　X19
……

【技能训练】

一、加工准备

(1)检查毛坯尺寸。

(2)开机、回参考点。

(3)输入程序。把编写好的程序通过数控面板输入数控机床。

(4)装夹工件。毛坯料装夹在三爪自定心卡盘中,伸出约 45 mm,用划线盘校正并夹紧。

(5)装夹刀具。把外圆粗车刀、外圆精车刀、切槽刀、螺纹车刀按要求依次装入 T01、T02、T03、T04 号刀位。其中,切槽刀及螺纹车刀的刀头垂直于工件轴线,刀尖与工件轴线等高。安装螺纹车刀时,可借助角度样板使刀头垂直于工件轴线,如图 5-123 所示。

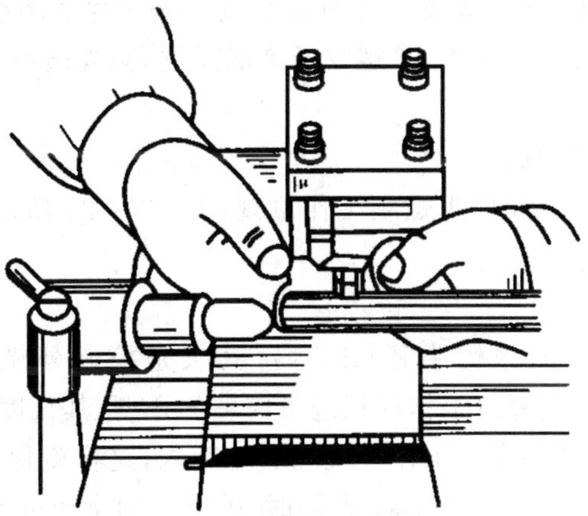

图 5-123　螺纹车刀安装示意图

二、对刀

四把刀依次采用试切法对刀。把通过对刀操作得到的零偏值分别输入到各自长度补偿中,加工时调用。其中螺纹车刀取刀尖为刀位点,对刀步骤如下:

1.X 轴对刀

主轴正转，移动螺纹车刀，使刀尖轻轻碰至工件外圆面(可以取外圆车刀试车削的外圆表面)或车一段外圆面，Z 方向退出刀具；停车，测量外圆直径，如图 5-124 所示。然后进行面板操作，面板操作步骤同其他车刀对刀步骤。

2.Z 轴对刀

主轴停止转动，使螺纹车刀刀尖与工件右端面对齐，采用目测法或借助于金属直尺对齐，如图 5-125 所示。然后进行面板操作，面板操作步骤同其他车刀对刀步骤。

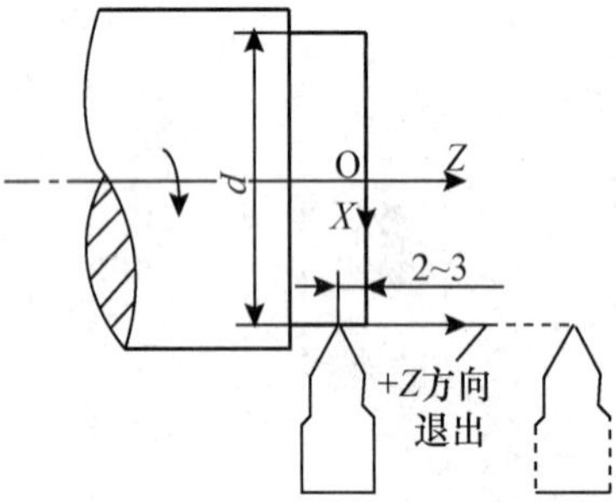

图 5-124　X 轴对刀示意图

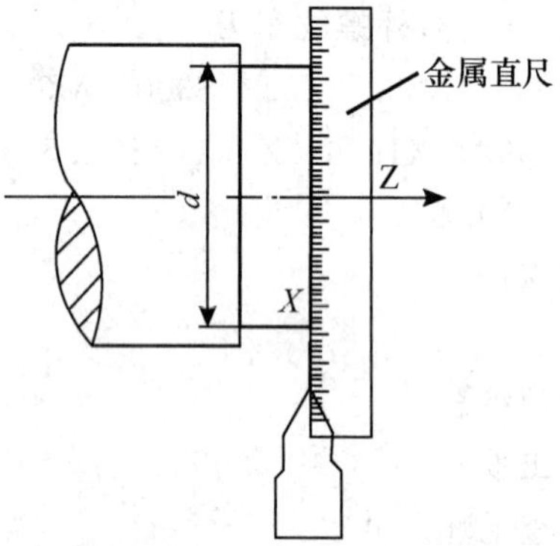

图 5-125　Z 轴对刀示意图

三、空运行及仿真

对输入的程序进行空运行或轨迹仿真，以检测程序是否正确。

四、零件自动加工及尺寸控制方法

选择自动加工模式，打开程序，调好进给倍率，按数控启动按钮，进行自动加工，加工过程中尺寸控制如下：

外圆及长度尺寸控制同前面课题。螺纹尺寸控制是将螺纹车刀设置一定磨损量，当程序运行到 N510 段，停车用螺纹环规检测。根据螺纹旋合松紧程度调小刀具磨损量，重新运行螺纹加工程序段，直到尺寸符合要求为止(螺纹通规能通过，止规通不过为合格)。

五、零件检测与评分

零件加工结束后进行检测。

生产中，检验螺纹用的量规称为螺纹工作量规，如图 5-126 所示，这些量规都有通规和止规，它们的检验项目如下：

1.通端螺纹工作环规(T)

主要用来检验外螺纹的作用中径($d_{2作用}$)，其次是控制外螺纹小径的最大极限尺寸(d_{1max})，属于综合检验。通端螺纹工作环规应有完整的牙型，其长度等于被检验螺纹的旋合长度。合格的外螺纹都应被通端螺纹工作环规顺利地旋入，这样就保证了外螺纹的作用中径未超出最大实际牙型的中径，及 $d_{2max}>d_{2作用}$。同时，外螺纹的小径也不超出它的最大极限尺寸。

2.止端螺纹的工作环规(Z)

用来检验外螺纹一个参数，即单一中径。为了尽量减少螺距误差和牙型半角误差的影响，必须使它的中径部位与被检验的外螺纹接触，因此止端螺纹工作环规的牙型做成截短的不完整的牙型，并将止端螺纹工作环规的长度缩短到 2～3.5 牙。合格外螺纹不应完全通过止端螺纹工作环规，但仍允许旋合一部分。

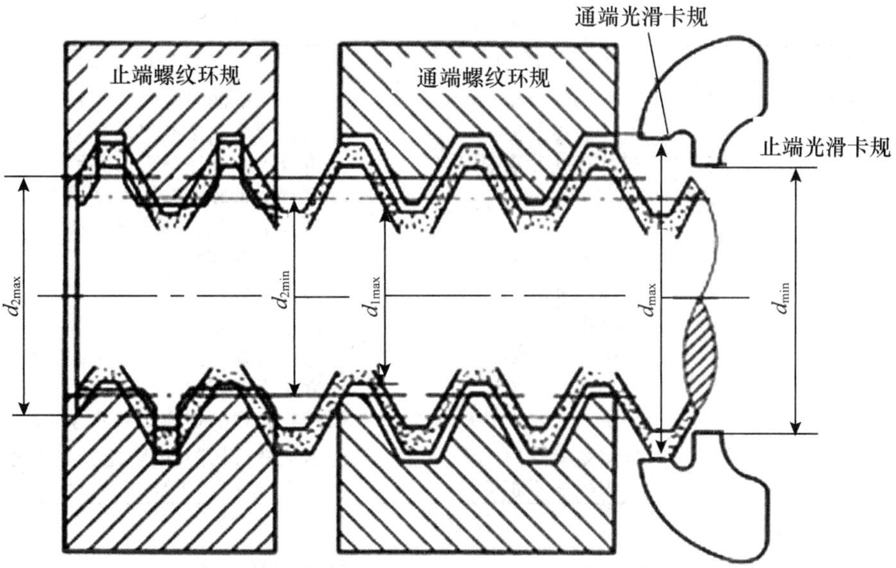

图 5-126　用环规检验外螺纹

具体规定是：对于小于(等于)4 牙的外螺纹，止端螺纹工作环规的旋合量不得多于 2 牙，对于多于 4 牙的外螺纹，止端螺纹工作环规的旋合量不得多于 3.5 牙。这些没有完全通过止端螺纹工作环规的外螺纹，说明它的单一中径没有超出最小实体牙型的中径，即 $d_{2单} > d_{2min}$。

3. 光滑极限卡规

用来检验外螺纹的大径尺寸。通端光滑卡规应该通过被检验外螺纹的大径，这样可以保证外螺纹大径不超过他的最大极限尺寸；止端光滑卡规不应该通过被检验外螺纹的大径，这样就可以保证外螺纹大径不小于它的最小极限尺寸。

六、结束

加工结束，清理机床。

加工误差分析见表 5-76。

表 5-76　螺纹加工误差分析

问题现象	产生原因	预防和消除
切削过程出现振动	工件装夹不正确 刀具安装不正确 切削参数不正确	检查工件安装，增加安装刚性 调整刀具安装位置 提高或降低切削速度
螺纹牙顶呈刀口状	刀具角度选择错误 螺纹外径尺寸过大 螺纹切削过深	选择正确的刀具 检查并选择合适的工件外径尺寸 减小螺纹切削深度
螺纹牙型过平	刀具中心错误 螺纹切削深度不够 刀具牙型角度过小 螺纹外径尺寸过小	选择合适刀具并调整刀具中心高度 计算并增加切削深度 适当增大刀具牙型角 检查并选择合适的工件外径尺寸
螺纹牙型底部圆弧过大	刀具选择错误 刀具磨损严重	选择正确的刀具 重新刃磨或更换刀片

续表 5-76

问题现象	产生原因	预防和消除
螺纹牙型底部过宽	刀具选择错误 刀具磨损严重 螺纹有乱牙现象	选择正确的刀具 重新刃磨或更换刀片 检查加工程序中有无导致乱牙的原因 检查主轴脉冲编码器是否松动、损坏 检查 Z 轴丝杠是否有窜动现象
螺纹牙形半角不正确	刀具安装角度不正确	调整刀具安装角度
螺纹表面质量差	切削速度过低 刀具中心过高 切削控制较差 刀尖产生积屑瘤 切削液选用不合理	调高主轴转速 调整刀具中心高度 选择合理的进刀方式与切深 避免中速切削 选择合理的切削液并充分喷注
螺纹误差	伺服系统滞后效应 加工程序不正确	增加螺纹切削升、降速段的长度 检查、修改加工程序

【操作注意事项】

(1)螺纹切削时必须采用专用的螺纹车刀。螺纹车刀角度的选取由螺纹牙型确定。

(2)螺纹车刀安装时,刀尖应与工件旋转轴线等高,刀具两侧刃角平分线必须垂直于工件轴线,否则车削出的螺纹牙型会往一边倾斜。

(3)螺纹加工期间应保持主轴转速不变。

(4)空刀退出量设置不能过大,预防螺纹车刀退出时撞到台阶面。

(5)首次切削尽可能采用单段加工,熟练以后再采用自动加工方式。

【思考题与练习题】

1. 螺纹加工为何要设置空刀导入量及空刀退出量?

2. M8、M10、M12、M16、M20 螺纹的粗牙螺距分别为多少?

3. 螺纹加工进刀方式有哪几种?各有何特点?

4. 螺纹车刀安装有何要求?

5. 螺距出现误差原因有哪些?

6. 编写图 5-127 所示零件的加工程序并加工练习,毛坯为 $\phi18$ mm 铝棒,螺距为 2 mm。

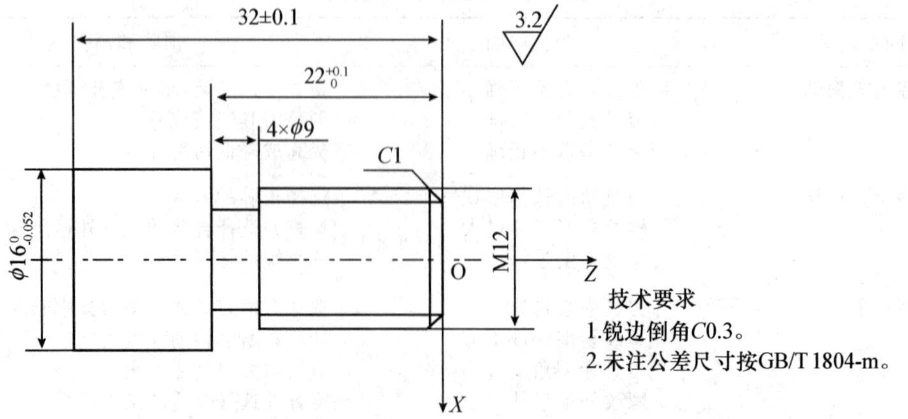

图 5-127 三角形圆柱外加工练习零件图

课题 2　三角形圆锥外螺纹加工

知识点：

掌握螺纹切削复合循环指令及应用。

会计算圆锥螺纹尺寸。

会制定圆锥螺纹加工工艺。

技能点：

掌握圆锥螺纹车刀安装及对刀方法。

掌握圆锥螺纹加工方法。

【任务引入】

完成图 5-128 所示零件，其三维效果图如图 5-129 所示。材料为硬铝。

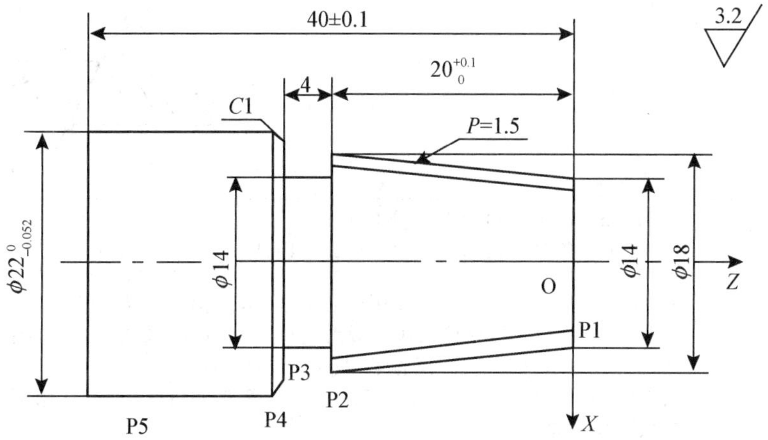

图 5-128　三角形圆锥外螺纹零件图

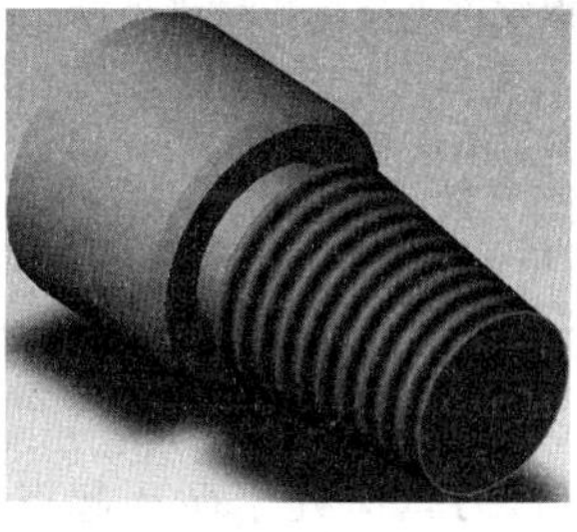

图 5-129　三角形圆锥外螺纹零件三维效果图

【相关知识】

一、螺纹切削复合循环指令

1. 指令功能

设置相关参数后，可以自动完成圆柱螺纹、圆锥螺纹、外螺纹、内螺纹的加工。

2. 指令格式

法那克系统螺纹切削复合循环指令格式及参数含义见表 5-77。

表 5-77 法那克系统螺纹切削复合循环指令格式

系统	法那克系统
图示	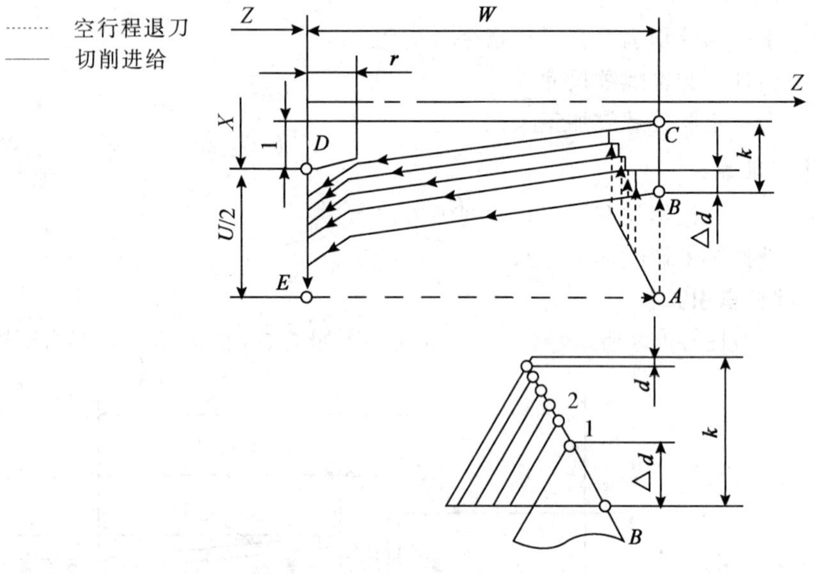
指令格式	G76P(m)(r)(a)_ Q(Δd_{min})_R(d)_; G76X(U)_Z(W)_R(i)_ P(k)_Q(Δd)_F(P_h)_
参数含义	m:精车重复次数,从 01～99,用两位数表示,该参数为模态量 r:螺纹尾端倒角量,该值大小可设置为(0～9.9)Ph,系数为 0.1 的整数倍,用00～99两位整数表示,该参数为模态量;其中 Ph 为导程 a:刀尖角,可以从 80°、60°、55°、30°、29°、0°等 6 个角度中选择,用两位整数表示,该参数为模态量 Δd_{min}:最小背吃刀量,用半径值指定,单位:μm。模态量 d:精车余量,用半径值指定,单位:μm。模态量 X(U)、Z(W)为螺纹终点坐标或增量坐标 i:螺纹起点与终点半径差。当 $i=0$ 时,为圆柱螺纹,并可省略 k:螺纹高度,用半径值指定,单位:μm Δd:为第一次背吃刀量,用半径值指定,单位:μm P_h:螺纹的导程,单位:mm

二、指令使用说明

(1)调用法那克系统 G76 循环前,刀具应处于循环起点位置;外螺纹起点位置坐标大于螺纹大径,内螺纹位置坐标小于螺纹小径,Z 方向保证有空刀导入量。

(2)法那克系统 G76 循环中 P(k)、Q(Δd)、R(i)、R(d)、Q(Δd min)均不支持小数点输入。

(3)法那克系统 X、Z 螺纹终点坐标是指螺纹终点牙底绝对坐标;U、W 是螺纹终点牙底点相对于循环起始点增量坐标。

三、例题

如图 5-114 所示,圆柱螺纹 M12×1,试确定法那克系统系统参数值。

法那克系统螺纹参数值示例:

精车重复次数:$m=1$,螺纹尾端倒角量取 $r=1.1P_h$,刀尖角为 60°,表示为 P011160

最小背吃刀量：$\Delta d_{min}=0.1$ mm，表示为 Q100

精车余量：$d=0.05$ mm，表示为 R50

螺纹终点坐标：$X=10.7$ mm，$Z=-16$ mm

螺纹起点与终点半径差：$i=0$，表示为 R0

螺纹高度：$k=0.65P=0.65\times1$ mm$=0.65$ mm，表示为 P650

第一次背吃刀量：Δd 取 0.35 mm，表示为 Q350

螺纹导程：$P_h=1$ mm，表示为 F1.0

程序表示方法为：

……

N40G76P011160Q100R50；

N50G76X10.7Z-16P650Q350F1.0；

……

【任务实施】

一、选择工、量、刀具

1.选择工具

工件装夹在三爪自定心卡盘中，用划线盘校正。其余工具见表 5-78。

表 5-78　三角形圆锥外螺纹加工工、量、刀具清单

工、量、刀具清单				图号	图 5-128	
种类	序号	名称	规格	精度	单位	数量
工具	1	三爪自定心卡盘			副	1
	2	卡盘扳手			副	1
	3	刀架扳手			副	1
	4	垫刀片			块	若干
	5	划线盘			个	1
量具	1	游标卡尺	0～150 mm	0.02 mm	把	1
	2	千分尺	0～25 mm	0.01 mm	个	1
	3	圆锥螺纹环规			副	1
	4	表面粗糙度样板			套	1
	5	角度样板	60°		个	1
刀具	1	外圆粗车刀	90°		把	1
	2	外圆精车刀	90°		把	1
	3	切槽刀	4 mm		把	1
	4	螺纹车刀	60°		把	1

2.选择量具

外径用千分尺测量，长度用游标卡尺测量，螺纹用圆锥螺纹环规检测，其规格、参数见表 5-78。

3.选择刀具

外圆面车削选用外圆车刀，螺纹退刀槽用切槽刀加工，圆锥螺纹用螺纹车刀加工。刀具规格、参数见表 5-78。

二、加工工艺路线

本课题零件轮廓较简单，先粗、精车外轮廓面，再车螺纹退刀槽，最后加工圆锥螺纹。圆锥螺纹可用G32(或G33)指令加工，也可用螺纹切削复合循环指令加工。本课题采用螺纹切削复合循环指令加工。具体步骤见表5-79。

表5-79 三角形圆锥外螺纹加工工艺

工步号	工步内容	刀具号	切削用量		
			背吃刀量 a_p/mm	进给速度 f/(mm/r)	主轴转速 n/(r/min)
1	车右端面	T01	1～2	0.2	600
2	粗加工圆锥螺纹外圆及 $\phi22_{-0.052}^{0}$ 外圆，留0.4 mm精车余量	T01	1～2	0.2	600
3	精加工圆锥螺纹外圆及 $\phi22_{-0.052}^{0}$ 外圆至尺寸	T02	0.2	0.1	800
4	车4 mm×ϕ14 mm螺纹退刀槽	T03	4	0.08	400
5	粗、精车圆锥螺纹至尺寸	T04	0.1～0.4	1.5	400
6	切断工件，控制工件总长(40±0.1)mm	T03	4	0.08	400

三、圆锥螺纹切削数值计算

车削外螺纹前外圆直径公式 $d_{计}=d-0.1P$，故螺纹大端直径为ϕ17.85 mm，小端直径为ϕ13.85 mm。螺纹实际牙型高度 $h_{1实}=(0.65\times1.5)$ mm=0.975 mm。螺纹终点小径为(18－2×0.975) mm=16.05 mm。空刀导入量取3 mm，空刀退出量取2 mm。

四、选择合理切削用量及确定圆锥螺纹切削循环参数值

加工材料为硬铝，硬度较低，切削力较小，切削用量可选大些。具体见表5-79。

工件坐标系建立在工件右端面轴线上。圆锥螺纹循环参数见表5-80。

五、法那克系统圆锥螺纹循环参数值根据以下制定标准选取

精车重复次数：$m=2$，螺纹尾端倒角量取 $r=1P_h$，刀尖角为60°，表示为P021060

最小背吃刀量：Δd min=0.1 mm，表示为Q100

精车余量：$d=0.05$ mm，表示为R50

螺纹终点坐标：$X=16.05$ mm，$Z=-20$ mm

螺纹起点与终点半径差：$i=-2$，表示为R－2

螺纹高度：$k=0.65$，$P=0.975$，表示为P975

第一次背吃刀量：Δd 取0.4 mm，表示为Q400

螺纹导程：$P_h=1.5$ mm，表示为F1.5

六、参考程序

1. 建立工件坐标系

根据工件坐标系建立原则，工件坐标系设置在工件右端面轴线上，如图5-128所示。

2. 计算基点坐标

建立工件坐标系后，P1、P2、…、P5等基点坐标见表5-80。

表 5-80　基点坐标　mm

点	坐标(Z,X)	点	坐标(Z,X)
P1	(0,13.85)	P4	(−24.05,21.974)
P2	(−20.05,17.85)	P5	(−40.20,1.974)
P3	(−24.05,17.85)		

3.参考程序(表 5-81)

程序名为“O0052”。

表 5-81　法那克系统参考程序

程序段号	程序内容	动作说明
N10	G40G99G80G21	设置初始状态
N20	M3S600	设置工件转速
N30	T0101	调用外圆车刀
N40	G00X0Z5	刀具移动至进刀点
N50	G01Z0F0.2	车至工件端面
N60	X22.4	车工件右端面
N70	Z-45	粗车 ϕ22 mm 外圆，留切断余量
N80	X26	刀具沿 X 方向退出
N90	G00Z3	刀具沿 Z 方向退回
N100	X18.4	刀具 X 方向进刀
N110	G01Z-23.6F0.2	粗车圆锥螺纹外圆
N120	X24	刀具沿 X 方向退出
N130	G00Z3	刀具沿 Z 方向退回
N140	X14.4	刀具 X 方向进刀
N150	G01Z0F0.1	刀具车至工件端面
N160	G01X18.4Z-20	第二次粗车螺纹外圆
N170	Z-23.6	粗车至台阶处
N180	X24	刀具沿 X 方向退出
N190	G00X100Z200	刀具退回至换刀点
N200	M0M5	程序停、主轴停、测量
N210	T0202	换外圆精车刀
N220	M3S800	设置精车用量
N230	G00X13.85Z3	刀具移动至进刀点
N240	G01Z0F0.1	精车至 P1 点
N250	X17.85Z-20.05	精车至 P2 点
N260	Z-24.05	精车至 P3 点
N270	X21.974.C1	精车至 P4 点并倒角
N280	Z-45	精车 ϕ22 mm 外圆，留切断余量
N290	X26	刀具沿 X 方向退出
N300	G00X100Z200	刀具退回至换刀点
N310	M0M5	主轴停、程序停、测量
N320	T0303	换切槽刀
N325	M3S350	设置工件转速

续表 5-81

程序段号	程序内容	动作说明
N330	G00X26Z-24.05	刀具移至螺纹退刀槽处
N340	G01X14F0.08	车螺纹退刀槽
N350	G04X2	槽底暂停 2 s
N360	G01X26F0.2	刀具沿 X 方向退出
N370	G00X100Z200	刀具退回至换刀点
N380	M0M5	程序停、主轴停、测量
N390	T0404	换螺纹车刀
N400	M03S400	车螺纹转速 400 r/min
N410	G00X20Z3	车刀移至进刀点
N420	G76P021160Q100R50	设置螺纹参数，调用螺纹切削复合循环
N430	G76X16.05Z-20R-2P975Q400F1.5	
N440	G00X100Z200	刀具退回至换刀点
N450	M0M5	程序停、主轴停、测量
N460	T0303	换切槽刀
N470	M3S400	设置切断转速
N480	G00X29Z-44	刀具移至切断处
N490	G01X0F0.08	切断工件
N500	X26F0.2	刀具沿 X 方向退出
N510	G00X100Z200	刀具退回
N520	M30	程序结束

【资料链接】

多线螺纹常用加工方法：

(1)车好第一条螺旋线后，刀具沿轴向手动移动一个螺距，调用 G32(G33)或螺纹切削复合循环指令加工第二条螺旋线及第三条螺旋线。

(2)螺纹循环参数中，通过定义螺纹起始角度来区分加工第一条、第二条、第三条螺旋线。如加工三线螺纹，第一条螺旋线起始角设为 0°，第二条螺旋线起始角设为 120°，第三条螺旋线设为 240°。

法那克系统多线螺纹加工格式：G92X(u)_Z(w)_R_F_Q_；其中 Q 为螺纹起始角。

【技能训练】

一、加工准备

(1)检查毛坯尺寸。

(2)开机、回参考点。

(3)输入程序。把编写好的程序通过数控面板输入数控机床。

(4)装夹工件。坯料装夹在三爪自定心卡盘中，伸出 60 mm 左右，用划线盘校正并夹紧。

(5)装夹刀具。把外圆粗车刀、外圆精车刀、切断刀、螺纹车刀按要求依次装入 T01、T02、

T03、T04 号刀位。其中安装切断刀、螺纹车刀时应注意使刀头垂直于工件轴线。

二、对刀

四把车刀依次采用试切法对刀。把通过对刀操作得到的零偏值分别输入到各自长度补偿中；切断刀选取左侧刀尖为刀位点，螺纹车刀取刀尖为刀位点，对刀步骤同前一课题。

三、空运行及仿真

对输入的程序进行空运行或轨迹仿真，以检测程序是否正确。

四、零件自动加工及尺寸控制

选择自动加工工作模式，打开程序，调好进给倍率，按数控启动按钮进行自动加工。加工过程中外圆、长度尺寸控制同前面课题；锥度尺寸控制只能通过修改程序来调整，当程序运行至 N310 段，停车测量。根据测量结果，修改程序中圆锥大、小端 X 坐标值，保证锥度要求。圆锥螺纹尺寸控制仍通过修改刀具磨损量的方法进行，当程序运行至 N450，停车用螺纹环规测量，根据测量结果，修调刀具磨损量再次运行螺纹加工程序段，直至尺寸符合要求为止。

五、零件检测与评分

零件加工结束后进行检测。

六、结束

加工结束，清理机床。

【操作注意事项】

(1)螺纹车刀应垂直于工件轴线而不是垂直圆锥表面。

(2)主轴转速变化会导致切出不正确的螺距，因此在螺纹切削期间不能使用恒表面切削速度控制指令 G96。

(3)螺纹切削期间进给倍率无效(固定在 100%)，主轴倍率固定在 100%。

(4)外圆锥螺纹切削期间，刀具循环起点应处于大于螺纹直径的位置，以防发生撞刀或扎刀现象。

【思考题与练习题】

1. 用螺纹切削复合循环指令编写图 5-128 所示三角形圆柱外螺纹程序并加工练习。

2. 编写图 5-130 所示零件程序并加工练习，材料为硬铝。

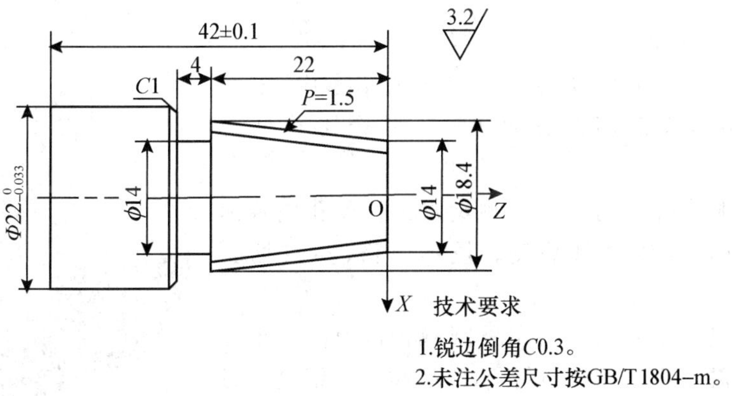

图 5-130　三角形圆锥外螺纹加工练习零件图

课题 3 三角形圆柱内螺纹加工

知识点：

掌握车内螺纹底孔直径计算方法。

掌握内螺纹切削复合循环参数确定。

掌握内螺纹加工工艺的制定。

技能点：

掌握内螺纹车刀安装及对刀方法。

掌握内螺纹车削方法及尺寸控制方法。

【任务引入】

完成图 5-131 所示零件，其三维效果图如图 5-132 所示。材料为硬铝。

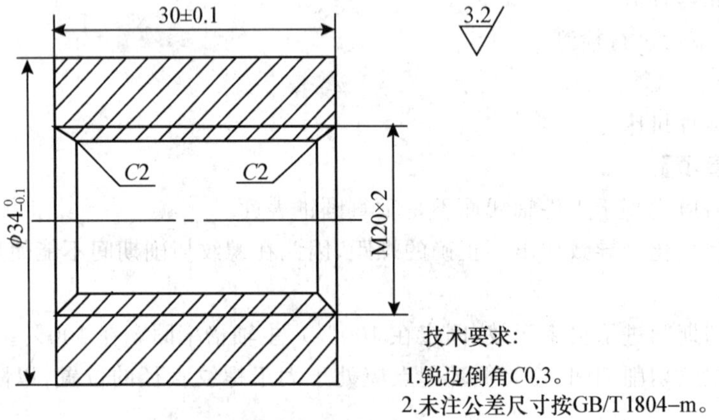

图 5-131 三角形圆柱内螺纹零件图

【任务实施】

一、加工工艺分析

1. 选择工、量、刀具

(1)选择工具。工件装夹在三爪自定心卡盘中，用划线盘校正，调头装夹后用百分表校正。其余工具见表 5-82。

(2)选择量具。外圆用千分尺测量，长度、内孔用游标卡尺测量，螺纹用螺纹塞规检测。量具规格、参数见表 5-82。

(3)选择刀具。用外圆车刀车外圆、端面，用内孔车刀车孔，车内孔前需钻孔(含钻中心孔)，内螺纹用内螺纹车刀加工。内螺纹车刀形状如图 5-133 所示。所有刀具规格、参数见表 5-82。

图 5-132 三角形圆柱内螺纹零件三维效果图

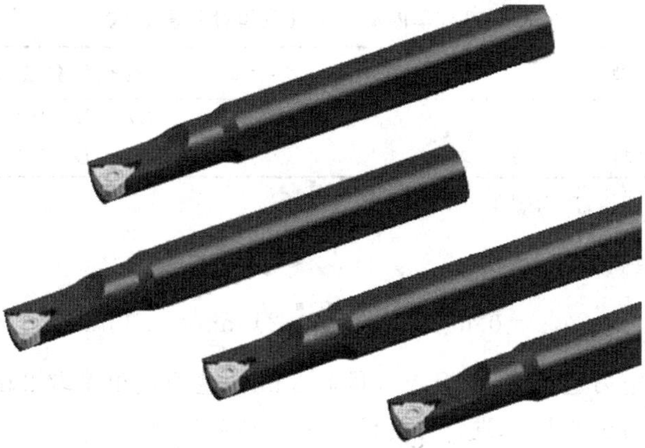

图 5-133　三角形圆柱内螺纹车刀

表 5-82　三角形圆柱内螺纹加工工、量、刀具清单

工、量、刀具清单				图号	图 5-131	
种类	序号	名称	规格	精度	单位	数量
工具	1	三爪自定心卡盘			副	1
	2	卡盘扳手			副	1
	3	刀架扳手			副	1
	4	垫刀片			块	若干
	5	划线盘			个	1
	6	钻夹头			个	1
	7	磁性表座			个	1
量具	1	游标卡尺	0～150 mm	0.02 mm	把	1
	2	千分尺	0～25 mm	0.01 mm	个	2
	3	螺纹塞规	M20×2		副	1
	4	表面粗糙度样板			套	1
	5	角度样板	60°		个	1
	6	百分表	0～5 mm	0.01 mm	只	1
刀具	1	外圆车刀	90°		把	1
	2	中心钻	A2		只	1
	3	麻花钻	ϕ16 mm		把	1
	4	内孔车刀	ϕ16 mm×35 mm		把	1
	5	内螺纹车刀	60°		把	1

2. 加工工艺路线

本课题先粗、精车端面、外圆，然后钻中心孔、钻孔、内孔倒角；调头装夹，车另一端面(若坯料较长则先切断后调头)，车内孔，最后车内螺纹。具体步骤见表 5-84。

3. 圆柱内螺纹切削数值计算

(1)车内螺纹前孔底直径的计算(表 5-83)

表 5-83　车内螺纹前孔底直径计算公式

材料类型	孔径计算公式
塑性材料	$D_{孔}=D-P$
脆性材料	$D_{孔}=D-1.05P$

注：D 为内螺纹公称直径，P 为螺距。

(2)螺纹实际牙型高度

$$h_{1实}=0.65\ P=(0.65\times2)\ \text{mm}=1.3\ \text{mm}$$

(3)空刀导入量、空刀退出量 空刀导入量取 3 mm，空刀退出量取 2 mm。

4.选择合理切削用量及确定圆柱内螺纹切削循环参数值

加工材料为硬铝，硬度较低，切削力较小，切削用量可选大些。具体切削用量见表 5-84。

表 5-84　车三角形内螺纹加工工艺

工步号	工步内容	刀具号	切削用量		
			背吃刀量 a_p/mm	进给速度 f/(mm/r)	主轴转速 n/(r/min)
1	车右端面	T01	1	0.2	600
2	粗车 $\phi34_{-0.1}^{\ 0}$ mm 外圆，留 0.4 mm 精车余量	T01	1.5	0.2	600
3	精车 $\phi34_{-0.1}^{\ 0}$ mm 外圆至尺寸	T01	0.2	0.1	800
4	钻 $\phi2$ mm 中心孔(手动)		2	0.1	800
5	钻 $\phi16$ mm 孔(手动)		8	0.2	400
6	车孔口倒角 $C2$(手动)	T01	1.5	0.2	600
7	调头夹住 $\phi34$ mm 外圆，车左端面，控制总长(或切断后，调头装夹)	T01	0.1～0.4	1.5	400
8	车内孔，倒角至尺寸	T03	1～2	0.2	600
9	粗、精车 M20×2 螺纹尺寸要求	T04	0.05～0.8	1.5	400

工件坐标系建立在工件右端面轴线上。

法那克系统车圆柱内螺文循环参数值：

精车重复次数：$m=2$，螺纹尾端倒角量取 $r=1.0\ P_h$，刀尖角为 60°，表示为 P021060；

最小背吃刀量：$\Delta d_{min}=0.1$ mm，表示为 Q100；

精车余量：$d=0.05$ mm，表示为 R50；

螺纹终点坐标：$X=20$ mm，$Z=-32$ mm；

螺纹起点与终点半径差：$i=0$，表示 R0；

螺纹高度：$k=0.65\ P=1.3$，表示为 P1300；

第一次背吃刀量：Δd 取 0.45 mm，表示为 Q450；

螺纹导程：$P_h=2$ mm，表示为 F2.0。

二、参考程序

1.建立工件坐标系

根据工件坐标系建立原则，工件坐标系设置在工件右端面轴线上。

2. 计算点坐标

车外圆、内孔时基点计算比较简单(略)。

3. 参考程序

(1)加工外圆、端面参考程序见表 5-85。法那克系统程序名为“O0053”。

表 5-85　法那克系统车外圆、端面参考程序

程序段号	程序内容	动作说明
N10	G40 G99 G80 G21	设置初始状态
N20	M3 S600	设置工件转速
N30	T0101	调用外圆车刀
N40	G00X0Z5	刀具移动至进刀点
N50	G01Z0F0.2	刀具车削至工件端面
N60	X34.4	车工件右端面
N70	Z-34	粗车 ϕ30 mm 外圆
N80	X36	刀具沿 X 方向退出
N90	G00Z3	刀具沿 Z 方向退回
N100	X33.95S800	刀具 X 方向进刀，转速 800 r/min
N110	G01Z-36F0.1	精车 ϕ30 mm 外圆
N120	X36	刀具沿 X 方向退出
N130	G00X100Z200	刀具沿 Z 方向退回
N140	M0	程序停，手动钻中心孔、钻孔
N150	T0202	换切槽刀
N160	M3S400	设置切断转速
N170	G00X39Z-35	刀具移至切断处(总长留 1 mm 余量)
N180	G01X15F0.08	切断工件
N190	X36F0.2	刀具沿 X 方向退出
N200	G00X100Z200	刀具退回
N210	M30	程序结束

(2)调头夹住 ϕ34 mm 外圆，用百分表校正。车端面，车内孔、内螺纹参考程序见表 5-86。法那克系统程序名为“O0054”。

表 5-86　法那克系统车内孔、车螺纹参考程序

程序段号	程序内容	动作说明
N10	G40G99G80G21	设置初始状态
N20	M3S600	设置工件转速
N30	T0101	调用外圆车刀
N40	G00X0Z5	刀具移动至进刀点
N50	G01Z0F0.2	刀具加工至工件原点
N60	X36	车端面
N70	G00X100Z200	刀具退回至换刀点
N80	M0M5	程序停、主轴停、测量
N90	M3S600	设置车内孔转速
N100	T0303	换内孔车刀

续表 5-86

程序段号	程序内容	动作说明
N110	G0X21Z5	刀具快速移动至进刀点
N120	G01Z0F0.2	刀具车削至 Z0 点
N130	X17Z-2	车内孔倒角
N140	G01Z-32	车内孔
N150	X16	刀具沿 X 方向退出
N160	G00Z3	刀具沿 Z 方向退回
N170	X21.4	刀具 X 方向进刀
N180	G01Z0F0.1	刀具进给至 Z0 点
N190	X17.4Z-2	车内孔倒角
N200	G01Z-32	车内孔
N210	X16	刀具沿 X 方向退出
N220	G00Z200	刀具沿 Z 方向退回
N230	X100	刀具 X 方向退刀
N240	M0M5	程序停、主轴停、测量
N250	M3S400	设置车螺纹转速
N260	T0404	换内螺纹车刀
N270	G00X16Z3	刀具移动至循环起点
N280	G76P021060Q100R50	
N290	G76X20Z-30R0P1300Q450F2.0	设置螺纹参数，调用螺纹切削复合循环
N300	G00X100Z200	刀具退回至换刀点
N310	M30	程序结束

【技能训练】

一、加工准备

(1)检查毛坯尺寸。

(2)开机、回参考点。

(3)输入程序。把编写好的程序通过数控面板输入数控机床。

(4)装夹工件。工件装夹在三爪自定心卡盘中，用划线盘校正，车外圆、钻孔；调头装夹用百分表校正并夹紧。

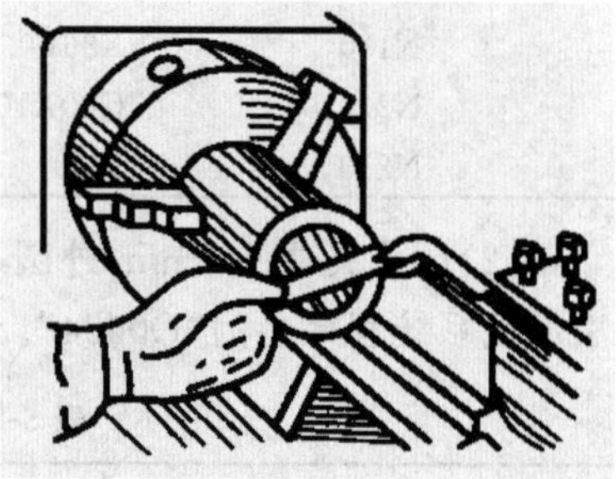

图 5-134

(5)装夹刀具。把外圆车刀、切槽刀、内孔车刀、内螺纹车刀按要求依次装入 T01、T02、T03、T04 号刀位。其中，安装切断刀、内螺纹车刀时应注意使刀头垂直于工件轴线。安装内螺纹车刀需借助于角度样板，如图 5-134 所示。中心钻、麻花钻装夹在尾座套筒内。

二、对刀

外圆车刀采用试切法对刀。调头装夹后外圆车刀、内孔车刀和内螺纹车刀仍然采用试切法对刀。其中，内螺纹车刀取刀尖为刀位点，具体对刀步骤如下：

1. *X* 轴对刀

主轴正方向转动，移动内螺纹车刀，试切内孔长 3～5 mm，刀具沿＋*Z* 方向退出，如图 5-135 所示。测出孔径大小，进行面板操作。面板操作步骤同其他刀具对刀。

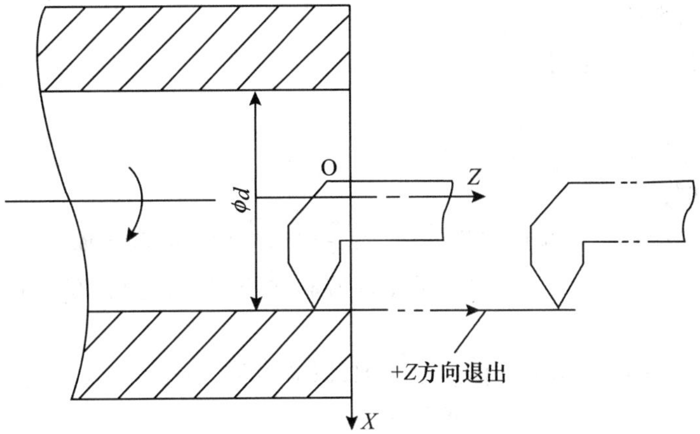

图 5-135　*X* 轴对刀示意图

2. *Z* 轴对刀

主轴停止转动，移动内螺纹车刀与工件右端面平齐，用目测方式或借助于金属直尺，如图 5-136 所示。然后进行面板操作，面板操作步骤同其他刀具对刀。

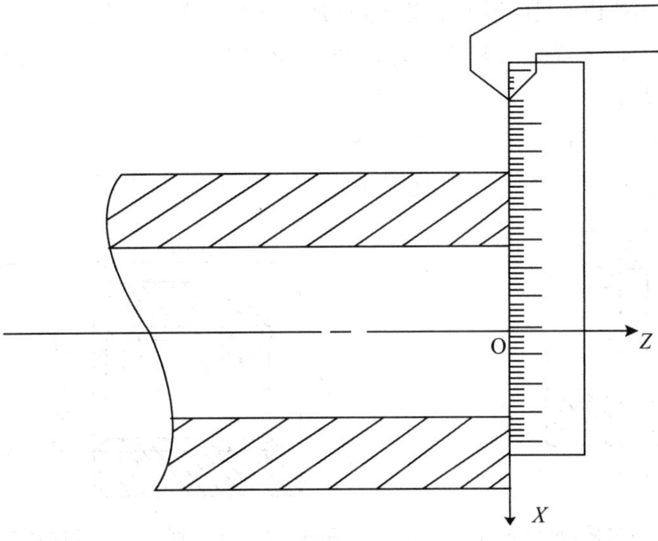

图 5-136　*Z* 轴对刀示意图

三、空运行及仿真

两个程序分别进行空运行或仿真以检测程序是否正确。

四、零件自动加工及尺寸控制

选择自动加工工作模式，打开程序，调好进给倍率，按数控启动按钮进行自动加工。加工过程中尺寸控制方法同圆柱外螺纹加工，即通过设置刀具磨损、试切、试测等方法控制外圆、内孔及内螺纹尺寸；如程序 O0054 程序运行结束后用螺纹塞规检测内螺纹尺寸。根据检测结果，修调内螺纹车刀刀具磨损量，重新运行内螺纹循环加工程序，直至通规能通过、止规通不过为止。内螺纹刀具磨损值越调越大、而不是越调越小。

五、零件检测与评分

零件加工结束后进行检测。

六、结束

加工结束,清理机床。

【操作注意事项】

(1)调头装夹工件时应用铜皮裹住外圆,防止损坏已加工外圆表面。

(2)安装内螺纹车刀,车刀刀尖要对准工件旋转中心,装得过高,车削时易震动;装得过低时,刀头下部与工件发生碰撞。

(3)车削前,应调试内孔车刀及内螺纹车刀,以防刀体,刀杆与内孔发生干涉。

(4)调头装夹加工,所有刀具都应重新对刀。

(5)法那克系统使用内螺纹循环车刀应处于循环起点位置(在内孔直径以内)。

【资料链接】

不通孔内螺纹和台阶孔内螺纹的车削:不通孔内螺纹和台阶孔内螺纹的编程、加工方法同通孔内螺纹,不同的是内螺纹车刀的退刀位置有严格要求,不然会发生撞刀和扎刀现象,通常采用这样两种方法解决。

(1)车内螺纹前,内孔长度足够退刀距离或在内螺纹终点处设置内螺纹退刀槽,如图 5-137 所示。

(2)使用螺纹加工指令或螺纹复合循环指令时,控制空刀退出量大小,避免撞刀。

【思考题与练习题】

1. 车削内螺纹前底孔直径如何确定?

2. 编写图 5-137 和图 5-138 所示零件程序并加工练习,材料为硬铝。

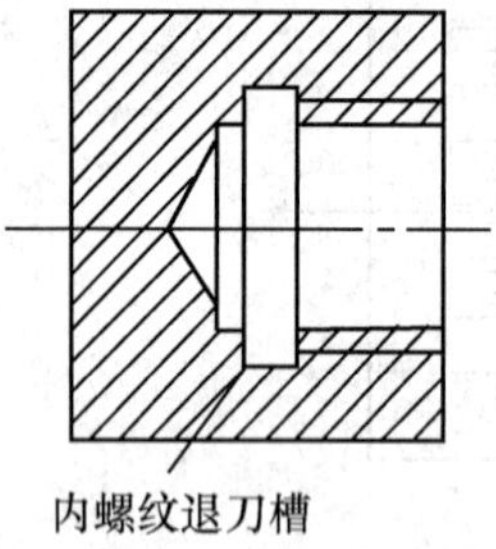

图 5-137 内螺纹退刀槽(尺寸自拟)

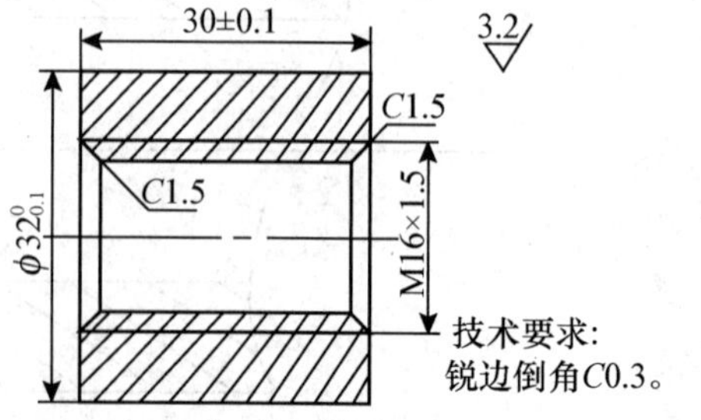

图 5-138 三角形圆柱内螺纹加工练习零件图

任务 7 宏指令应用

知识点:

掌握 B 类常用宏指令。

技能点:

能编制典型非圆曲线的宏程序。

【任务引入】

用 FANUC 系统宏指令加工如图 5-139 椭圆非圆曲线零件。

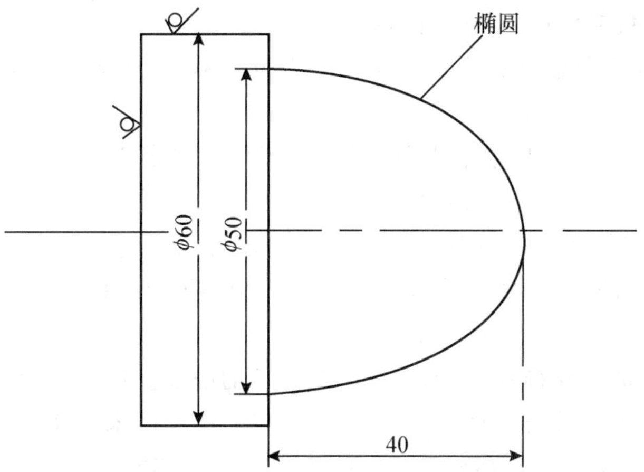

图 5-139　椭圆非圆曲线零件图

椭圆是典型的非圆曲线，常见的非圆曲线还包括抛物线和双曲线等。目前数控系统都还没有提供完善的非圆曲线插补功能。本任务讲述 FANUC 系统宏指令应用，0i 系统使用 B 类宏指令，在 0 系列的早期版本中，曾经使用 A 类宏指令，主要特征为使用 G65 代码作为宏指令专用代码，包括宏变量的赋值、运算、条件调用等。B 类宏指令功能相对 A 类而言，其功能更强大，编程更直观。

【相关知识】

一、变量

1. 变量的表示

FANUC 系统使用“＃”表示变量，例如：＃1、＃100 等。变量根据变量号可以分成四种类型。见表 5-87。

表 5-87　变量的类型

变量号	变量类型	功能
＃0	空变量	该变量总是空，任何值都不能赋给该变量
＃1～＃33	局部变量	局部变量只能用在宏程序中存储数据，例如，运算结果。当断电时，局部变量被初始化为空。调用宏程序时，自变量对局部变量赋值
＃100～＃109 ＃500～＃999	公共变量	公共变量在不同的宏程序中的意义相同。当断电时，变量＃500～＃999 的数据保存，即使断电也不会丢失
＃1 000 以上	系统变量	系统变量用于读写 CNC 运行时的各种数据，例如，刀具当前位置和补偿

2. 关于变量的说明

(1)变量引用时，为在程序中使用变量值，指定后跟变量号的地址。当用表达式指定变量时，要把表达式放在括号中，例如，G0X[＃1＋＃2]F＃3。式中 X 后的坐标值即是由＃1、＃2 这两个变量组成的表达式来表示。

(2)表达式可以用于指定变量号。此时，表达式必须封闭在括号中，例如，＃[＃1＋＃2－12]。

注意：

①宏程序中，方括号用于封闭表达式，圆括号只表示注释内容，使用变量时必须注意，

FANUC 系统通过参数来切换圆括号和方括号。

②表达式可以表示变量号和变量。这两者并不一样，例如，X#[#1+#2]并不等于 X[#1+#2]。

③当在程序中定义变量时，小数点可以省略。例如，当定义 #1=123；变量 #1 的实际值是 123.000。

④被引用变量的值根据地址的最小设定单位自动舍入。例如，当 G00X#1；以 0.001 mm（由数控机床的最小脉冲当量决定）的单位执行时，CNC 把 12.3456 赋给变量 #1，实际指令值为 G00X12.346。

⑤改变引用的变量值的符号，要把负号放在"#"的前面。例如：G00X−#1。

⑥当变量值未定义时，这样的变量成为"空"变量。当引用未定义的变量时，变量及地址字都被忽略。例如，当变量 #1 的值是 0，并且变量 #2 的值是空时，G00X#1Z#2 的执行结果为 G00X0。

⑦变量 #0 总是空变量。它不能写，只能读。

二、变量的运算

1. 算术、逻辑运算和运算符(表 5-88)

表 5-88 变量的算术、逻辑运算和运算符

功能	格式	备注
定义	#i=#j	
加法	#i=#j+#k;	
减法	#i=#j−#k;	
乘法	#i=#j*#k;	
除法	#i=#i/#k:	
正弦	#i=SIN[#j];	角度以度指定。90°30′表示为 90.5°
反正弦	#i=ASIN[#j];	
余弦	#i=COS[#j];	
反余弦	#i=ACOS[#j];	
正切	#i=TAN[#j];	
反正切	#i=ATAN[#j]/[#k];	
平方根	#i=SQRT[#j];	
绝对值	#i=ABS[#j];	
舍入	#i=ROUND[#j];	
上取整	#i=FUP[#j];	
下取整	#i=FIX[#j];	
自然对数	#i=LN[#j];	
指数函数	#i=EXP[#j];	
或	#i=#j OR #k	逻辑运算一位一位地按二进制数执行
异或	#i=#j XOR #k;	
与	#i=#j AND #k;	
从 BCD 转为 BIN	#i=BIN[#j];	用于与 PMC 的信号交换
从 BIN 转为 BCD	#i=BCD[#j];	

2. 关于运算符的说明

(1)角度单位。函数 SIN、COS、ASIN、ACOS、TAN 和 ATAN 的角度单位是度(°)。

(2)上取整和下取整。CNC 处理数值运算时,若操作后产生的整数绝对值大于原数的绝对值时为上取整;若小于原数的绝对值为下取整。对于负数的处理应小心。

例如:假定#1=1.2,并且#2=-1.2。

当执行#3=FUP[#1]时,2.0 赋给#3。

当执行#3=FIX[#1]时,1.0 赋给#3。

当执行#3=FUP[#2]时,-2.0 赋给#3。

当执行#3=FIX[#2]时,-1.0 赋给#3。

(3)运算符的优先级。按照优先的先后顺序依次是函数→乘和除运算(*、/、AND、MOD)→加和减运算(+、-、OR、XOR)。

(4)括号嵌套。括号用于改变运算优先级。括号最多可以嵌套使用 5 级,包括函数内部使用的括号。

三、功能语句

1. 无条件转移(GOTO)语句

转移到有顺序号 n 的程序段。

格式:

GOTOn;n 指行号

例如:

GOTO1;转移至第一行

GOTO#10;转移至变量#10 所决定的行

2. 运算符(表 5-89)

表 5-89　运算符

运算符	含义	运算符	含义
EQ	等于(=)	GE	大于或等于(≥)
NE	不等于(≠)	LT	小于(<)
GT	大于(>)	LE	小于或等于(≤)

3. 条件转移(IF)语句

IF[表达式] GOTOn

说明:如果指定的条件表达式满足时,转移到标有顺序号 n 的程序段;如果指定的条件表达式不满足时,则执行下一个程序段。

IF[表达式]THEN

说明:如果表达式满足,执行预先决定的宏程序语句,且只执行一个宏程序语句。例如,条件语句 IF[#1EQ#2] THEN#3=0 表示如果#1 和#2 的值相同,0 赋给#3。

4. 循环功能(WHILE)语句

格式:WHILE [表达式] DOm;(m=1,2,3)

……

ENDm

说明：在 WHILE 后指定一个条件表达式，当指定条件满足时，执行从 DO 到 END 之间的程序；否则，转到 END 后的程序段。

四、宏程序

1. 宏程序的意义

在程序编制过程中，往往有很多形状相同或相近，但尺寸不同的零件结构特征，每次都重新编制程序就显得十分烦琐，实际上可以使用变量、算术和逻辑运算及条件转移指令在子程序中体现零件的走刀过程。运用宏指令编制出的子程序就称为宏程序。

由于宏程序使用变量表示走刀位置点，使用前必须对变量赋确定的值。宏程序在使用时，可以通过一条简单指令调出。

2. 宏程序的编制示例

说明：图 5-140 所示形状是比较典型的零件结构，它包括编制圆弧插补切削和直线插补退刀的单一固定形状的宏程序。

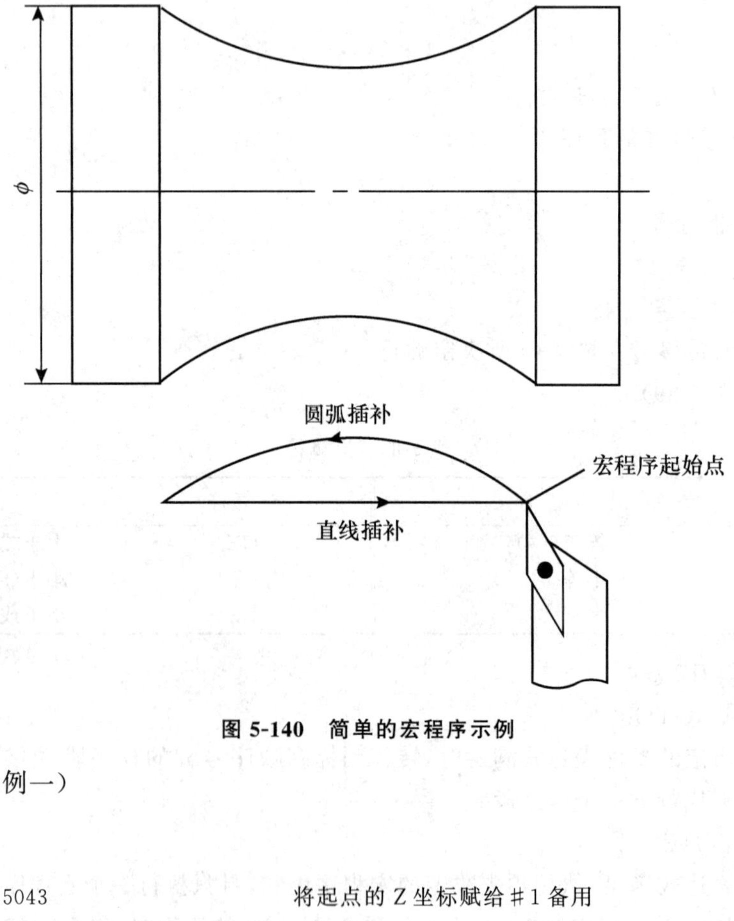

图 5-140 简单的宏程序示例

程序示例(例一)

```
O4023
N10 ＃1＝＃5043              将起点的 Z 坐标赋给＃1 备用
N20 G2 Z＃26 R＃18 F＃9      圆弧插补
N30 G1 Z＃1 F0.5             退刀
N40 M99
```

五、宏程序的调用

1. M98 调用

使用 M98 方式调用和子程序调用格式一样，但在使用前必须了解宏程序使用了哪些变量，并对变量赋值。

2. G65 调用

G65 指令称为宏程序非模态调用指令(与 G65 对应的有宏程序模态调用指令 G66)。

格式：G65P××L××自变量地址

说明：P 为宏程序号。L 为调用次数，缺省为 1 次。自变量地址为用户使用系统提供的自定义地址号表达的变量值。

相关知识：自变量地址，G65 使用时无须使用诸如“#1=2.0”之类的赋值方式，系统对多个变量提供了与之对应的地址号，使用时只需用地址号来表示变量即可。变量的详细对应地址参见表 5-90。

表 5-90　自变量定义

地址	变量号	地址	变量号	地址	变量号
A	#1	I	#4	T	#20
B	#2	J	#5	U	#21
C	#3	K	#6	V	#22
D	#7	M	#13	W	#23
E	#8	Q	#17	X	#24
F	#9	R	#18	Y	#25
H	#11	S	#19	Z	#26

使用示例(调例一的宏程序)：

G1X30. Z-10. F1.0；至宏程序起点

G65P4023Z-30. R25. F0.15；表示调用子程序(O4023)1 次(L 地址缺省)，子程序中所用参数，如圆弧 Z 向终点坐标#26 直接用 Z 地址赋值，半径参数#18 直接用 R 地址赋值，进给字参数用#9 赋值

……

3. 自定义 G 代码调用

说明：使用系统提供的 G 代码调用功能可以将宏程序调用设计成指令的形式(也可以使用其他代码，如 M 代码调用)。系统用参数对应以特定的程序号命名的宏程序，见表 5-91。

表 5-91　程序号与参数号之间的对应关系

程序号	参数号	程序号	参数号
O9010	6050	O9015	6055
O9011	6051	O9016	6056
O9012	6052	O9017	6057
O9013	6053	O9018	6058
O9014	6054	O9019	6059

这里将例一表达的宏程序定义为单一固定形状循环指令 G93。要实现 G93 指令调用还要进行以下步骤：先将宏程序名改为上表中的一个，如 O9010；再将对应参数 6050 中的值改为"93"。

使用示例：(调用例一的宏程序)：

……

G1X30. Z-10. F1. 0；至宏程序起点

G93Z-30. R25. F0. 15

……

提示：通过上述介绍，完全可以借助系统提供的二次开发功能定制出个性化的宏程序，例如，可以将例一中刀具轨迹路径定制在宏程序中，然后通过 G65 方式或直接用 G 代码调用。常见结构的宏程序定制是有效提高编程效率的手段之一。

【任务实施】

一、编程思路及技巧

用计算参数编制非圆数学曲线的原理

当采用不具备非圆曲线插补功能的数控系统编制加工非圆曲线轮廓的零件时，往往采用短直线或圆弧去近似替代非圆曲线，这种处理方式称为拟合处理。拟合线段中的交点或切点称为节点。

非圆曲线拟合的方法很多，主要包括等步距法等误差法等。其中等步距法短直线拟合由于数学算法和程序编制都比较简单，因此应用比较广泛。

非圆曲线的拟合实质是将曲线离散后，用短直线或圆弧来替代，因此必然存在一定的拟合误差。从图 5-141 中可以看出，对于等步距法短直线拟合，减小步距可以提高拟合精度。此外，将直线拟合用圆弧来替代也可以提高拟合精度。

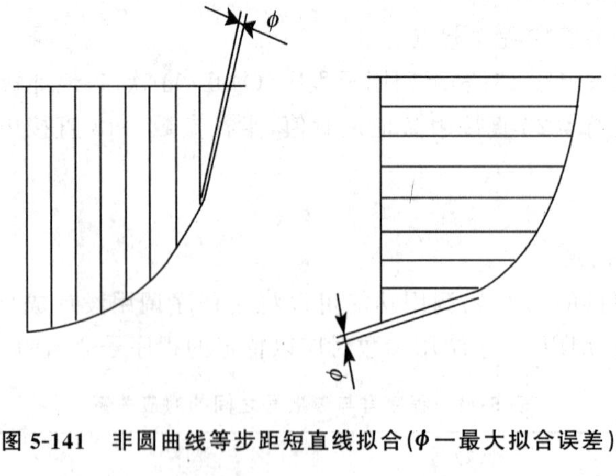

图 5-141　非圆曲线等步距短直线拟合(ϕ—最大拟合误差)

圆弧拟合的方法对具有非圆曲线的特征面进行粗加工，有计算机辅助设计软件的支持这很容易办到。本例中使用宏指令进行粗加工，采用单一形状固定循环指令 G90 分层粗切削，主要是通过宏指令计算 G90 指令每次的指令坐标来实现。本例的主要编程步骤为：G90 方式分层粗加工→椭圆外形粗加工至余量→椭圆精加工。

二、编制加工程序

程序名 O4022

N10	T0101	93°外圆车刀
N20	G00 X60. Z0.5 S800 M3	
N30	G90 X50.5 Z－39.8 F0.3	车削阶台
N40	G00 X50.	
N50	＃1＝25	赋长轴坐标(X坐标)初值
N60	＃1＝＃1－4	
N70	＃2＝SQRT[160－2.56 ＊＃1＊＃1]	根据椭圆方程计算Z坐标绝对值
N80	G90X[2＊＃1＋0.5]Z[＃2－40＋0.2]	单一固定循环分层粗切削，并预留X向精加工余量0.5 mm，Z向0.2 mm
N90	IF[＃1 GT 0]GOTO60	粗切循环语句
N100	Gl X0.5 Z0.2	至椭圆半精加工起点
N110	＃1＝0	半精加工循环赋X坐标初值
N120	＃1＝＃1＋0.2	半精加工循环步距赋值
N130	＃2＝SQRT[ABS[1600－2.56＊＃1＊＃1]]	
N140	G1X[2＊＃1＋0.5]Z[＃2－40＋0.2]	留X向精加工余量0.5 mm，Z向0.2 mm
N150	IF[＃1 LT 25] GOTOl20	
N160	Gl Z0	至椭圆精加工起点
N170	X0	
N180	＃1＝0	精加工循环赋X坐标初值
N190	＃1＝＃1＋0.05	精加工循环步距赋值
N200	＃2＝SQRT[ABS[1600－2.56＊＃1＊＃1]]	
N210	G1X[2＊＃1]Z[＃2－40]F0.15	直线拟合加工椭圆
N220	IF[＃1 LT 25]GOTO190	精切循环语句
N230	G1 Z－40	
N240	X61	
N250	G28 U0 W0	
N260	M30	

【编程提示】

使用椭圆的参数方程作为计算依据进行编程可以取得更好的表面精度，特别是对长短轴差距较小的椭圆。

【知识链接】

数控加工程序中的程序字一般是由字母和两位数字组成，在程序中必须给每个程序字的数值部分赋以确定的值才能完全确定程序的功能及刀具的动作路径。我们可以使用计算参数(也称为变量、宏指令)来代替程序字中的数值。在运行带有参数的程序段之前，必须给参数赋以确定的值。

在程序中使用计算参数功能可以有以下运用方式：

(1)在程序中使用计算参数求取特定点的坐标数值。对于某些必须通过图样已标注尺寸间接求出的尺寸数值，往往需要事先通过CAD软件的CAM(计算机辅助图形设计)功能或是数学方式求出这些点的坐标数值。也可以通过数控系统提供的数学计算功能和计算参数在程序中求得这些点的坐标。

(2)并不是所有的数学曲线都可以由插补指令来完成,比如绝大多数数控系统仅仅提供了直线和圆弧插补功能。如果加工对象的轮廓是其他曲线(比如加工一只椭圆的手柄),则需要根据曲线拟合的数学模型,使用数控系统提供的计算参数和程序跳转指令编制出各种曲线的数控加工程序。

(3)对于某些具有相同特征的常用结构(形状类似尺寸可能不同),为避免编程的重复,我们可以将加工此类结构的程序段编制在子程序当中,其中描述此结构的尺寸变量通过计算参数来编制。在实际加工中遇到此类结构时,即可以给计算参数赋值后直接调用该子程序。

(4)使用计算参数或宏指令功能定制指令。通过多种数控系统的学习,不难发现某些系统的复合循环指令非常有用,但在另一些系统却没有此功能。这时就需要使用数控系统的强大的宏功能来定制出适用的复合循环指令,这实际上也是对数控系统的控制软件的二次开发。

由于 CAM 软件的普及,实际使用中已不用在程序中来运算求出特征值。但作为一个专业的数控技术运用人才,懂得各种计算参数功能的应用仍是十分必要的。

【宏程序练习】

一、FANUC Oi 数控系统车削椭圆曲线类零件的用户宏程序

编制一个车削加工如图 5-142 所示点有椭圆过渡的零件类通用程序,假设毛坯外径为 $\phi X1$,过渡外径为 $\phi X2$,椭圆短半轴为 a,长半轴为 b;使用变量(或参数)编制此类零件的宏程序。

工艺分析:车削图 5-142 所示一段椭圆的回转零件时,一般采用直线逼近(也叫拟合)法,即在 Z 向分段,以 0.2~0.5 为一个步距,并把 Z 作为自变量,X 作为 Z 的函数。我们可以编制一个只用变量不用具体数据的宏程序,然后在主程序中调用该宏程序的用户宏指令段为上述变量赋值。这样,对于不同的椭圆、不同的起始点和不同的步距,不必更改程序,而只要修改主程序中用户宏指令段内的赋值数据就可以了。

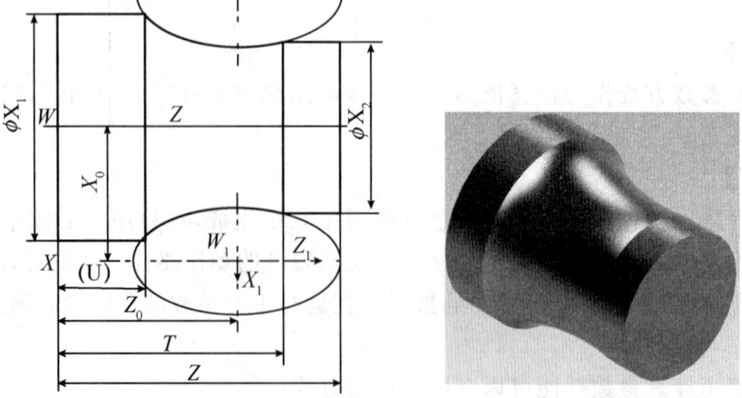

(a) 零件图　　(b) 效果图

图 5-142　椭圆过渡类零件示意图

椭圆的一般方程：

$$\frac{X^2}{a^2}+\frac{Z^2}{b^2}=1$$

在第三、四象限内可转换为：

$$X=a\sqrt{1-\frac{Z^2}{b^2}}$$

用变量来表达上式为：

＃19＝＃1＊SQRT[1－[＃20＊＃20]/[＃2＊＃2]]

或 ＃19＝－＃1＊SQRT[1－[＃20＊＃20]/[＃2＊＃2]]

根据上述工艺分析，可画出图5-142宏程序的结构流程图，如图5-143所示。自变量含义：

＃24＝X0；$X0$：椭圆对称中心 X 绝对坐标值

＃26＝Z0；$Z0$：椭圆对称中心 Z 绝对坐标值

＃1＝a；a：X 向椭圆短半轴长度

＃2＝b；b：Z 向椭圆短半轴长度

＃19＝X2；$X2$：椭圆轮廓的起始点工件 X 坐标值

＃20＝Z2；$Z2$：椭圆轮廓的起始点工件 Z 坐标值

＃21＝U；U：圆轮廓的终点工件 Z 坐标值

＃6＝K；K：递变量（凹椭圆为负，凸椭圆为正）

＃9＝F；F：切削速度

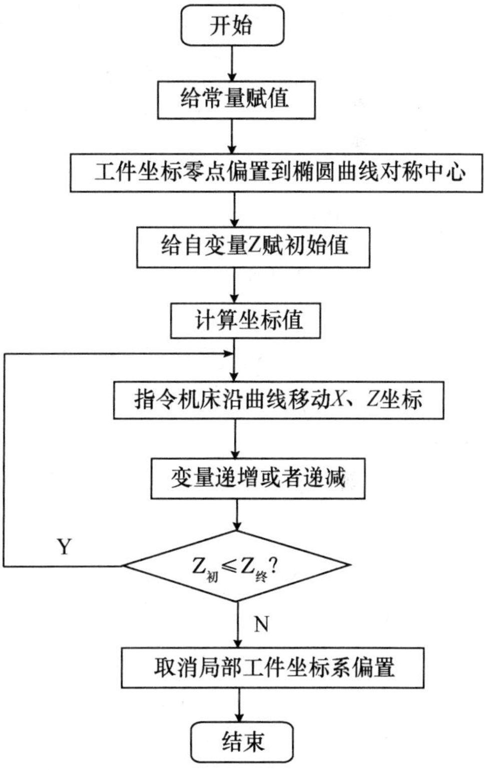

图5-143　椭圆宏程序结构流程框图

主程序如下：

O××××；主程序名

N010G18G99G97G21G95G90G54G40；工艺加工状态设置

…

N050T0202；调用精加工车削椭圆曲线轮廓的刀具

N055M03S1000；切换精加工转速

N060G65P31X_Z_A_B_S_T_U_K_F_；调用车削椭圆曲线零件的用户宏程序

…

N085M05；主轴停止

N090M30；程序结束并返回程序开头

O31；用户宏程序名

N005G52X＃24Y＃26；以椭圆对称中心设定局部工件坐标系

N010＃19＝＃1＊SQRT[1－[＃20＊＃20]/[＃2＊＃2]]；椭圆上任一点 X 坐标值计算

N015G01X＃19Z＃20F＃9;直线插补椭圆

N020＃20＝＃20－＃6;步距轴向叠减

N025IF[＃20GE＃21]GOTO10;如果＃20 大于或等于＃21,则程序跳转到 N010 程序段

N030G52X0Z0;取消局部工件坐标系偏置

N035M99;子程序结束并返回主程序

二、椭圆宏程序编程实例(*X* 变量)

1. 毛坯规格

毛坯直径 50 mm,长度 50 mm。

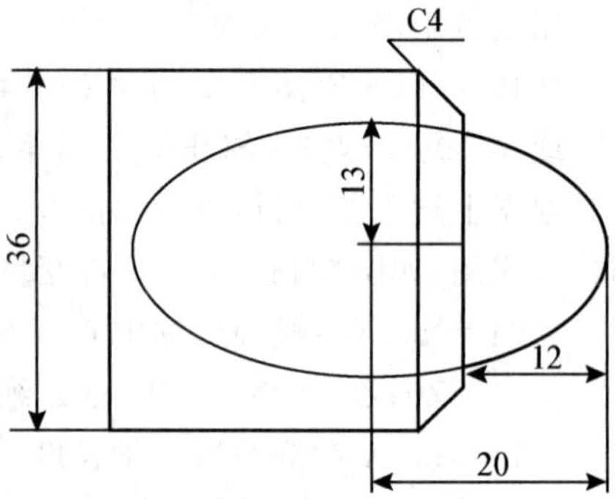

2. 计算过程

长半轴 $A=20$,短半轴 $B=13$

计算从圆心往外反,根据椭圆公式得:

$$Z^2/A^2+X^2/B^2=1$$

$$8^2/20^2+X^2/13^2=1$$

$$X=11.912$$

3. 参考程序

N10	T0101M03S500	93°外圆车刀
N20	G00X50Z0.5	
N30	G90X46Z－12F0.15	车削台阶
N40	X42	
N50	X38	
N60	X34	
N70	X30	
N80	X26.5	
N90	G00X23.82	
N100	＃1＝11.91	赋长轴坐标(*X* 坐标)初值
N110	＃1＝＃1－1.2	
N120	＃2＝SQRT[400－400\161＊＃1＊＃1]	根据椭圆方程计算 *Z* 坐标绝对值
N130	G90X[2＊＃1＋0.5]Z[＃2－20＋0.2]F0.15	单一固定循环分层粗切削,并预留 *X* 向精加工余量 0.5 mm,*Z* 向 0.2 mm
N140	IF[＃1 GT 0]GOTO110	粗切循环语句
N150	G01X0.5Z0.2	至椭圆半精加工起点
N160	＃1＝0	半精加工循环赋 X 坐标初值
N170	＃1＝＃1＋0.2	半精加工循环步距赋值
N180	＃2＝SQRT[ABS(400－400\169＊＃1＊＃1)]	
N190	G01[2＊＃1＋0.5]Z[＃2－20＋0.2]	留 *x* 向精加工余量 0.5 mm,*Z* 向 0.2 mm
N200	IF[＃1LT11.91]GOTO 170	
N210	G01Z0	至椭圆精加工起点
N220	X0	
N230	＃1＝0	精加工循环赋 X 坐标初值

```
N240    #1=#1+0.05                            精加工循环步距赋值
N250    #2=SQRT[ABS(400-400\169*#1*#1)]
N260    G01X[2*#1]Z[#2-20]F0.1                直线拟合加工椭圆
N270    IF[#1LT11.91]GOTO 240                 精切循环语句
N280    G01X28
N290    X36Z-16
N300    G00X100Z100
N310    M30
```

三、抛物线类零件的宏程序

(1)编制一个车削加工如图 5-144 所示具有抛物线曲线类的零件通用程序，假设抛物线开口距离为 V，抛物线方程为 $Y^2=-2PX$。

工艺分析：车削图 5-144 所示抛物线形状的回转零件时，假设工件坐标原点在抛物线顶点上，采用直线逼近(也叫拟合)法，即在 X 向分段，以 0.2～0.5 mm 为一个步距，并把 X 作为自变量，Z 作为 X 的函数。为了适应不同的抛物线曲线(即不同的对称轴和不同的焦点)、不同的起始点和不同的步距，我们可以编制一个只用变量不用具体数据的宏程序，然后在主程序中呼出该宏程序的用户宏指令段内为上述变量赋值。这样，对于不同的抛物线、不同的起始点和不同的步距，不必更改程序，而只要修改主程序中用户宏指令段内的赋值数据就可以了。

抛物线的一般方程：

$$X^2=\pm 2PZ(\text{或 } Z^2=\pm 2PX)$$

可转换为：

$$Z=\pm X^2/2P(\text{或 } X=\pm Z^2/2P)$$

用变量来表达上式为：

#26=±[#24*#24]/[2*#16]

或　　#24=±[#26*#26]/[2*#16]

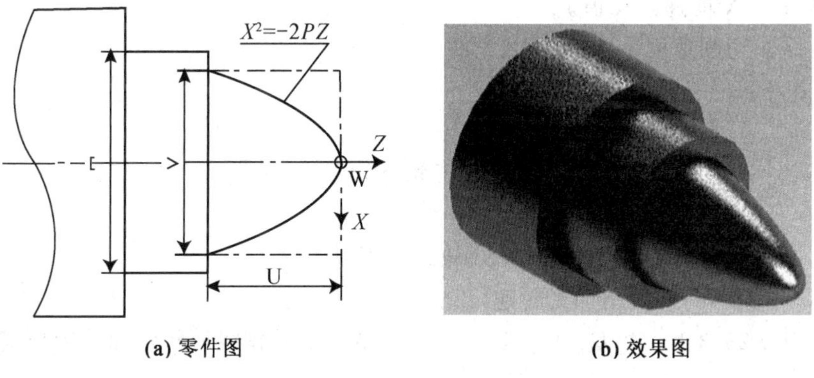

(a) 零件图　　(b) 效果图

图 5-144　抛物线曲线类零件示意图

根据上述工艺分析，可画出图 5-144 宏程序的结构流程框图，如图 5-145 所示。

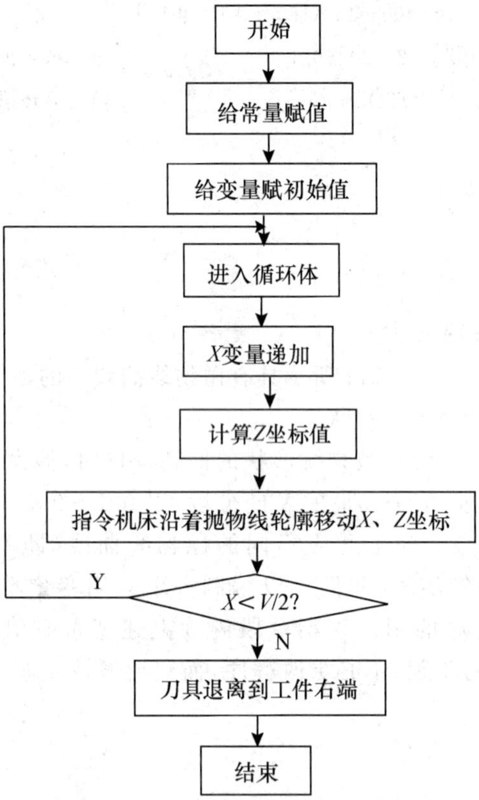

图 5-145 双曲线宏程序结构流程框图

FANUC 0i 数控系统对抛物线曲线类零件精车削的用户宏程序

自变量含义：

＃24＝X^0；X^0—抛物线顶点的工件坐标横向绝对坐标值。

＃26＝Z^0；Z^0—抛物线顶点的工件坐标纵向绝对坐标值。

＃17＝Q；Q—抛物线焦点坐标在 Z 轴上绝对坐标值的 2 倍（P）。

＃22＝V；V—抛物线的开口距离。

＃6＝K；K—X 向递减均值。

＃9＝F；F—切削速度。

主程序如下：

O× × × ×；主程序名

N010 G18 G99 G97 G54 G40；工艺加工状态设置

…

N100 T0404；调用精加工车削抛物线轮廓的刀具

N105 M03 S1000；切换精加工转速

N110 G65 P2313 X_ Z_ Q_ V_ K_ F_；调用精车削抛物线形状轮廓的用户宏程序

…

N155 M05；主轴停止

N160 M30;程序结束并返回程序开头

用户宏程序如下:

O2313;宏子程序名

N010 G00 X＃24 Z[＃26＋5];刀具快速接近抛物线顶点处

N020 G01 Z＃26 F[2＊＃9];以工进速度直线插补到抛物线顶点

N030 ＃24＝＃24－＃6;X向步距均值递减

N040 ＃26＝－[＃24＊＃24]/[2＊＃17];由 *X* 值计算抛物线上任一点 *Z* 坐标值

N050 G01 X＃24 Z＃26 F＃9;沿着抛物线作线插补

N060 IF[＃24LT＃22/2] GOTO30;如果＃24小于＃22/2,则跳转到N030程序段

N070 G01 X＃22 Z＃26F[3＊＃9];斜线退到工件右端面外

N080 M99;子程序结束并返回到主程序

(2)抛物线宏程序编程实例(*X* 变量)

毛坯直径30 mm,长度50 mm

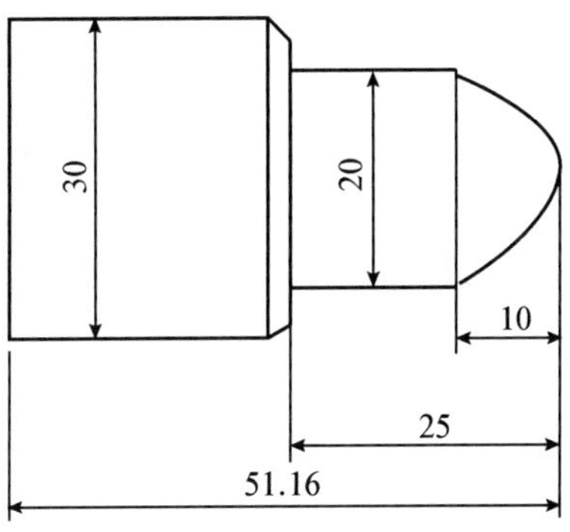

$Z=-X^2/10$

参考程序:

O6655		
N10	T0101M03S500	93°外圆车刀
N20	G00X31Z2	
N30	G90X27Z-10F0.15	车削台阶
N40	X23	
N50	X20.5	
N60	G00X20	
N70	＃1＝10	赋长轴坐标(*X* 坐标)初值
N80	＃1＝＃1－0.8	
N90	＃2＝－[＃1＊＃1/10]	根据抛物线方程计算 *Z* 坐标绝对值
N100	G90X[2＊＃1＋0.5]Z[＃26＋0.2]F0.15	单一固定循环分层粗切削,并预留 *X* 向精加工余量0.5 mm,*Z* 向0.2 mm
N110	IF[＃1GT0]GOTO80	粗切循环语句
N120	G01X0.5Z0.2	至抛物线半精加工起点
N130	＃1＝0	半精加工循环赋 *X* 坐标初值

N140	＃1＝＃1＋0.2	半精加工循环步距赋值
N150	＃2＝－[＃1＊＃1/10]	
N160	G01X[2＊＃1＋0.5]Z[＃2＋0.2]	留 x 向精加工余量 0.5 mm，Z 向 0.2 mm
N170	IF[＃1LT10]GOTO140	
N180	G01Z0	至抛物线精加工起点
N190	X0	
N200	＃1＝0	精加工循环赋 X 坐标初值
N210	＃1＝＃1＋0.05	精加工循环步距赋值
N220	＃2＝－[＃1＊＃1/10]	
N230	G01X[2＊＃1]Z[＃2]F0.1	直线拟合加工抛物线
N240	IF[＃1LT10]GOTO210	精切循环语句
N250	G01X25	
N260	G00X100Z100	
N270	M05	
N280	M30	

【思考题与练习题】

本任务中为了理解的方便，存在着较多的空行程段，你能根据所学内容将此程序重新调整，使其加工效率更高吗？

华中世纪星数控系统典型零件的加工　模块 6

华中世纪星（HNC-21/22T）是一套基于 PC 的车床 CNC 数控系统，是武汉华中数控股份有限公司在国家八五、九五科技攻关重大科技成果——华中 II 型（HNC-1T）高性能数控装置的基础上，为满足市场要求，进一步开发的高性能经济型数控装置。本模块结合典型零件的加工，重点介绍与 FANUC 数控系统知识点的不同部分，参照模块五 FANUC 系统学习会更便于理解和掌握。

任务 1　华中数控系统的基本操作

知识点：

熟悉标准机床的控制面板及各按键的功能。

技能点：

掌握数控车床的基本操作。

【任务引入】

熟悉机床的控制面板（图 6-1）是学习华中世纪星系统的基本前提，为进一步熟练操作机床打下良好的基础。

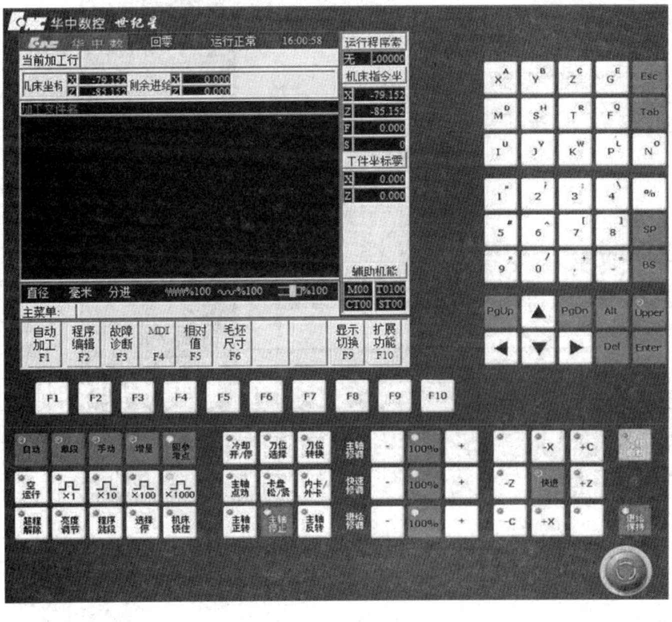

图 6-1　华中世纪星车床数控装置操作台

【相关知识】

一、MPG 手持单元

MPG 手持单元由手摇脉冲发生器，坐标轴选择开关组成，用于手摇方式增量进给坐标轴。MPG 手持单元的结构如图 6-2 所示（外观以实际定货为准）。

图 6-2 MPG 手持单元结构

二、软件操作界面

HNC-21/22T 的软件操作界面如图 6-3 所示。其界面由如下几个部分组成：

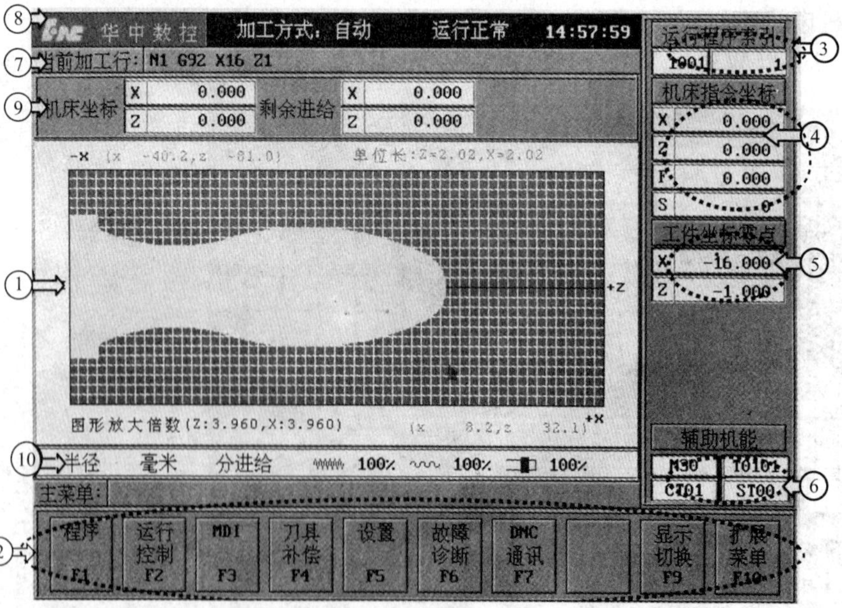

图 6-3 HNC-21/22T 的软件操作界面

1. 图形显示窗口

可以根据需要，用功能键 F9 设置窗口的显示内容。

2. 菜单命令条

通过菜单命令条中的功能键 F1～F10 来完成系统功能的操作。

3. 运行程序索引

自动加工中的坐标值。

4. 选定坐标系下的坐标值

坐标系可在机床坐标系/工件坐标系/相对坐标系之间切换。

显示值可在机床指令位置/实际位置/剩余进给/跟踪误差/负载电流/补偿值之间切换(负载电流只对 11 型伺服有效)。

5. 工件坐标零点

工件坐标系零点在机床坐标系下的坐标。

6. 辅助机能

自动加工中的 M、S、T 代码。

7. 当前加工程序行

当前正在或将要加工的程序段。

8. 当前加工方式、系统运行状态及当前时间

工作方式:系统工作方式根据机床控制面板上相应按键的状态可在自动(运行)、单段(运行)、手动(运行)、增量(运行)、回零、急停、复位等之间切换。

运行状态:系统工作状态在“运行正常”和“出错”之间切换。

系统时钟:当前系统时间。

9. 机床坐标、剩余进给

机床坐标:刀具当前位置在机床坐标系下的坐标。

剩余进给:当前程序段的终点与实际位置之差。

10. 直径/半径编程、公制/英制编程、每分进给/每转进给、快速修调、进给修调、主轴修调

三、软件菜单功能

操作界面中最重要的一块是菜单命令条。系统功能的操作主要通过菜单命令条中功能键 F1～F10 来完成。由于每个功能包括不同的操作,菜单采用层次结构,即在主菜单下选择一个菜单项后,数控装置会显示该功能下的子菜单,用户可根据该子菜单的内容选择所需的操作,如图 6-4。当要返回主菜单时,按子菜单下的 F10 键即可。

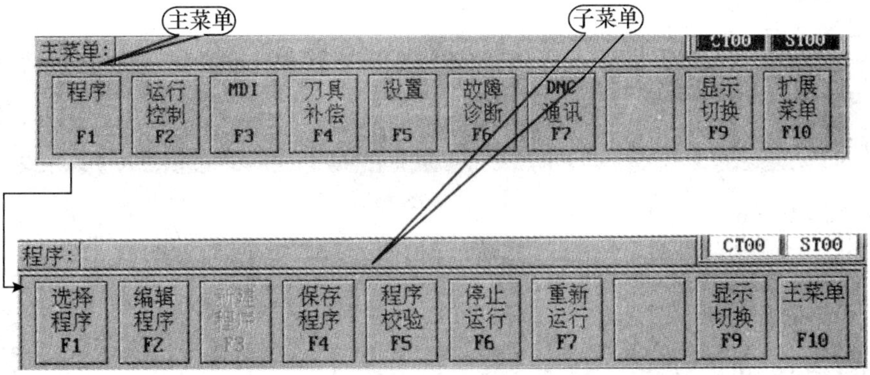

图 6-4　菜单层次

注意：本系统约定用 F1→F4 格式表示在主菜单下按 F1 键，然后在子菜单下按 F4 键。

1. 第一级菜单（主菜单）

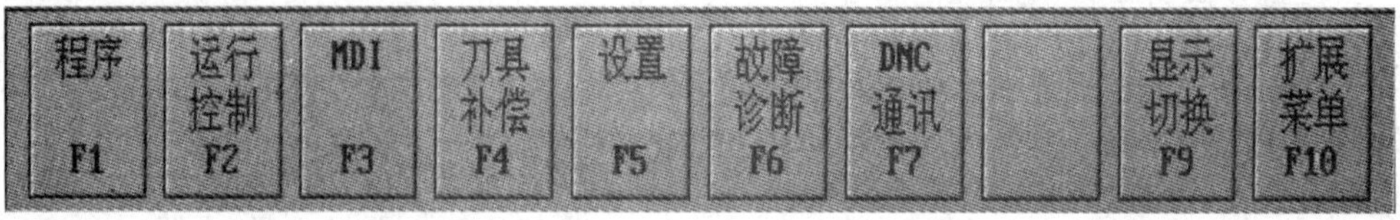

2. 第二级菜单

(1)程序(F1)。

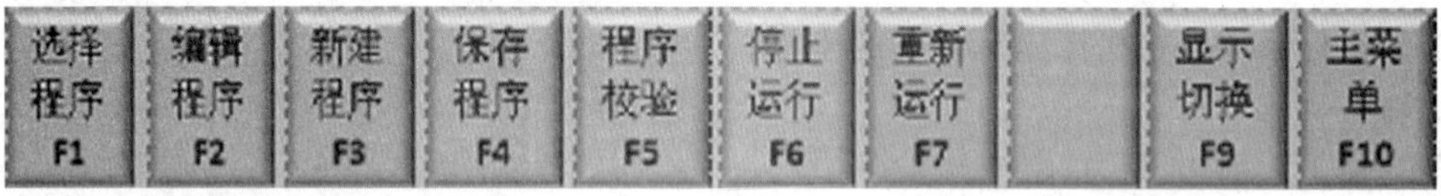

(2)运行控制(F2)。

(3)MDI(F3)。

(4)刀具补偿(F4)。

(5)设置(F5)。

(6)故障诊断(F6)。

(7)扩展菜单(F10)。

3.第三级菜单

(1)刀偏表(F4-F1)。

(2)坐标系设定(F6-F1)。

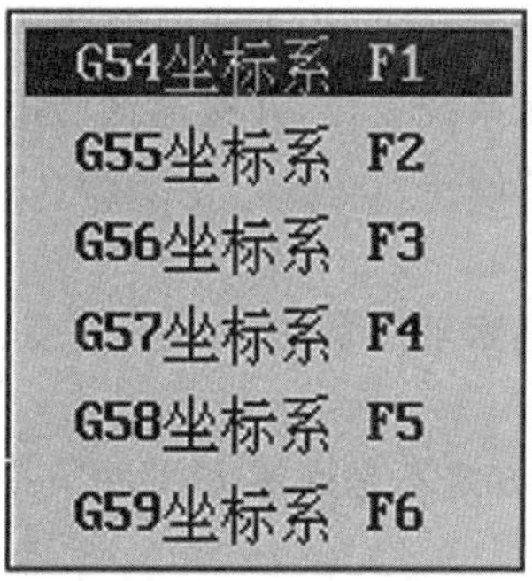

(3)PLC(F10-F1)。

(4)参数(F10-F3)。

(5)后台编辑(F10-F8)。

【任务实施】

一、上电、关机、急停

1. 上电

(1)检查机床状态是否正常。

(2)检查电源电压是否符合要求,接线是否正确。

(3)"急停"按钮。

(4)机床上电。

(5)数控上电。

(6)检查风扇电机运转是否正常。

(7)检查面板上的指示灯是否正常。

接通数控装置电源后,HNC-21/22T 自动运行系统软件。此时,液晶显示器显示如图 6-3 所示系统上电屏幕(软件操作界面),工作方式为"急停"。

2. 复位

系统上电进入软件操作界面时,初始工作方式显示为"急停",为控制系统运行,需左旋并拔起操作台右上角的"急停"按钮使系统复位,并接通伺服电源。系统默认进入"回参考点"方式,软件操作界面的工作方式变为"回零"。

3. 返回机床参考点

控制机床运动的前提是建立机床坐标系,为此,系统接通电源、复位后首先应进行机床各轴回参考点操作。方法如下:

(1)如果系统显示的当前工作方式不是回零方式,按一下控制面板上面的"回零"按键,确保系统处于"回零"方式。

(2)根据 X 轴机床参数"回参考点方向",按一下"+X"("回参考点方向"为"+")或"-X"("回参考点方向"为"-")按键,X 轴回参考点后,"+X"或"-X"按键内的指示灯亮。

用同样的方法使用"+Z"、"-Z"按键,Z 轴回参考点。所有轴回参考点后,即建立了机床坐标系。

注意:

①在每次电源接通后,必须先完成各轴的返回参考点操作,然后再进入其他运行方式,以确保各轴坐标的正确性。

②同时按下 X、Z 轴正向选择按键,可使 X、Z 轴同时返回参考点。

③在回参考点前,应确保回零轴位于参考点的"回参考点方向"相反侧(如 X 轴的回参考点方向为负,则回参考点前,应保证 X 轴当前位置在参考点的正向侧);否则应手动移动该轴直到满足此条件。

④在回参考点过程中,若出现超程,请按住控制面板上的"超程解除"按键,向相反方向手动移动该轴使其退出超程状态。

⑤系统各轴回参考点后,在运行过程中只要伺服驱动装置不出现报警,其他报警出现都不需要重新回零(包括按下急停按键)。

4. 急停

机床运行过程中,在危险或紧急情况下,按下"急停"按钮,CNC 即进入急停状态,伺服进给及主轴运转立即停止工作(控制柜内的进给驱动电源被切断);松开"急停"按钮(左旋此按钮,自动跳起),CNC 进入复位状态。

解除急停前,应先确认故障原因是否已经排除,而急停解除后应重新执行回参考点操作,以确保坐标位置的正确性。

注意:

在上电和关机前应按下“急停”按钮以减少设备电冲击。

5. 超程解除

在伺服轴行程的两端各有一个极限开关,作用是防止伺服机构碰撞而损坏。每当伺服机构碰到行程极限开关时,就会出现超程。当某轴出现超程(“超程解除”按键内指示灯亮)时,系统视其状况为紧急停止,要退出超程状态时,可进行如下操作:

(1)置工作方式为“手动”或“手摇”方式。

(2)一直按压着“超程解除”按键(控制器会暂时忽略超程的紧急情况)。

(3)在手动(手摇)方式下,使该轴向相反方向退出超程状态。

(4)松开“超程解除”按键。

若显示屏上运行状态栏“运行正常”取代了“出错”,表示恢复正常,可以继续操作。

注意:

在操作机床退出超程状态时请务必注意移动方向及移动速率,以免发生撞击。

6. 关机

(1)按下控制面板上的“急停”按钮,断开伺服电源。

(2)断开数控电源。

(3)断开机床电源。

二、机床手动操作

机床控制面板如图 6-5 所示。

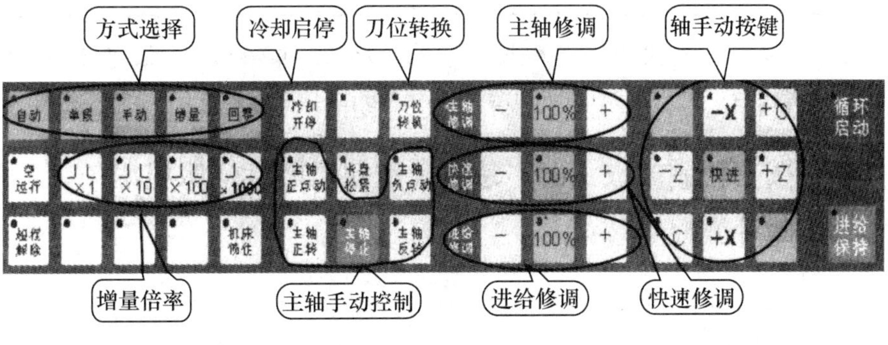

图 6-5　机床控制面板

1. 坐标轴移动

手动移动机床坐标轴的操作由手持单元和机床控制面板上的方式选择轴手动、增量倍率、进给修调、快速修调等按键共同完成。

(1)手动进给。按一下“手动”按键(指示灯亮),系统处于手动运行方式,可点动移动机床坐标轴(下面以点动移动 X 轴为例说明):

①按压“$+X$”或“$-X$”按键(指示灯亮),X 轴将产生正向或负向连续移动。

②松开“$+X$”或“$-X$”按键(指示灯灭),X 轴即减速停止。

用同样的操作方法，使用"＋Z""－Z"按键可使 Z 轴产生正向或负向连续移动。

在手动运行方式下，同时按压 X、Z 方向的轴手动按键，能同时手动控制 X、Z 坐标轴连续移动。

(2)手动快速移动。在手动进给时，若同时按压"快进"按键，则产生相应轴的正向或负向快速运动。

(3)手动进给速度选择。在手动进给时，系统参数"最高快移速度"的 1/3，再乘上进给修调选择的进给倍率，就是进给速率。

而系统参数"最高快移手动"乘以快速修调选择的快移倍率，就是手动快速速率。

按一下"＋"按键，修调倍率缺省是递增 2%，按一下"－"按键，修调倍率缺省是递减 2%，按压进给修调或快速修调右侧的"100%"按键(指示灯亮)，进给或快速修调倍率被置为"100%"。

(4)增量进给。当手持单元的坐标轴选择波段开关置于"OFF"档时，按一下控制面板上的"增量"按键(指示灯亮)，系统处于增量进给方式，可增量移动机床坐标轴(下面以增量进给 X 轴为例说明)：

①按一下"＋X"或"－X"按键(指示灯亮)，X 轴将向正向或负向移动一个增量值；

②再按一下"＋X"或"－X"按键，X 轴将向正向或负向继续移动一个增量值。

用同样的操作方法，使用"＋Z""－Z"按键可使 Z 轴向正向或负向移动一个增量值。

同时按一下 X、Z 方向的轴手动按键，能同时增量进给 X、Z 坐标轴。

(5)增量值选择。增量进给的增量值由机床控制面板的"X1""X10""X100""X1000"四个增量倍率按键控制。增量倍率按键和增量值的对应关系如表 6-1 所示：

表 6-1 增量倍率按键和增量值的对应关系

增量倍率按键	X1	X10	X100	X1000
增量值(mm)	0.001	0.01	0.1	1

注意：这几个按键互锁，即按一下其中一个(指示灯亮)，其余几个会失效(指示灯灭)。

(6)手摇进给。当手持单元的坐标轴选择波段开关置于"X""Y""Z"、"4TH"档(对车床而言，只有"X""Z"有效)时，按一下控制面板上的"增量"按键(指示灯亮)，系统处于手摇进给方式，可手摇进给机床坐标轴。

以 X 轴手摇进给为例：

①手持单元的坐标轴选择波段开关置于"X"档。

②顺时针、逆时针旋转手摇脉冲发生器一格，可控制 X 轴向正向或负向移动一个增量值。

用同样的操作方法使用手持单元，可以控制 Z 轴正向或负向移动一个增量值。

手摇进给方式每次只能增量进给 1 个坐标轴。

(7)手摇倍率选择。手摇进给的增量值(手摇脉冲发生器每转一格的移动量)由手持单元的增量倍率波段开关"X1""X10""X100"控制。

增量倍率波段开关的位置和增量值的对应关系如表 6-2 所示：

表 6-2 增量倍率波段开关的位置和增量值的对应关系

增量倍率按键	X1	X10	X100
增量值(mm)	0.001	0.01	0.1

2. 主轴控制

主轴手动控制由机床控制面板上的主轴手动控制按键完成。

(1)主轴正传。在手动方式下，按一下“主轴正转”按键(指示灯亮)，主轴电机以机床参数设定的转速正转，直到按压“主轴停止”或“主轴反转”按键。

(2)主轴反转。在手动方式下，按一下“主轴反转”按键(指示灯亮)，主轴电机以机床参数设定的转速反转，直到按压“主轴停止”或“主轴正转”按键。

(3)主轴停止。在手动方式下，按一下“主轴停止”按键(指示灯亮)，主轴电机停止运转。

注意：“主轴正转”“主轴反转”“主轴停止” 这几个按键互锁，即按一下其中一个(指示灯亮)，其余两个会失效(指示灯灭)。

(4)主轴点动 。在手动方式下，可用“主轴正点动”“主轴负点动”按键，点动转动主轴：

①按压“主轴正点动”或“主轴负点动”按键(指示灯亮)，主轴将产生正向或负向连续转动。

②松开“主轴正点动”或“主轴负点动”按键(指示灯灭)，主轴即减速停止。

(5)主轴速度修调。主轴正转及反转的速度可通过主轴修调调节。

按压主轴修调右侧的“100%”按键(指示灯亮)，主轴修调倍率被置为 100%，按一下“＋”按键，主轴修调倍率递增 2%，按一下“－”按键，主轴修调倍率递减 2%。

机械齿轮换挡时，主轴速度不能修调。

3. 机床锁住

机床锁住禁止机床所有运动。在手动运行方式下，按一下“机床锁住”按键(指示灯亮)，此时再进行手动操作，显示屏上的坐标轴位置信息变化，但不输出伺服轴的移动指令，所以机床停止不动。

注：“机床锁住”按键只在手动方式下有效，在自动方式下无效。

4. 其他手动操作

(1)刀位转换。在手动方式下，按一下“刀位选择”按键，系统会预先计数转塔刀架一个刀位，依此类推，按几次“刀位选择”键，系统就预先计数转塔刀架将转动几个刀位，接着按“刀位转换”键，转塔刀架才真正转动至指定的刀位。此为“预选刀”功能，可避免因换刀不当而导致的撞刀。

操作示例如下：当前刀位为 1 号刀，要转换至 4 号刀，可连按“刀位选择”键 3 次，然后按“刀位转换”键，4 号刀就会转至正确的位置。

(2)冷却启动与停止。在手动方式下，按一下“冷却开停”按键，冷却液开(默认值为冷却液关)，再按一下为冷却液关，如此循环。

(3)卡盘松紧。在手动方式下，按一下“卡盘松紧”按键，松开工件(默认值为夹紧)，可以进行更换工件操作；再按一下为夹紧工件，可以进行加工工件操作，如此循环。

5. 手动数据输入(MDI)运行(F3)

在图 6-3 所示的主操作界面下，按 F3 键进入 MDI 功能子菜单。命令行与菜单条的显示如图 6-6 所示。

进入 MDI 菜单后，命令行的底色变成了白色，并且有光标在闪烁，如图 6-7 所示。这时可以从 NC 键盘输入并执行一个 G 代码命令段，即“MDI 运行”。

图 6-6　MDI 功能子菜单

注意:自动运行过程中,不能进入 MDI 运行方式,可在进给保持后进入。

(1)输入 MDI 指令段。MDI 输入的最小单位是一个有效指令字。因此,输入一个 MDI 运行指令段可以有下述两种方法:

①一次输入,即一次输入多个指令字的信息。

②多次输入,即每次输入一个指令字信息。

例如:要输入“G00X100Z1000”MDI 运行指令段,可以

①直接输入“G00 X100 Z1000”并按 Enter 键,显示窗口内关键字 G、X、Z 的值将分别为 00、100、1000。

②先输入“G00”并按 Enter 键,图 6-7 显示窗口内将显示大字符“G00”,再输入“X100”并按 Enter 键,然后输入“Z1000”并按 Enter 键,显示窗口内将依次显示大字符“X100”、“Z1000”。

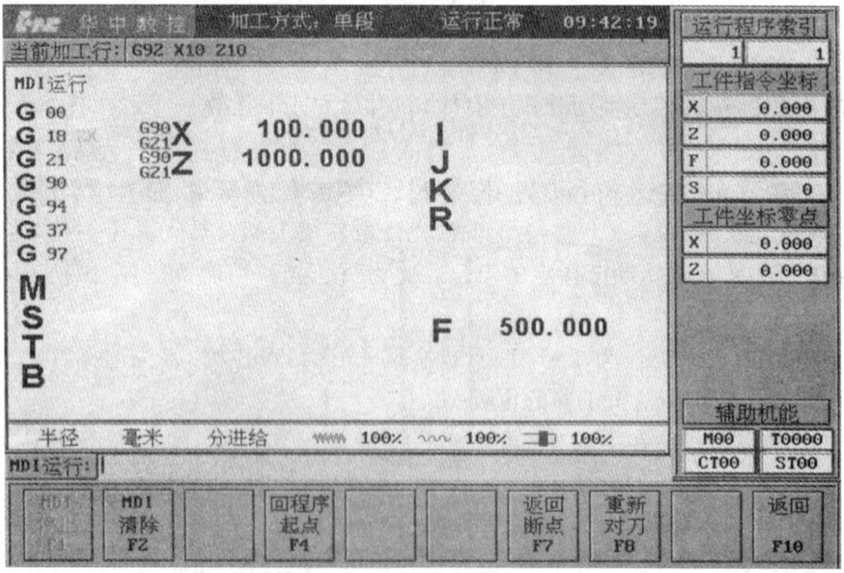

图 6-7　MDI 运行

在输入命令时,可以在命令行看见输入的内容,在按 Enter 键之前,发现输入错误,可用 BS、▶ ◀、键进行编辑;按 Enter 键后,系统发现输入错误,会提示相应的错误信息,此时可按 F2 键将输入的数据清除。

(2)运行 MDI 指令段。在输入完一个 MDI 指令段后,按一下操作面板上的“循环启动”键,系统即开始运行所输入的 MDI 指令。

如果输入的 MDI 指令信息不完善或存在语法错误,系统会提示相应的错误信息,此时不

能运行 MDI 指令。

(3)修改某一字段的值。在运行 MDI 指令段之前,如果要修改输入的某一指令字,可直接在命令行上输入相应的指令字符及数值。

例如:在输入"X100"并按 Enter 键后,希望 X 值变为 109,可在命令行上输入"X109"并按 Enter 键。

(4)清除当前输入的所有尺寸字数据。在输入 MDI 数据后,按 F2 键可清除当前输入的所有尺寸字数据(其他指令字依然有效),显示窗口内 X、Z、I、K、R 等字符后面的数据全部消失。此时可重新输入新的数据。

(5)停止当前正在运行的 MDI 指令。在系统正在运行 MDI 指令时,按 F1 键可停止 MDI 运行。

三、数据设置

1. 刀偏数据(F4-F1)

(1)刀具补偿机能。刀具补偿是实际用的刀具与编程理想刀具之间的差值。(图 6-8 所示,实线画的是理想刀具,虚线画的是实际加工刀具),也就是建立正确的坐标系。

刀具补偿分为刀具偏置补偿和刀具磨损补偿,其中刀具偏置补偿为刀具头部位置补偿,刀具磨损补偿为刀具头部磨损量的补偿。

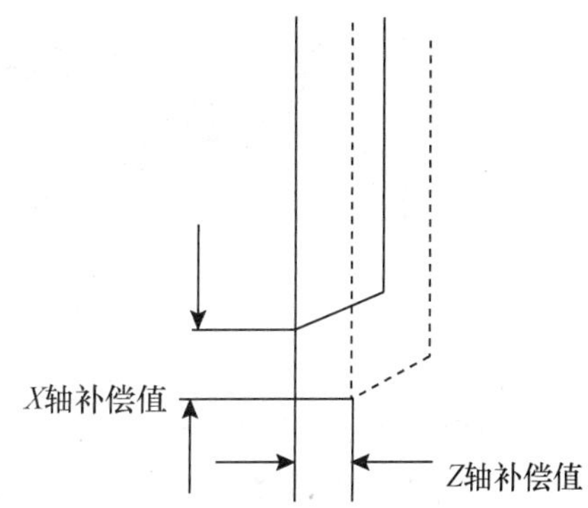

图 6-8　刀具补偿示意图

(2)刀具偏置补偿设置。刀具偏置补偿数据的设置有两种方法:一种是手工填写,另一种是采用试切法,由系统自动生成。我们推荐采用试切法来设置刀具偏置补偿数据。

注意:补偿的偏置值会反映到相应的工件坐标系上。

①试切法填写刀具偏置值。试切法指的是通过试切,由试切直径和试切长度来计算刀具偏置值的方法。根据是否采用标准刀具,它又可以分为绝对刀偏法和相对刀偏法。

注意:工件坐标系的 X 向零点是建立在旋转轴的中心线上。

A. 绝对刀偏法。绝对刀偏法是指,每一把刀具独立建立自己的补偿偏置值,如图 6-9 所示,该值将会反映到工件坐标系上(注:绝对刀偏法时不存在标准刀具)。

绝对刀偏法对刀的具体步骤如下:

a)用光标键↑、↓将蓝色亮条移动到设置刀具的行。

b)用刀具试切工件的外径,然后沿 Z 轴方向退刀(注意:在此过程中不要移动 X 轴)。

c)测量试切后的工件外径,将它手工填入图 6-9 中的"试切直径"这一栏。这样,X 偏置就设置好了。

d)用刀具试切工件的端面,然后沿 X 轴方向退刀。

e)计算试切工件端面到该刀具要建立的工件坐标系的零点位置的有向距离,将填入到图 6-9 中的试切长度这一栏。这样这把刀的 Z 偏置就设置好了。

如果要设置其余的刀具,就重复以上步骤。

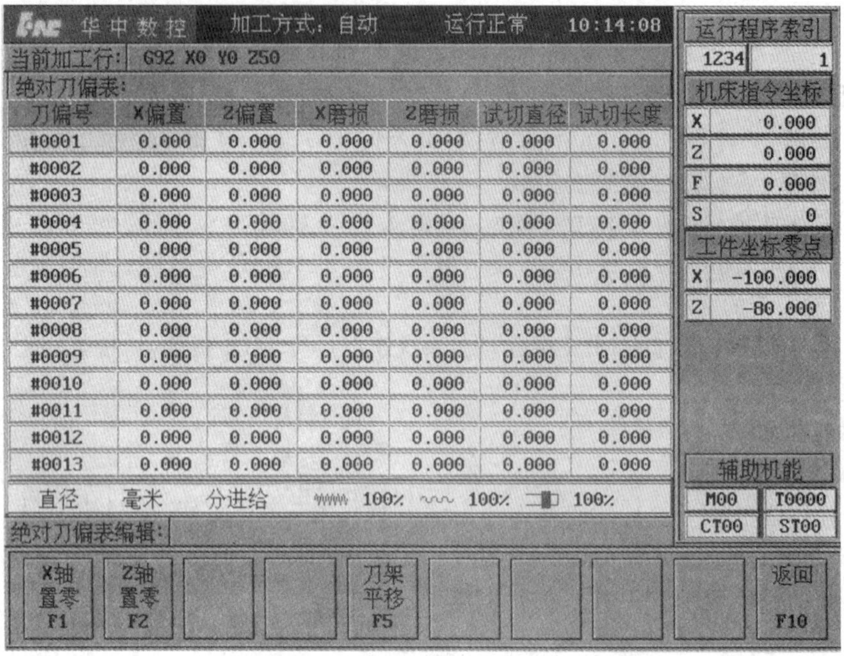

图 6-9 刀偏表编辑

注意：

a)对刀前，机床必须先回机械零点。

b)试切工件端面到该刀具要建立的工件坐标系的零点位置的有向距离也就是试切工件端面在要建立的工件坐标系中的 Z 轴坐标值。

c)设置的工件坐标系 X 轴零点偏置＝机床坐标系 X 坐标－试切直径，因而试切工件外径后，不得移动 X 轴。

d)设置的工件坐标系 Z 轴零点偏置＝机床坐标系 Z 坐标－试切长度，因而试切工件端面后，不得移动 Z 轴。

B. 相对刀偏法。相对刀偏法是指标准刀具，而其余的每一把刀具的偏置是相对于标准刀具的偏置。该值将不会反映到工件坐标系上，此时只建立一个由标刀确定的工件坐标系。其具体操作步骤如下：

a)先将标刀对刀。如果我们要选择作为标刀的刀具已经是标刀，我们就要将光标键↑、↓移到标刀位置，按 F5 键取消标刀，否则填入"试切直径"和"试切长度"参数时，系统会出现如图 6-10 所示提示。

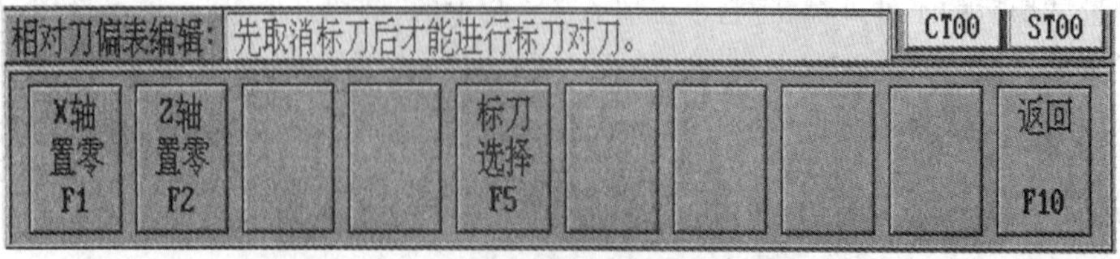

图 6-10 相对刀偏法标刀对刀提示

b)按照绝对对刀法(共五个步骤),对好要作为标刀的刀具偏置,建立该刀具所确定的工件坐标系。

c)设置标刀,按光标键↑、↓移动蓝色亮条到已对好刀的刀具位置,按 F5 键设置该刀具为标刀,如图 6-11 所示。

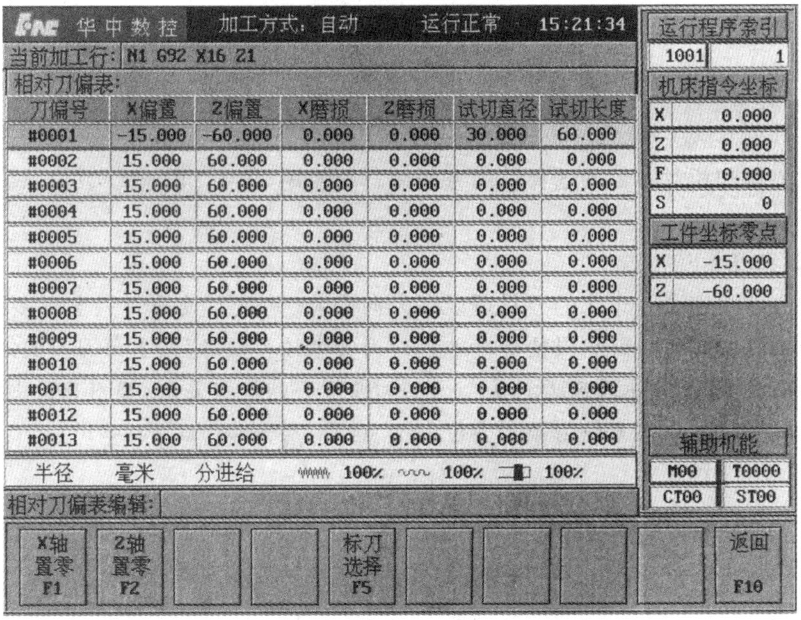

图 6-11　标刀选择

d)选择要对刀的刀具,按光标键↑、↓移动蓝色亮条到要对刀的刀具位置。

e)按照绝对对刀法(共五个步骤),对好所选的刀具偏置。

如果要设置其余的刀具,就重复以上(d)、(e)步骤。这样就对好所有的刀具偏置。

注意:

在填写非标刀具的试切长度时,是指非标刀具试切工件端面在标刀已建立工件坐标系中的坐标值。

②直接填写刀具偏置值。直接填写刀具偏置值就是参照标准刀具来直接填写刀具偏置值。其步骤如下:

a)执行相对刀偏中的步骤 a)、b)、c)填好标刀的偏置。

b)系统在手摇工作方式下,用基准刀具对准工件的一基准点,如图 6-12 的 A 点。

c)按 F1"X 轴置零",则屏幕上显示的 X 轴坐标清零。

按 F2"Z 轴置零",则屏幕上显示的 Z 轴坐标清零。

按 F3"XZ 置零",则屏幕上显示的 X、Z 轴坐标清零。

d)旋转手摇脉冲发生器,使刀具退刀。

e)选择要对刀的刀具,按光标↑、↓移动蓝色亮条到要对刀的刀具位置,手动换刀。同样旋转手摇脉冲发生器,使刀尖对基准点 A。这时屏幕上显示的坐标值,就是该刀对基准刀的偏置值 ΔX、ΔZ。

f)将 ΔX、ΔZ、分别填入已选刀具的 X 偏置和 Z 偏置。

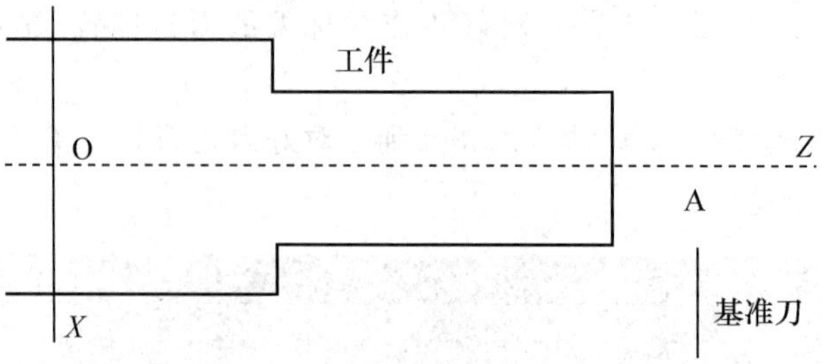

图 6-12 测量刀偏数据

(3)绝对刀偏和相对刀偏的选择。为方便用户的使用,华中“世纪星”数控系统支持绝对刀偏和相对刀偏。

2. 刀补数据(F4-F2)

(1)刀尖方位的定义。车床的刀具可以多方向安装,并且刀具的刀尖也有多种形式,为使数控装置知道刀具的安装情况,以便准确地进行刀尖半径补偿,定义了车刀刀尖的位置码。

车刀刀尖的位置码表示理想刀具头与刀尖圆弧中心的位置关系,如图 6-13 所示。

一般的,大多数的刀尖方位为 3 号方位。

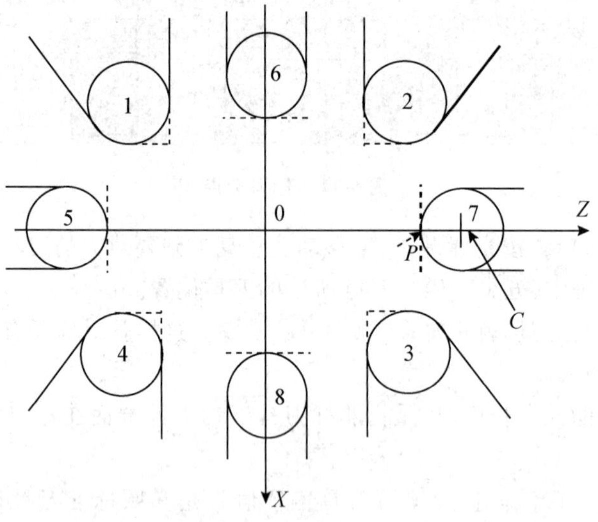

图 6-13 刀尖方位的定义

(2)刀补数据设置的操作步骤。输入刀补数据的操作步骤如下:

①在刀具补偿功能子菜单下(图 6-14)按 F2 键,图形显示窗口将出现如图 6-15 所示刀补数据,可进行刀补数据设置。

②用↑、↓、←、→、Pgup、Pgdn 移动蓝色亮条选择要编辑的选项。

③按 Enter 键,蓝色亮条所指刀具数据的颜色和背景都发生变化,同时有一光标在闪烁。

④用↑、↓、BS、Del 键进行编辑修改。

⑤修改完毕,按 Enter 键确认。

⑥若输入正确,图形显示窗口相应位置将显示修改过的值,否则原值不变。

图 6-14 刀补表选择界面

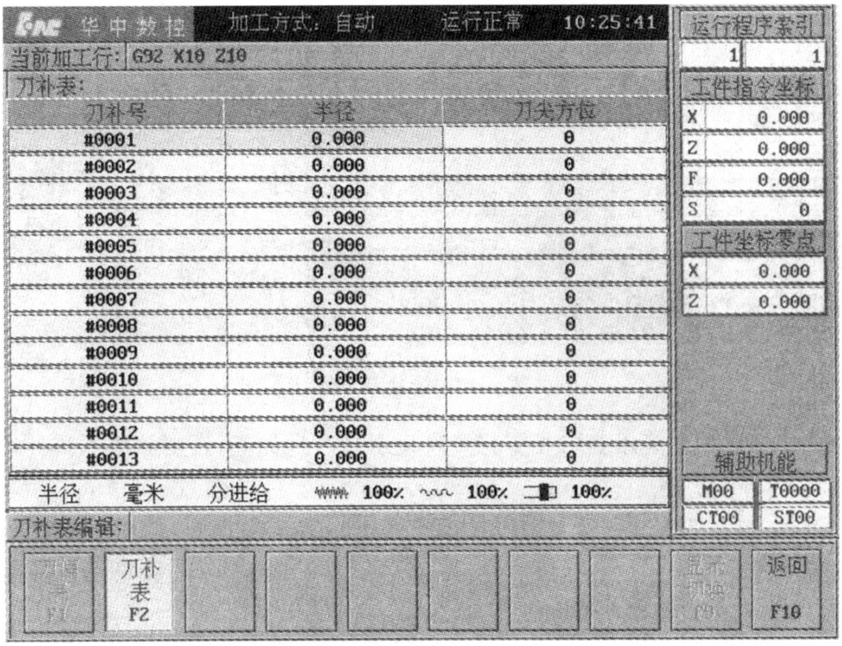

图 6-15 刀补数据的输入与修改

3. 坐标系数据(F5-F1)

坐标系数据的设置操作步骤如下：

(1)在设置功能子菜单(图 6-16)下按 F1 键，进入 MDI 坐标系手动数据输入方式，图形显示窗口首先显示 G54 坐标系数据，如图 6-17 所示。

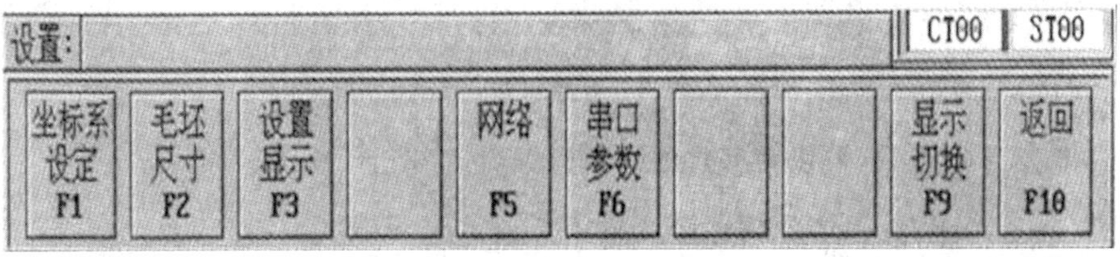

图 6-16 设置菜单

(2)按 Pgdn 或 Pgup 键选择要输入的数据类型 G55、G56、G57、G58、G59 坐标系，当前工件坐标系的偏置值(坐标系零点相对于机床零点的值)或当前相对值零点。

(3)在命令行输入数据。如在图 6-17 所示情况下输入 X200Y300，并按 Enter 键，将设置 G54 坐标系的 X 和 Y 偏置分别为 200 和 300。

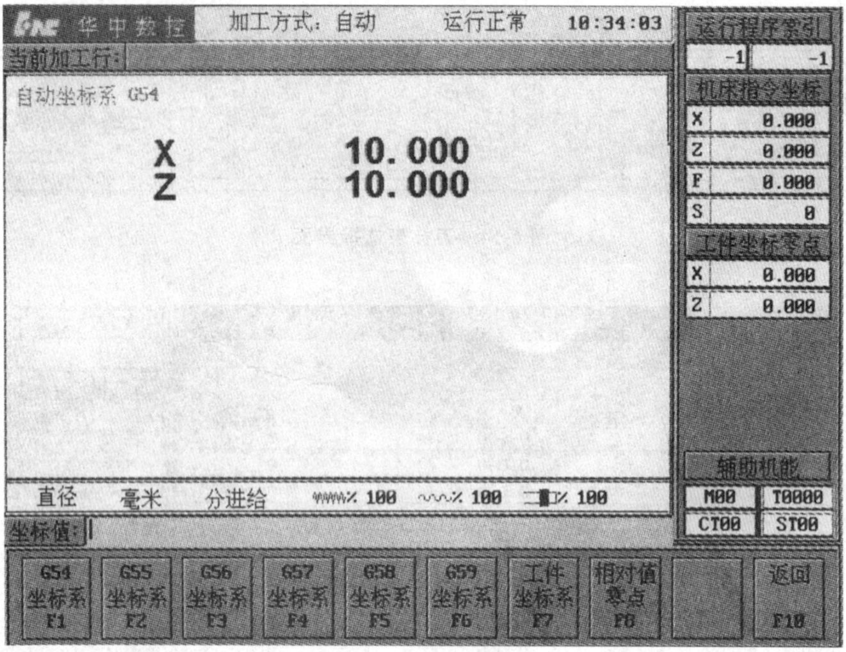

图 6-17 坐标系设置

(4)若输入正确，图形显示窗口相应位置将显示修改过的值，否则原值不变。

注意：

编辑的过程中，在按 Enter 键之前按 F10 键（返回）可退出编辑，但输入的数据将丢失，系统将保持原值不变。

四、程序输入与文件管理

在系统主操作界面下，按 F1 键进入程序功能子菜单。命令行与菜单条的显示如图 6-18 所示。

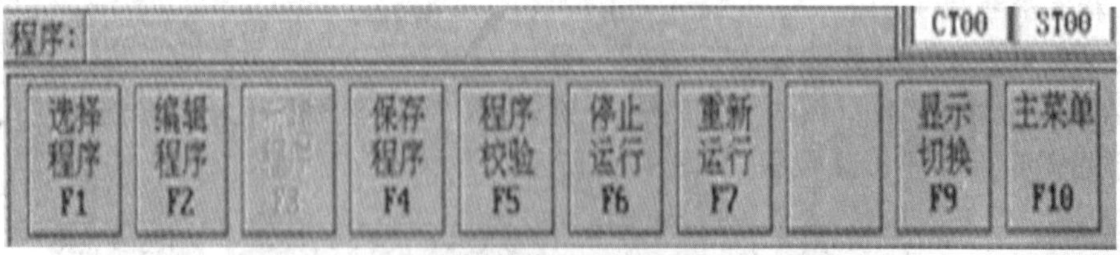

图 6-18 程序功能子菜单

在程序功能子菜单下，可以对零件程序进行编辑、存储、校验等操作。

1. 选择程序(F1-F1)

在程序功能子菜单下（图 6-18）按 F1 键，将出现如图 6-19 所示的“选择程序”菜单。

其中：

电子盘程序：保存在电子盘上的程序文件。

DNC 程序：由串口发送过来的程序文件。

软驱程序：保存在软驱上的程序文件。

网络程序：建立网络连接后，网络路径映射的程序文件。

注意:如不选择,系统指向上次存放在加工缓冲区的一个加工程序。

(1)选择程序。选择程序的操作方法:

①如图 6-19 所示界面,用▶、◀选中当前存储器。

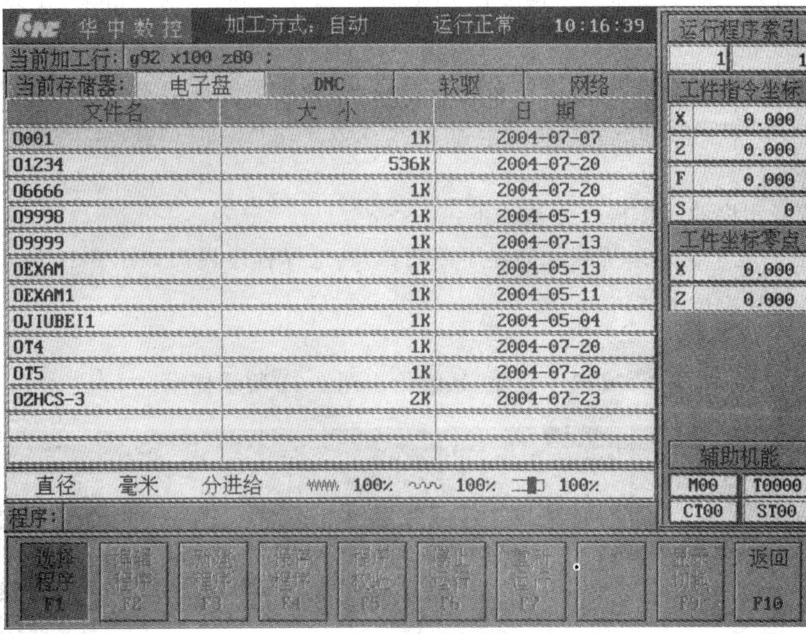

图 6-19　程序选择界面

②用▲、▼选中存储器上的一个程序文件。

③按 Enter 键,即可将该程序文件选中并调入加工缓冲区,如图 6-20 所示。

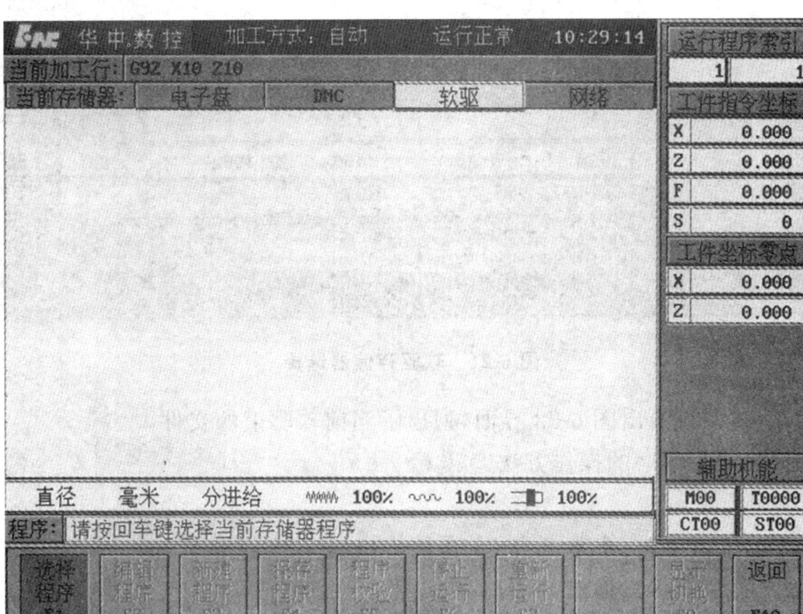

图 6-20　调入文件到加工缓冲区

④如果被选程序文件是只读 G 代码文件，则该程序文件编辑后只能另存为其他名字的程序文件。

注意：

a. 程序文件名一般是由字母“O”开头，后跟四个（或多个）数字或字母组，缺省认为程序文件名是由 O 开头的。

b. HNC-21/22T 扩展了标志程序文件的方法，可以使用任意 DOS 文件名（即 8＋3 文件名：1～8 个字母或数字后加点，再加 0～3 个字母或数字组成，如“MyPart. 001”、“O1234”等）标志程序文件。

存储器选择程序的具体操作方法如下：

A. 电子盘。电子盘是系统默认的程序存储器，其选择程序界面如图 6-19 所示，选择程序见选择程序的操作方法 B、C。

B. 软驱。

a)在图 6-19 界面，用▶、◀选中软驱，系统给出图 6-21 所示提示。

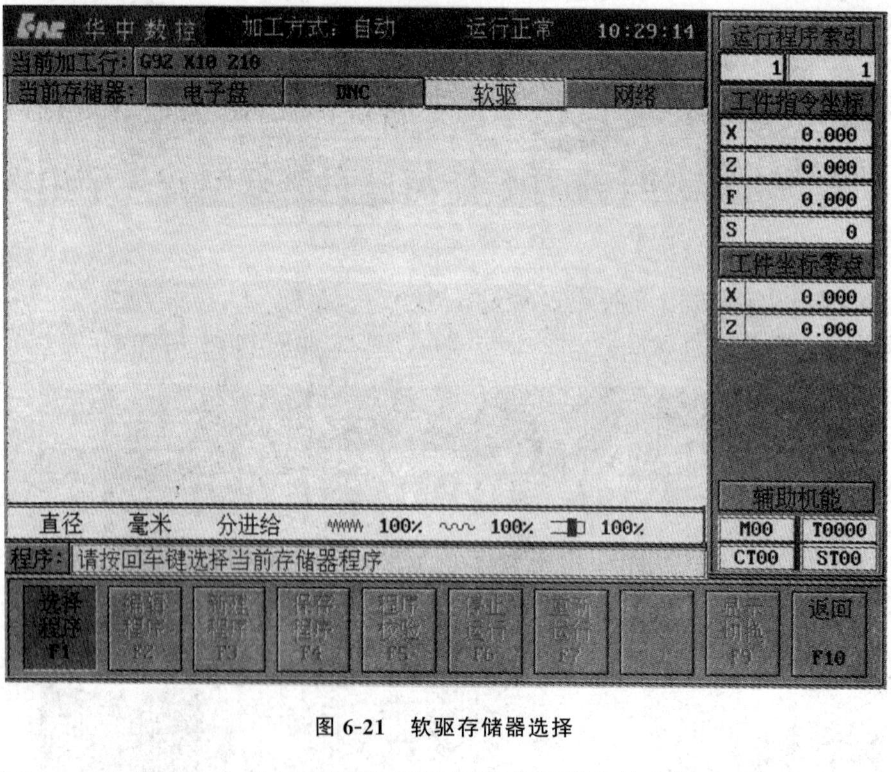

图 6-21　软驱存储器选择

b)按 Enter 键，系统给出图 6-22 界面，列出了当前软驱上的文件。

c)选择程序见选择程序的操作方法②、③。

C. DNC

a)在图 6-18 界面，用▶、◀选中 DNC，系统给出图 6-23 所示提示。

b)按 Enter 键，系统等待通过 DNC 传输过来的程序文件。

c)进入 DNC 选择程序后，系统界面会自动切换到大字符显示方式。

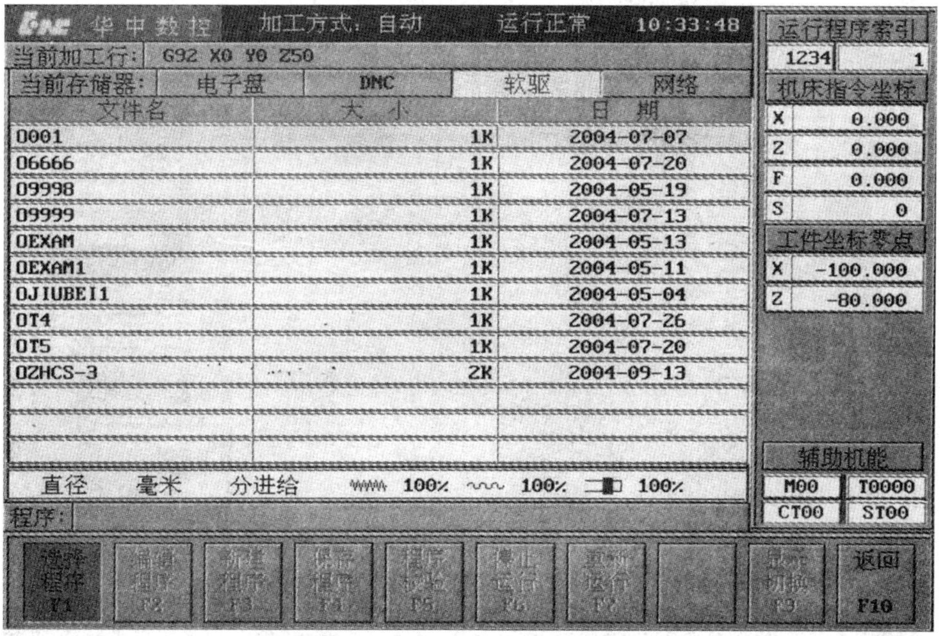

图 6-22　软驱存储器程序选择界面

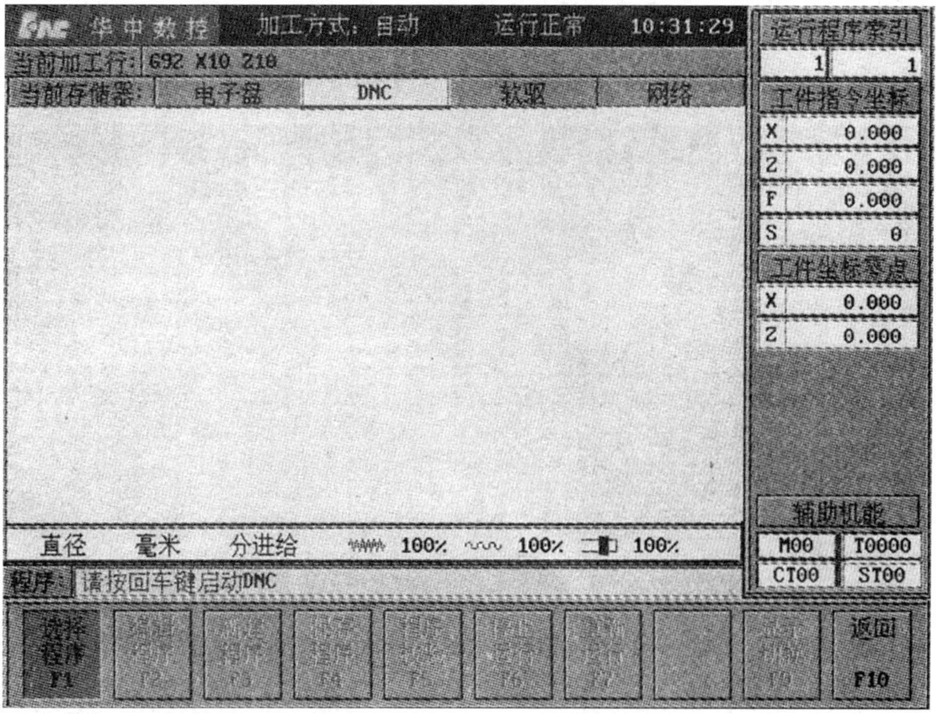

图 6-23　DNC 存储器选择

D. 网络。

a)在图 6-18 界面，用▶、◀选中网络，系统给出图 6-24 所示提示。

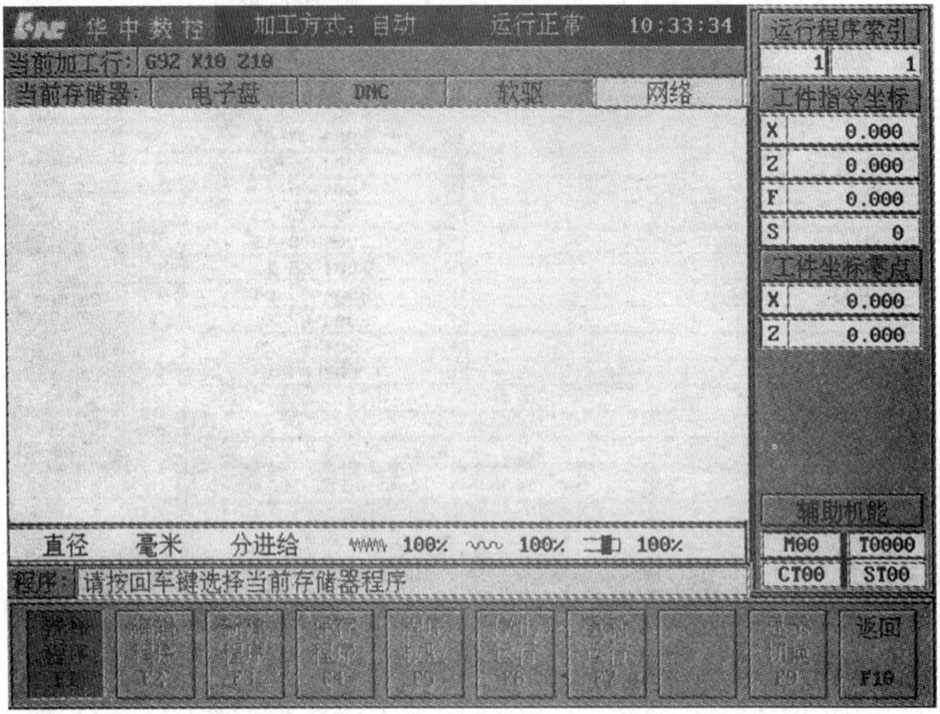

图 6-24　网络存储器选择

b)按 Enter 键，系统给出图 6-25 界面，列出了当前网络映射路径上的程序文件。

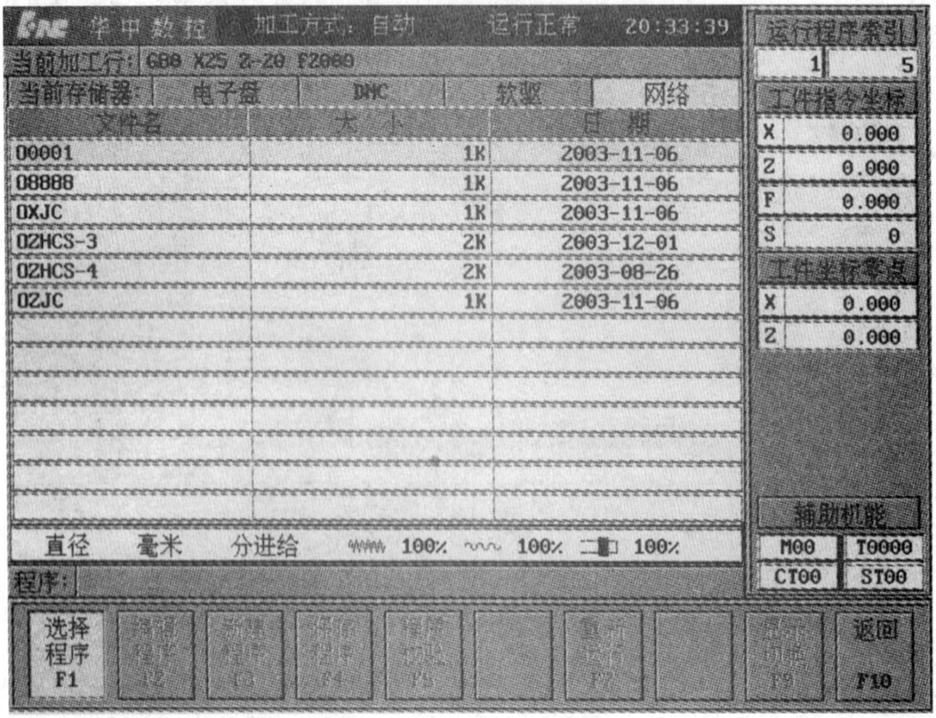

图 6-25　网络程序选择界面

c)选择程序见选择程序的操作方法②、③。

(2)删除程序文件。删除程序文件的操作步骤如下：

①在选择程序菜单中用▲、▼键移动光标条中要删除的程序文件。

②按 Del 键，系统弹出如图 6-26 所示对话框，系统提示是否要删除选中的程序文件，按 Y 键将选中程序文件从当前存储器上删除，按 N 则取消删除操作。

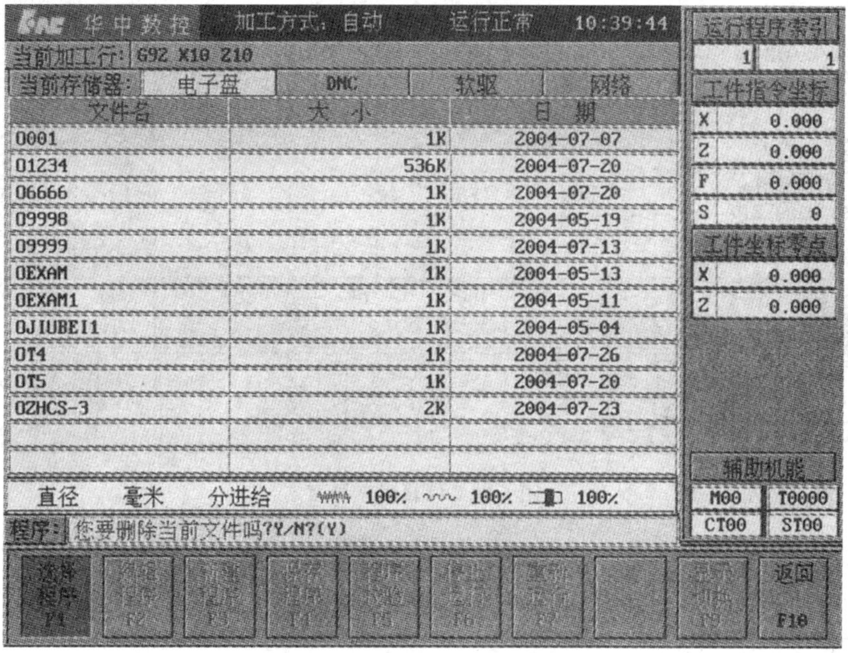

图 6-26　确认是否删除文件

注意：

删除的程序文件不可恢复，删除操作前应确认。

2. 编辑程序(F1-F2)

在程序功能菜单下(图 6-18)按 F2 键，将弹出如图 6-26 所示的“编辑程序”菜单。

当选择一个零件程序后，系统会给出图 6-27 所示的界面，在此界面下可以编辑当前程序。

编辑过程中用到的主要快捷键如下：

Del：删除光标后的一个字符，光标位置不变，余下的字符左移一个字符位置。

PguP：使编辑程序向程序头滚动一屏，光标位置不变，如果到了程序头，则光标移到文件首行的第一个字符处。

Pgdn：使编辑程序向程序尾滚动一屏，光标位置不变，如果到了程序尾，则光标移到文件末行的第一个字符处。

BS：删除光标前的一个字符，光标向前移动一个字符位置，余下的字符左移一个字符位置。

◀：使光标左移一个字符位置。

▶：使光标右移一个字符位置。

▲：使光标向上移一行。

▼：使光标向下移一行。

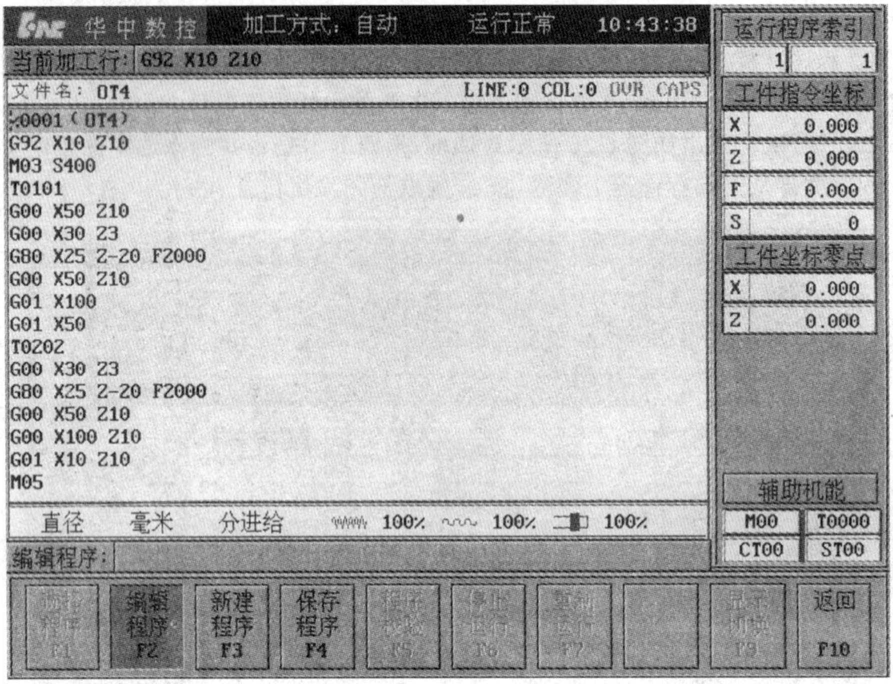

图 6-27　编辑程序界面

3. 新建程序(F1-F2-F3)

在指定磁盘或目录下建立一个新文件,但新文件不能和已存在的文件同名。

在程序功能子菜单下(图 6-27)按 F3 键,将进入如图 6-28 所示的"新建程序"菜单,系统提示"输入新建文件名",光标在"输入新建文件名"栏闪烁,输入文件名后,按 Enter 键确认后,就可编辑新建文件了。

图 6-28　新建程序界面

注意:

系统设置缺省保存程序文件目录为程序目录(Prog)。

4. 保持程序(F1-F4)

在编辑状态下(图 6-27)或在程序功能子菜单下(图 6-18)按 F4 键,系统给出图 6-29 提示文件保存的文件名。按 Enter 键,将以提示的文件名保存当前程序文件。如将提示文件名改为其他名字后,系统可将当前编辑程序另存为其他文件,另存文件的前提是更改新文件不能和已存在文件同名。

如果存盘操作不成功,系统会给出如图 6-30 所示的提示信息,此时该程序文件是可读文件,不能更改保存,只能改为其他名字后保存。

图 6-29　保存程序界面

图 6-30　不能保存程序提示

5. 程序校验(F1-F5)

程序校验用于对调入加工缓冲区的程序进行校验,并提示可能的错误。

以前未在机床上运行的新程序在调入后最好先进行检验运行,正确无误后再启动自动运行。

程序校验运行操作步骤如下:

①按选择程序的方法,调入要校验的加工程序。

②按机床控制面板上的"自动"或"单段"按键进入程序运行方式。

③在程序菜单下,按 F5 键,此时软件操作界面工作方式显示改为"检验运行"(图 6-31);

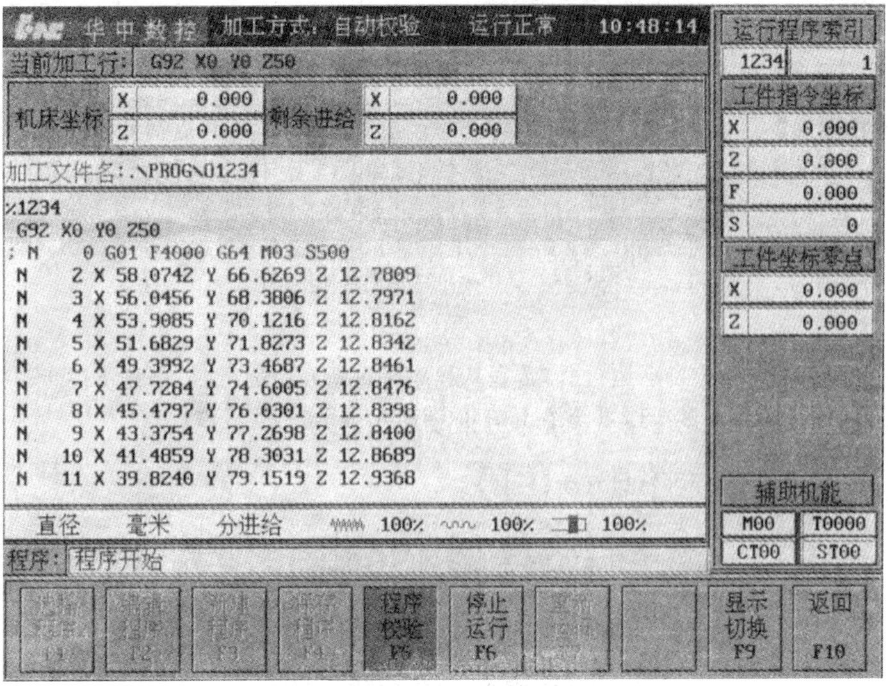

图 6-31　校验运行界面

④按机床控制面板上的“循环启动”按键，程序校验开始。

⑤若程序正确，校验完后，光标将返回程序头，且软件操作界面的工作方式显示改为“自动”或“单段”；若程序有错，命令行将提示程序的哪一行有错。

注意：

①校验运行时，机床不动作。

②为确保加工程序正确无误，请选择不同的图形显示方式来观察校验运行的结果。

6. 停止运行

在程序运行的过程中，需要暂停运行，可按下述步骤操作：

在程序子菜单下，按 F6 键，弹出如图 6-32 所示对话框，按 N 键暂停程序运行，并保留当前运行程序的模态信息（暂停运行后，可按循环启动键从暂停处重新启动运行）；按 Y 键则停止程序运行，并卸载当前运行程序的模态信息（停止运行后，只有选择程序后重新启动运行）。

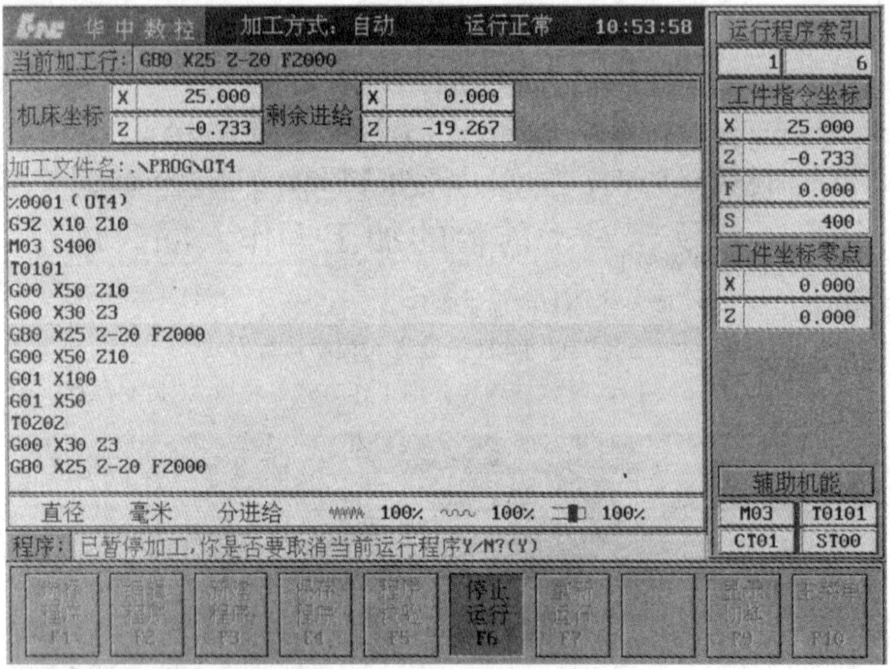

图 6-32　程序运行过程中暂停运行

7. 重新运行(F1-F7)

在当前加工程序中止自动运行后，希望从程序头重新开始运行时，可按下述步骤操作：

①在程序菜单下，按 F7 键，系统给出图 6-33 所示提示。

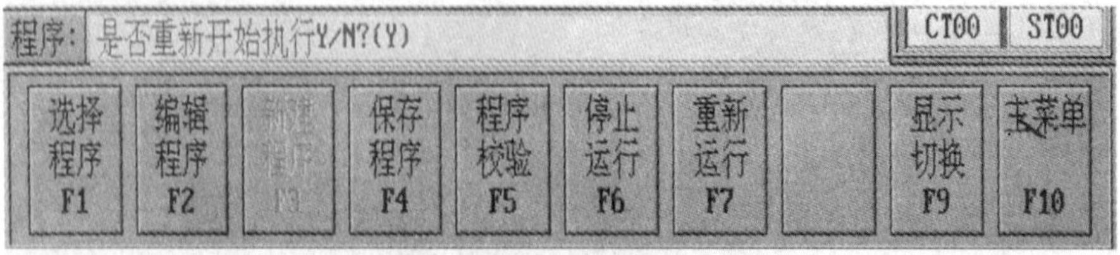

图 6-33　自动方式下重新运行程序

②按 N 键则取消重新运行。

③按 Y 键则光标返回程序头，再按机床控制面板上的“循环启动”按键，从程序首行开始重新运行当前加工程序。

8. 后台编辑(F10-F8)

注：本功能为选件，需要进行注册方能使用。

为了节约时间，方便操作，我们提供了后台编辑功能。顾名思义，后台编辑就是相对前台的加工操作，同时进行的编辑工作。具体操作为，在系统主操作界面下，按 F10 进入扩展功能如图 6-34 所示。

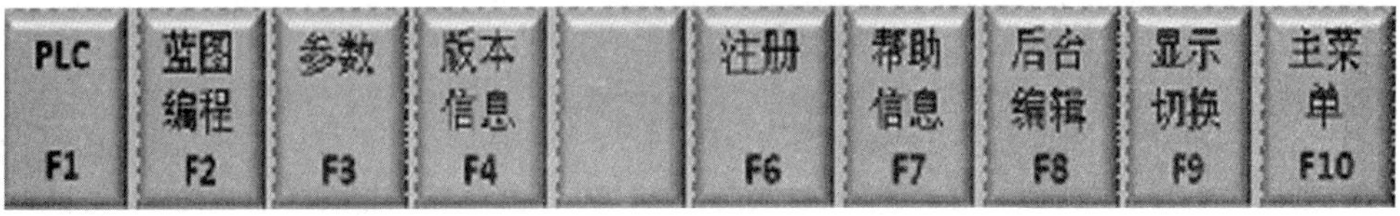

图 6-34

然后按 F8 进入后台编辑功能，如图 6-35 所示。

图 6-35

这时，就可以开始编辑文件了。具体操作和后台编辑相仿，这里不再详述。

五、运行控制

如图 6-36 所示。

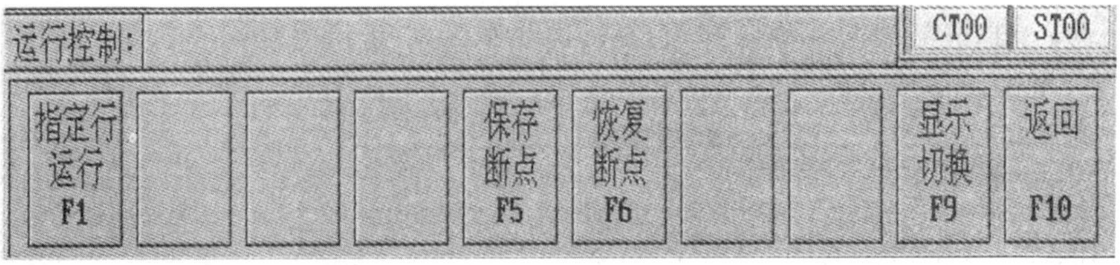

图 6-36　程序运行子菜单

1. 启动、暂停、中止

(1)启动自动运行。系统调入零件加工程序，经校验无误后，可正式启动运行：

①按一下机床控制面板上的“自动”按键(指示灯亮)进入程序运行方式。

②按一下机床控制面板上的“循环启动”按键(指示灯亮)，机床开始自动运行调入的零件加工程序。

(2)暂停运行。在程序运行的过程中，需要中止运行，可按下述步骤操作：

①在程序运行的任何位置，按一下机床控制面板上的“进给保持”按键(指示灯亮)，系统处于进给保持状态。

②再按机床控制面板上的“循环启动”按键(指示灯亮),机床又开始自动运行调入的零件加工程序。

(3)中止运行。在程序运行的过程中,需要中止运行,可按下述步骤操作:

①在程序运行的任何位置,按一下机床控制面板上的“进给保持”按键(指示灯亮),系统处于进给保持状态。

②按下机床控制面板上的“手动”键,将机床的 M、S 功能关掉。

③此时如要退出系统,可按下机床控制面板上的“急停”键,中止程序的运行。

④此时如要中止当前程序的运行,又不退出系统,可按下“程序”功能下的 F7 键(重新运行),重新装入程序。

2. 从任意行执行

在自动运行暂停状态下,除了能从暂停处重启动继续运行外,还可以控制程序从任意行执行。

(1)从红色行开始运行。从红色行开始运行的操作步骤如下:

①在运行控制子菜单下,按机床控制面板上的“进给保持”按键(指示灯亮),系统处于进给保持状态。

②用▲、▼、PgUp、PgDn 键移动蓝色亮条到要开始运行行,此时蓝色亮条变为红色亮条。

③按 F1 键,系统给出图 6-37 所示对话框。

④按 Enter 键选择“从红色行开始运行”选项,此时选中要开始运行的行(红色亮条变为蓝色亮条)。

⑤按机床控制面板上的“循环启动”按键,程序从蓝色亮条(即红色行)开始运行。

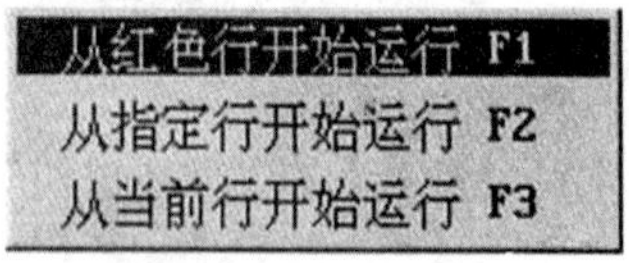

图 6-37 暂停运行时从任意行运行

(2)从指定行开始运行。从指定行开始运行的操作步骤如下:

①按机床控制面板上的“进给保持”按键(指示灯亮),系统处于进给保持状态。

②在运行控制子菜单下,按 F1 键,系统给出如图 6-37 所示提示。

③用▲、▼键选择“从指定行开始运行”选项,系统给出如图 6-38 所示提示。

图 6-38 从指定行开始运行

④输入开始运行行号,按 Enter 键。

⑤按机床控制面板上的“循环启动”按键,程序从指定行开始运行。

(3)从当前行开始运行。从当前行开始运行的操作步骤如下:

①按机床控制面板上的“进给保持”按键(指示灯亮),系统处于进给保持状态。

②在运行控制子菜单下,按 F1 键,系统给出如图 6-37 所示提示。

③用▲、▼键选择“从当前行开始运行”选项,按 Enter 键。

④按机床控制面板上的“循环启动”按键，程序从蓝色亮条处开始运行。

3. 空运行

在自动方式下，按一下机床控制面板上的“空运行”按键(指示灯亮)，CNC 处于空运行状态。程序中编制的进给速率被忽略，坐标轴以最大快速移动。

空运行不做实际切削，目的在于确认切削路径及程序。

在实际切削时，应关闭此功能，否则可能造成危险。

注意：

此功能对螺纹切削无效。

4. 单段运行

按一下机床控制面板上的“单段”按键，(指示灯亮)，系统处于单段自动运行方式，程序控制将逐段执行：

(1)按一下“循环启动”按键，运行一程序段，刀具运行到指定终点停止运行，对 M、S 无效。

(2)再按一下“循环启动”按键，又执行下一程序段，执行完当前程序段跳转到下个程序段停止运行。

5. 加工断点保存与恢复

一些大零件，其加工时间一般超过一个工作日，有时甚至需要好几天。如果能在零件加工一段时间后，保存断点(让系统记住此时的各种状态)，关断电源，并在隔一段时间后，打开电源，恢复断点(让系统恢复上次中断加工时的状态)，从而继续加工，可为用户提供极大的方便。

(1)保存加工断点(F2-F5)。

①按机床控制面板上的“进给保持”按键(指示灯亮)，系统处于进给保持状态。

②按 F5 键，系统提示输入保存断点文件的提示，如图 6-39 所示。

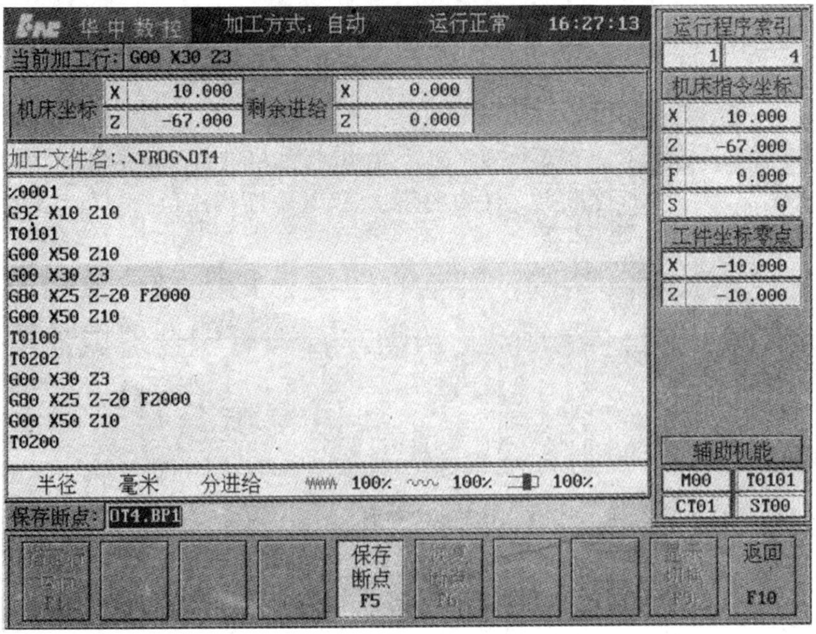

图 6-39　输入保存断点的文件名

③按 Enter 键，系统将自动建立一个名为当前加工程序名，后缀为 BP1 的断点文件，用户也可将该文件名改为其他名字，此时不用输后缀。

(2)恢复断点(F2-F6)。恢复加工断点的操作步骤如下：

①如果在保存断点后，关断了系统电源，则上电后首先应进行回参考点操作，否则直接进入步骤 2)。

②按 F6 键，系统给出所有的断点文件如图 6-40 所示。

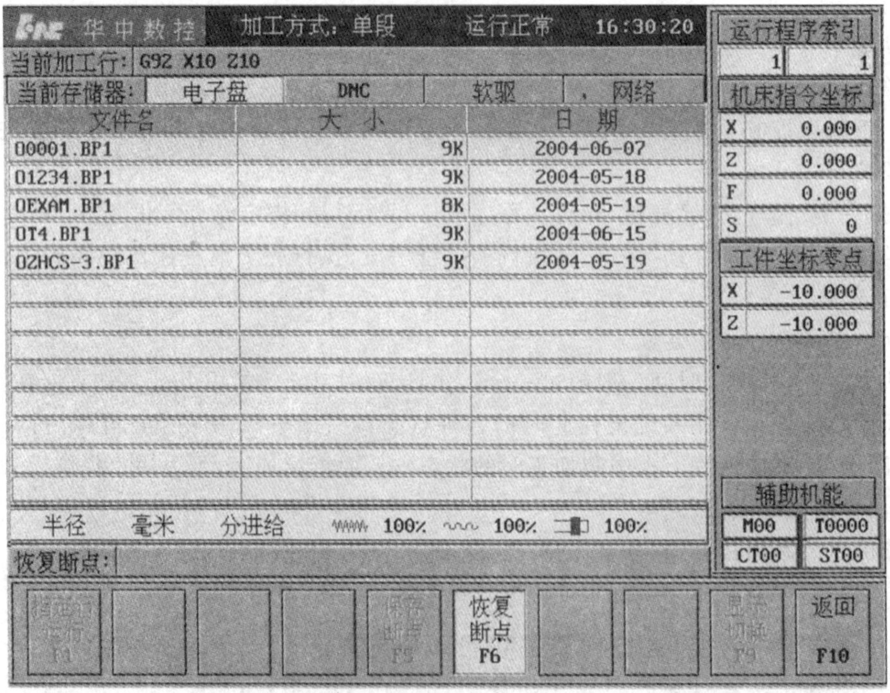

图 6-40　选择要恢复的断点文件名

③用▲、▼键移动蓝色亮条到要恢复的断点文件名，如当前目录下的“O0001. BP1”。

④按 Enter 键，系统会根据断点文件中的信息，恢复中断程序运行时的状态，系统给出如图 6-41 所示提示。

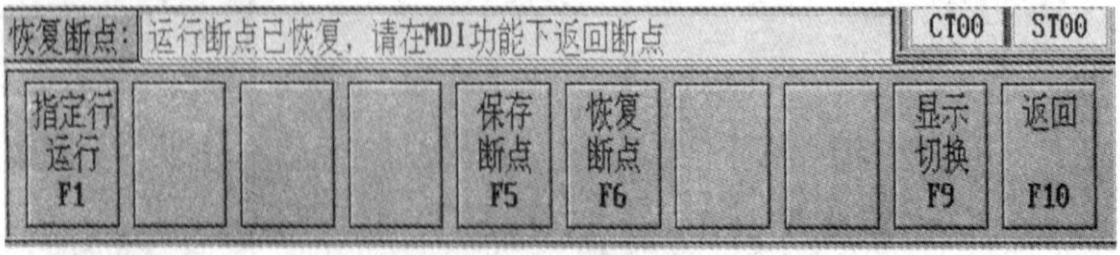

图 6-41　运行断点文件调入后的系统提示

(3)定位至加工断点(F3-F7)。在保存断点后，如果对某些坐标轴，还进行过移动操作，那么在从断点处继续加工之前，必须先重新定位至加工断点。

具体操作如下：

①手动移动坐标轴到断点位置附近，并确保在机床自动返回断点时不发生碰撞。

②在 MDI 方式子菜单下按 F7 键，自动将断点数据输入 MDI 运行程序段，如图 6-42 所示。

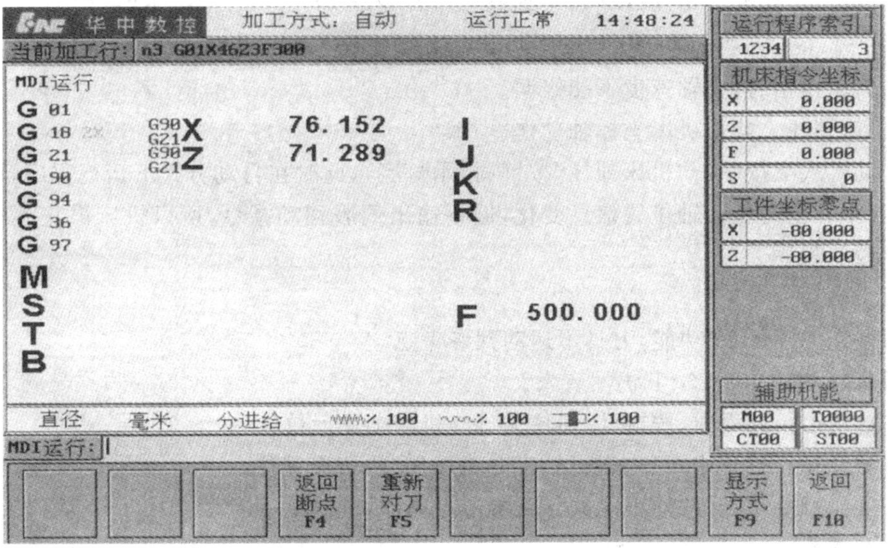

图 6-42　定位到断点系统界面

③按“循环启动”键启动 MDI 运行，系统将移动刀具到断点位置。

④按 F10 键退出 MDI 方式。

定位至加工断点后，按机床控制面板上的“循环启动”键即可继续从断点处加工了。

注意：

在恢复断点之前，必须装入相应的零件程序，否则系统会提示：不能成功恢复断点。

(4)重新对刀(F3-F8)。在保存断点后，如果工件发生过偏移需重新对刀，可使用本功能，重新对刀继续从断点处加工：

①手动将刀具移动到加工断点处。

②在 MDI 方式子菜单下按 F8 键，自动将断点处的工作坐标输入 MDI 运行程序段。

③按“循环启动”键，系统将修改当前工件坐标系原点，完成对刀工作。

④按 F10 键退出 MDI 方式。

重新对刀并退出 MDI 方式后，按机床控制面板上的“循环启动”键即可继续从断点处加工。

6. 运行时干预

(1)进给速度修调。在自动方式或 MDI 运行方式下，当 F 代码编程的进给速度偏高或偏低时，可用进给修调右侧的“100%”和“+”“－”按键，修调程序中的进给速度。

按压“100%”按键(指示灯亮)，进给修调倍率被置为 100%，按一下“+”按键，进给修调倍率递增 2%，按一下“－”按键，进给修调倍率递减 2%。

(2)快移速度修调。在自动方式或 MDI 运行方式下，可用快速修调右侧的“100%”和“+”“－”按键，修调 G00 快速移动时系统参数“最高快移速度”设置的速度。

按压“100%”按键(指示灯亮)，快速修调倍率被置为 100%，按一下“+”按键，快速修调倍率递增 2%，按一下“－”按键，快速修调倍率递减 2%。

(3)主轴修调。在自动方式或 MDI 运行方式下,当 S 代码编程的主轴速度偏高或偏低时,可用主轴修调右侧的“100%”和“+”“-”按键,修调程序中编制的主轴速度。

按压“100%”按键,(指示灯亮),主轴修调倍率被置为 100%,按一下“+”按键,主轴修调倍率递增 2%,按一下“-”按键,主轴修调倍率递减 2%。

机械齿轮换挡时,主轴速度不能修调。

(4)机床锁住。禁止机床坐标轴动作。

在手动方式下按一下“机床锁住”按键(指示灯亮),此时在自动方式下运行程序,可模拟程序运行,显示屏上的坐标轴位置信息变化,但不输出伺服移动指令,所以机床停止不动。这个功能用于校验程序。

注意:

a)即便是 G28、G29 功能,刀具不运动到参考点。

b)机床辅助功能 M、S、T 仍然有效。

c)在自动运行过程中,按“机床锁住”按键,机床锁住无效。

d)在自动运行过程中,只在运行结束时,方可解除机床锁住。

e)每次执行此功能后,须再次进行回参考点操作。

7. 回程序起点

当使用 G92 建立工件坐标系进行加工时,有时加工完一个零件后,刀具发生了移动,此时又需要再利用上一个零件的工件坐标系继续加工,此时为提高加工效率,可进行如下操作,使刀具回到程序的起点位置:

①按下主菜单的 F3 键进入 MDI 功能,如图 6-43 所示。

图 6-43 回程序起点界面

②按 F4 键,系统自动将程序起点数据输入 MDI 运行程序段。

③ 按“循环启动”键启动 MDI 运行,系统将移动刀具到程序起点位置。

注意:

a)使用“回程序起点”功能时,该程序必须是用 G92 建立工件坐标系。

b)使用“回程序起点”功能时,该程序必须已运行一次。

六、显示

1. 显示切换(F9)

HNC-21/22T 的主显示窗口共有 4 种显示方式可供选择:

(1)正文。当前加工的 G 代码程序。

(2)大字符。“由显示值”菜单所选显示值的大字符。

(3)*ZX* 平面图形。在 *ZX* 平面上的刀具轨迹。

(4)坐标值联合显示。工件坐标位置、相对坐标位置、机床坐标位置和剩余进给。

按 F9 键(显示切换),显示方式将在正文、大字符、*ZX* 平面图形和坐标值联合显示方式之间切换，四种显示方式如下所述。

(1)当前加工程序的正文方式，如图 6-44 所示，用户在此显示方式下可查看加工程序运行时的 G 代码。

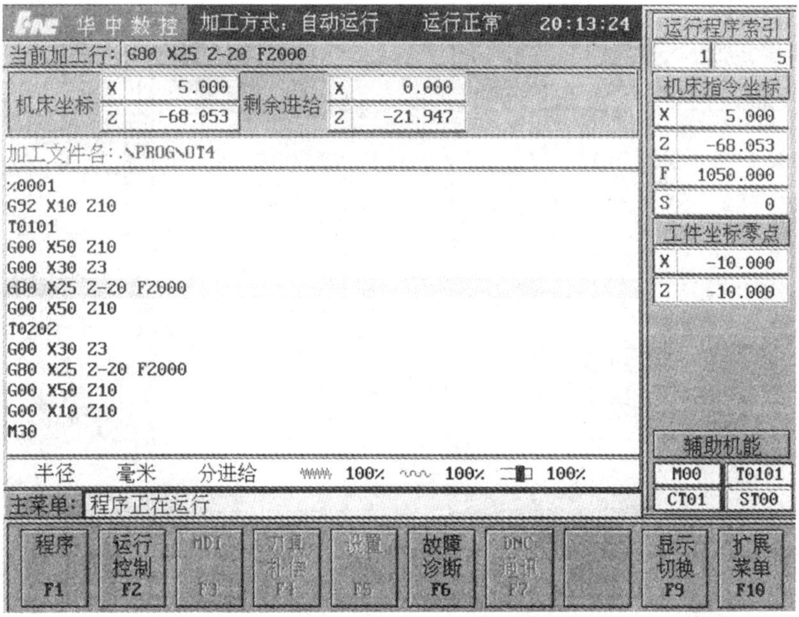

图 6-44　正文显示

(2)大字符显示方式。选好坐标系和显示值类型后，可以大字符显示当前位置值，当前加工程序的大字符方式，如图 6-45 所示。

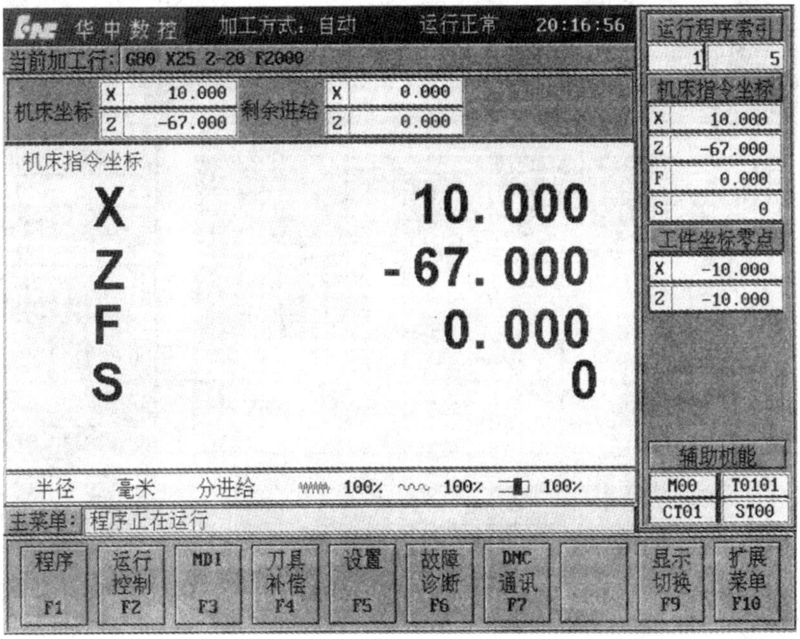

图 6-45　大字符显示

(3)当前加工程序的坐标值联合显示方式，如图 6-46 所示，用户在此显示方式下可同时查看工件坐标位置、相对坐标位置、机床坐标位置和剩余进给。

(4)当前加工程序的 ZX 平面图形显示方式，如图 6-47 所示用户在此显示方式下可直观的查看加工程序的图形。

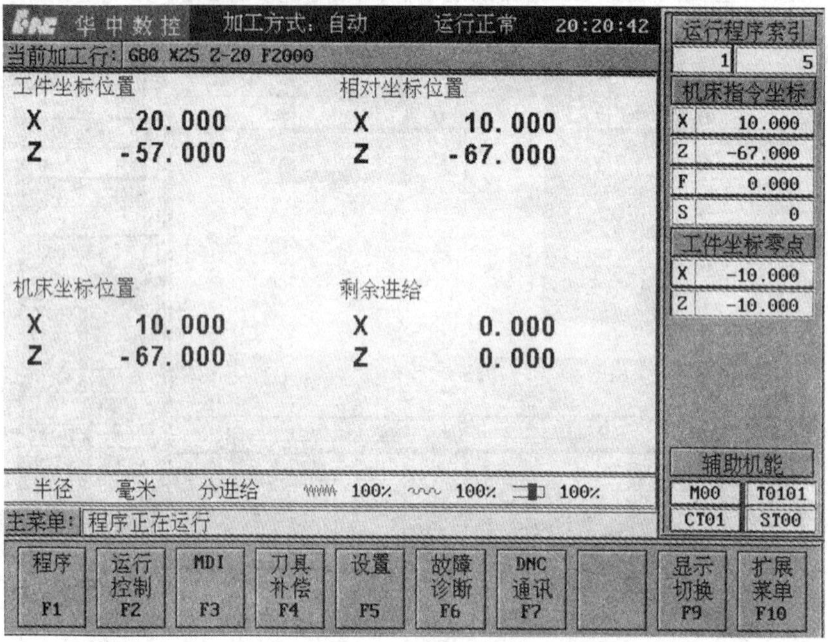

图 6-46 坐标值联合显示

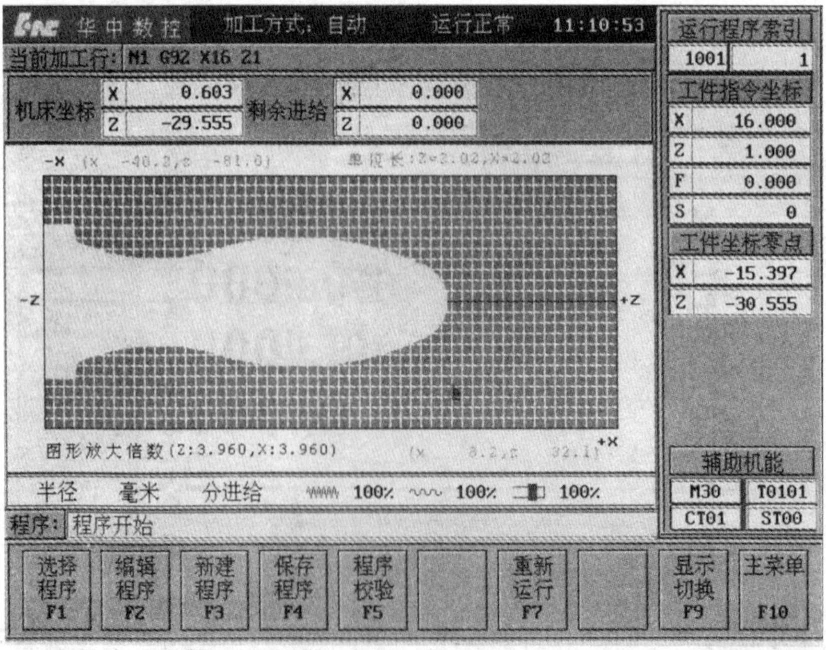

图 6-47 主显示窗口

2. 显示参数的设置

(1)显示值类型选择。当前显示值包括下述几种(图 6-48)。

①指令位置。CNC 输出的理论位置。

②实际位置。反馈元件采样的位置。

③剩余进给。当前程序段的终点与实际位置之差。

④跟踪误差。指令位置与实际位置之差。

⑤负载电流。只对 11 型伺服有效。

⑥补偿值。系统参数对每个轴的机械补偿。

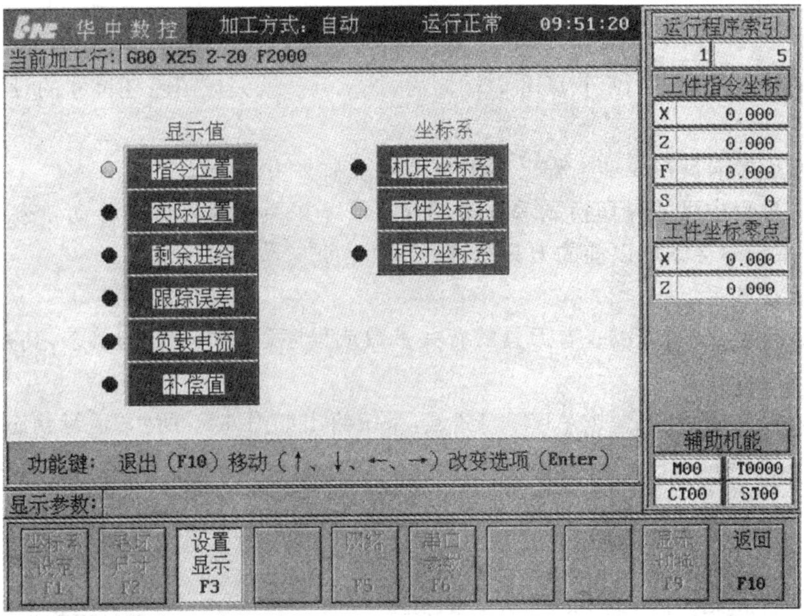

图 6-48　显示值和坐标系设置

显示值选择操作步骤如下：

①在“设置显示”菜单(图 6-48)中,用→、←移动红色标记框选中“显示值”选项。

②用▲、▼移动红色圆标选中“显示值”选项。

③按 Enter 键,即可选中相应的显示值。

(2)坐标系类型选择。由于指令位置与实际位置依赖于当前坐标系的选择,要显示当前指令位置与实际位置,首先要选择坐标系,操作步骤如下:

①在“设置显示”菜单(图 6-48)中,用→、←移动红色标记框选中“坐标系”选项。

②用▲、▼移动红色圆标选中“坐标系”选项。

③按 Enter 键,即可选中相应的坐标系。

④当选中“坐标系”选项,无论“显示值”为何选项,都将显示值置为指令位置选项。

(3)图形显示参数。要显示 *ZX* 平面图形,首先应设置好如下图形显示参数:刀架方位、毛坯尺寸等。(注:刀架方位在“参数→机床参数”项设置),只有设置好以上的参数,*ZX* 平面图形才能正确显示。

1)设置刀架方位。在系统“参数→机床参数→刀架方位”项输入刀架方位输入“0”,则显示坐标系形式 X 轴正向朝下，输入“1”，则显示坐标系形式 X 轴正向朝上。

2)设置毛坯尺寸。设置毛坯尺寸操作步骤如下：

在设置菜单中，选择毛坯尺寸(F2)，系统给出如图 6-49 所示的菜单。

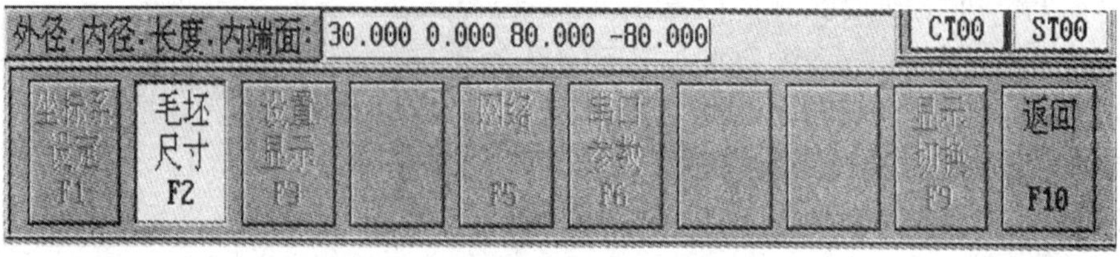

图 6-49 设置毛坯尺寸

当正确地输入外径、内径、长度和内端面后，按 Enter 就完成了毛坯尺寸的设置。

注意：

a)内端面是指卡盘在要加工程序中工件坐标系中 Z 方向的位置。

b)在加工过程中可随时切换显示方式，不过，系统并不保存刀具的移动轨迹，因而在切换显示模式时，系统不会默认以前的刀具轨迹。

3. 运行状态显示

在自动运行过程中，可以查看刀具的有关参数或程序运行中变量的状态，其查看的操作步骤如下：

①在运行控制子菜单下，按 ALT+F2 键，系统给出如图 6-50 所示“运行状态菜单”。

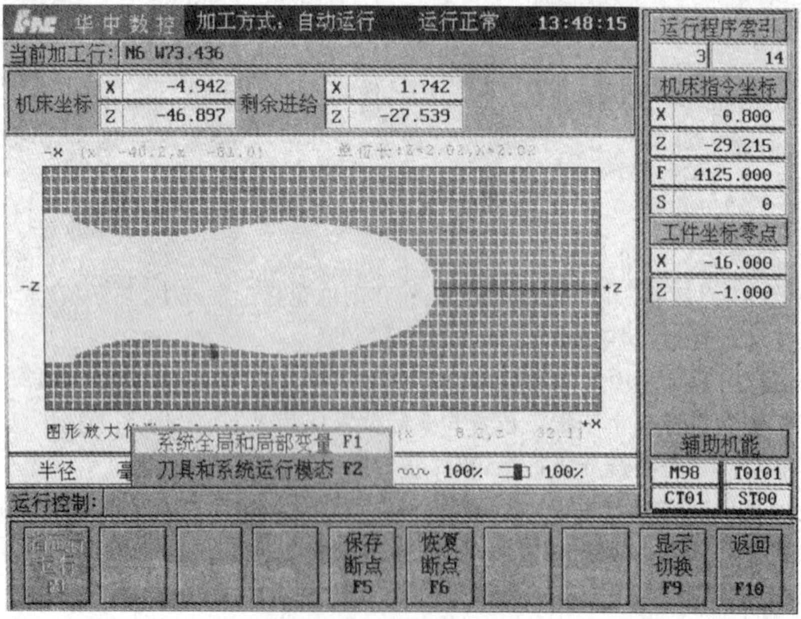

图 6-50 运行状态

②用▲、▼选中其中某一选项，如“系统全局和局部变量”。

③按 Enter 键，弹出系统全局变量和局部变量菜单，然后选择要查看的项，按 Enter 键弹出如图 6-51 所示画面。

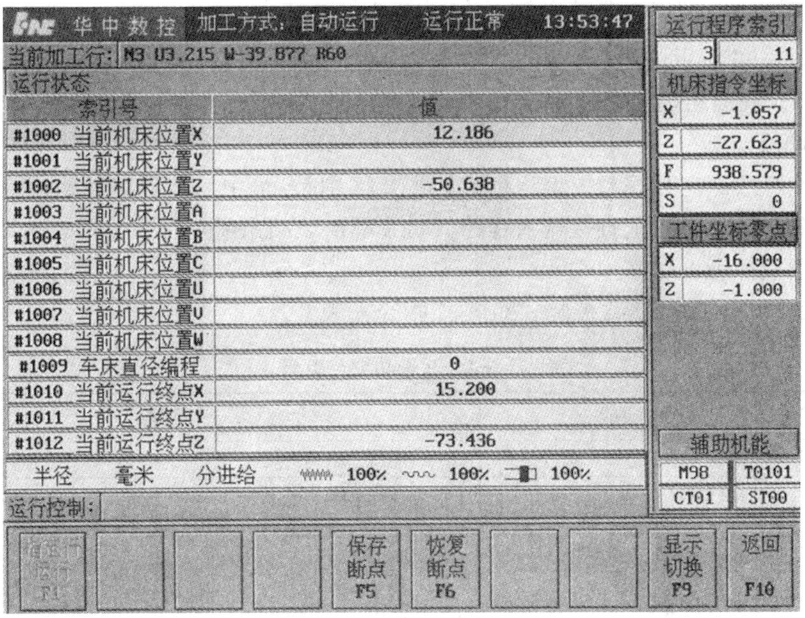

图 6-51　系统运行模态

④用▲、▼、Pgup、Pgdn 可以查看每一子项的值。

⑤按 Esc 键则取消查看。

【技能训练】

按以上各功能的操作步骤和方法练习。

【思考题与练习题】

1. 简述新程序的输入步骤？

2. 简述程序的自动运行、单段运行步骤？

3. 数控车床在什么情况下需回参考点？

4. 数控机床加工中如果出现意外事故，如何处理？

任务 2　典型零件加工

课题 1　外轮廓加工

知识点：

了解华中系统与法那克系统 G 指令区别。

掌握 G00、G01、G71 指令的功能及格式。

会编制简单外轮廓零件的加工工艺。

技能点：

能熟练装夹刀具与工件。

能正确熟练操作机床。

【任务引入】

加工如图 6-56 所示的零件，已知毛坯尺寸为 ϕ45 mm，长为 150 mm，要求所有尺寸偏差均在±0.02 mm。表面粗糙度值均为 R_a3.2 μm，现进行工件的安装。

【相关知识】

华中系统与法那克数控系统编程格式的主要区别是：华中系统程序开始用%加上四位数字组成程序名。法那克系统直接输入程序。一个程序段结束需加“;”，数据输入结束需加“.”，但通过系统设置都可以省略。

华中世纪星 HNC-21T 数控装置 G 功能指令见表 6-3。

表 6-3　准备功能一览表

G 代码	组	功能	格式
G00	01	快速定位	G00 X(U)_Z(W)_
G01		直线插补	G01 X(U)_Z(W)_F_
		倒角加工	G01 X(U)_Z(W)_C_ G01 X(U)_Z(W)_R_ *X*,*Z*：绝对编程时，为未倒角前相邻程序段轨迹的交点 G 的坐标值 *U*,*W*：增量编程时，为 G 点相对于起始直线轨迹的始点 A 点的移动距离 *C*：倒角终点 C，相对于相邻两直线的交点 G 的距离 *R*：倒角圆弧的半径值
G02		顺圆插补	$\left.\begin{array}{l}\text{G02}\\\text{G03}\end{array}\right\}$ X(U)_Z(W)_ $\left\{\begin{array}{l}\text{I\_K\_}\\\text{R\_}\end{array}\right\}$ F_
G03		逆圆插补	
G02 (G03)		倒角加工	G02(G03) X(U)_Z(W)_R_RL=_ G02(G03) X(U)_Z(W)_R_RC=_
G04	00	暂停	G04P_　　P：暂停时间，单位为 s
G20 G21	08	英制输入 米制输入	G21X_Z_
G28 G29	00	返回到参考点 由参考点返回	G28X_Z_ G29X_Z_
G32	01	螺纹切削	G32X(U)_Z(W)_R_E_P_F_
G36 G37	17	直径编程 半径编程	
G40 G41 G42	09	刀尖半径补偿取消 左刀补 右刀补	G40 G00 (G01)X_Z_ G41 G00 (G01)X_Z_ G42 G00 (G01)X_Z_
G54 G55 G56 G57 G58 G59	11	坐标系选择	

续表 6-3

G 代码	组	功能	格式
G71	06	内(外)径粗车复合循环(无凹槽加工时) 内(外)径粗车复合循环(有凹槽加工时)	G71U(Δd)RIP(ns)Q(nf)X(Δx)Z(Δz)F(f)S(s)T(t) G71U(Δd)RIP(ns)Q(nf)E(e)F(f)S(s)T(t)
G72		端面粗车复合循环	G72W(Δd)RIP(ns)Q(nf)X(Δx)Z(Δz)F(f)S(s)T(t)
G73		闭环车削复合循环	G73U(ΔI)W(Δk)RIP(ns)Q(nf)X(Δx)Z(Δz)F(f)S(s)T(t)
G76		螺纹切削复合循环	G76CIRIE(e)A(a)X(x)Z(z)I(i)K(k)U(d) V(Δd_{min})Q(Δd)P(p)F(L)
G80		圆柱面内(外)径切削循环 圆锥面内(外)径切削循环	G80X_Z_F_ G80X_Z_I_F_
G81		端面车削固定循环 端锥面车削固定循环	G81X_Z_F_ G81X_Z_K_F_
G82		直螺纹切削循环 锥螺纹切削循环	G82X_Z_R_E_C_P_F_ G82X_Z_I_R_E_C_P_F_
G90 G91	13	绝对值编程 增量值编程	
G92	00	工件坐标系设定	G92X_Z_
G94 G95	14	每分钟进给速率 每转进给	G94[F_] G95[F_]
G96 G97	16	恒线速度有效 取消恒线速度	G96S_ G97S_

注:(1)00 组中的 G 代码是非模态的,其他组的 G 代码是模态的。

华中世纪星 HNC-21T 数控装置 M 指令功能如表 6-4 所示(标记者为缺省值):

表 6-4　华中世纪星 HNC-21T 数控装置 M 指令功能表

代码	模态	功能说明	代码	模态	功能说明
M00	非模态	程序停止	M03	模态	主轴正转启动
M01	非模态	选择停止	M04	模态	主轴反转启动
M02	非模态	程序结束	M05	模态	主轴停止转动
M30	非模态	程序结束并返回程序起点	M07	模态	切削液打开
			M08	模态	切削液打开
M98	非模态	调用子程序	M09	模态	切削液停止
M99	非模态	子程序结束			

其中:M00、M01、M02、M30、M98、M99 用于控制零件的走向,是 CNC 内定的辅助功能,不由机床制造商设计决定,也就是说,与 PLC 程序无关;

其余 M 代码用于机床各种辅助功能的开关动作,其功能不由 CNC 内定,而是由 PLC 程序指定所以有可能因机床制造厂不同而有差异(表内为标准 PLC 指定的功能),请使用者参考机床说明书。

内(外)径粗车复合循环 G71 指令详解:

一、无凹槽加工时

1. 格式

G71 U(Δd)R(r)P(ns)Q(nf)X(Δx)Z(Δz)F(f)S(s)T(t)

2. 说明

该指令执行如图 6-52 所示的粗加工和精加工,其中精加工路径为 $A \to A' \to B' \to B$ 的轨迹。

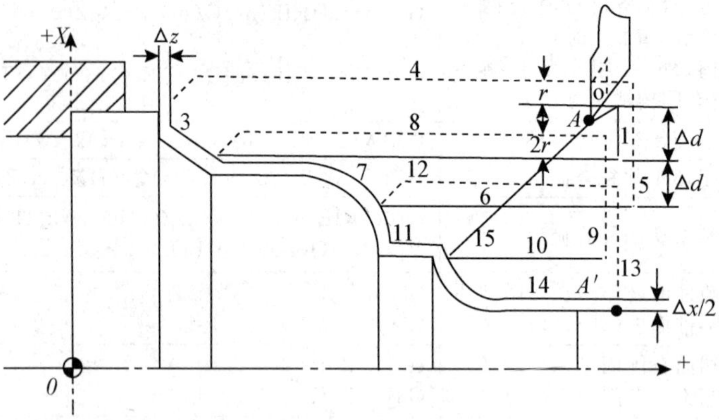

图 6-52 内、外径粗切复合循环

Δd:切削深度(每次切削量),指定时不加符号,方向由矢量 AA' 决定;

r:每次退刀量;

ns:精加工路径第一程序段(即图中的 AA')的顺序号;

nf:精加工路径最后程序段(即图中的 $B'B$)的顺序号;

Δx:X 方向精加工余量;

Δz:Z 方向精加工余量;

F,S,T:粗加工时 G71 中编程的 F、S、T 有效,而精加工时处于 ns 到 nf 程序段之间的 F、S、T 有效。G71 切削循环,切削进给方向平行于 Z 轴,$X(\Delta U)$ 和 $Z(\Delta W)$ 的符号如图 6-53 所示。其中(+)表示沿轴正方向移动,(−)表示沿轴负方向移动。

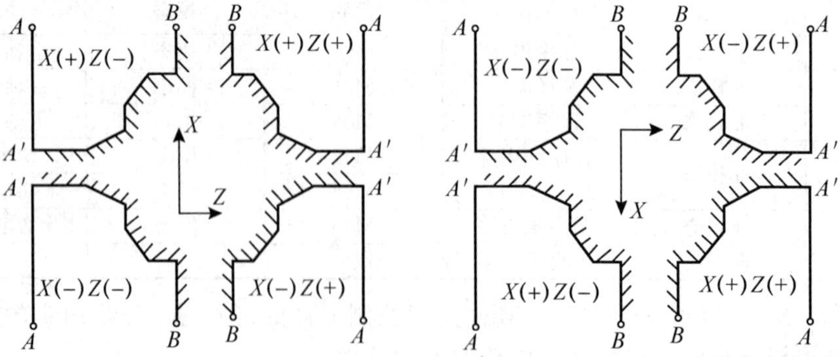

图 6-53 复合循环下 $X(U)$ 和 $Z(W)$ 的符号

二、有凹槽加工时

1. 格式

G71 U(Δd)R(r)P(ns)Q(nf)E(e)F(f)S(s)T(t)。

2. 说明

该指令执行如图 6-54 所示的粗加工和精加工,其中精加工路径为 $A \to A' \to B' \to B$ 的轨迹。

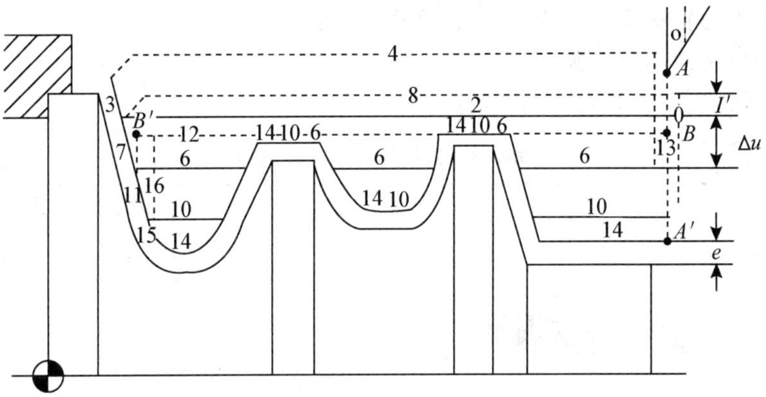

图 6-54　内(外)径粗车复合循环 G71

Δd:切削深度(每次切削量),指定时不加符号,方向由矢量 AA' 决定;

r:每次退刀量;

ns:精加工路径第一程序段(即图中的 AA')的顺序号;

nf:精加工路径最后程序段(即图中的 $B'B$)的顺序号;

e:精加工余量,其为 X 方向的等高距离;外径切削时为正,内径切削时为负,粗加工时 G71 中编程的 F、S、T 有效,而精加工时处于 ns 到 nf 程序段之间的 F、S、T 有效。

注意:

a)G71 指令必须带有 P、Q 地址 ns、nf,且与精加工路径起、止顺序号对应,否则不能进行该循环加工。

b)ns 的程序段必须为 G00/G01 指令,即从 A 到 A' 的动作必须是直线或点定位运动。

c)在顺序号为 ns 到顺序号为 nf 的程序段中,不应包含子程序。

【任务实施】

一、夹具选用

根据零件的形状特点和加工部位,安装工件时采用通用夹具:三爪自动心卡盘如图 6-55 所示。零件可以在三爪自定心卡盘上直接装夹。

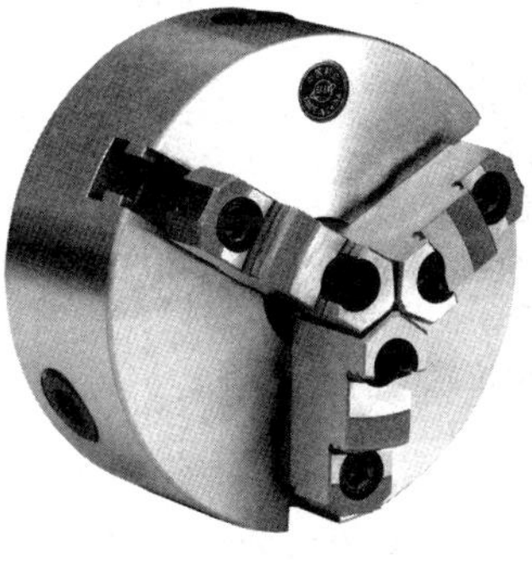

图 6-55　三爪自定心卡盘

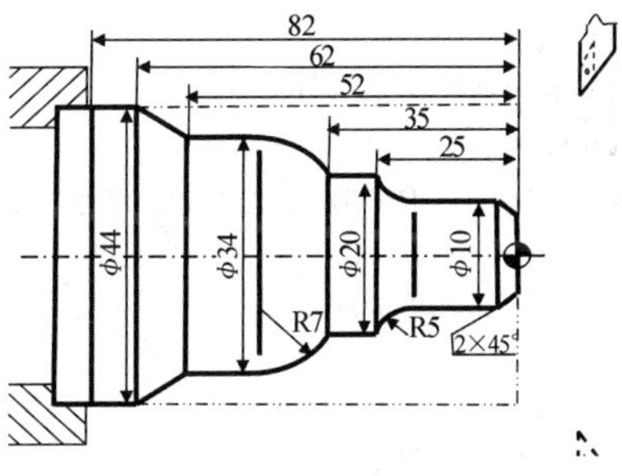

图 6-56　外轮廓车削编程实例

二、加工工序

(1)装夹 ϕ45 mm 的外圆,工件伸出长度 85 mm,找正。装夹 45°车刀,90°车刀。

(2)采用 45°车刀车端面,车平即可。

(3)粗精加工外轮廓至尺寸要求,并保证表面粗糙度要求。

三、刀具选择及切削参数确定

所要加工零件确定刀具及切削参数(表 6-5)。

表 6-5 刀具及切削参数选择

刀位号	刀补号	所选刀具	加工方式	背吃刀量/mm	进给量/(mm/r)	主轴转速/(r/min)	加工部位
T01	01	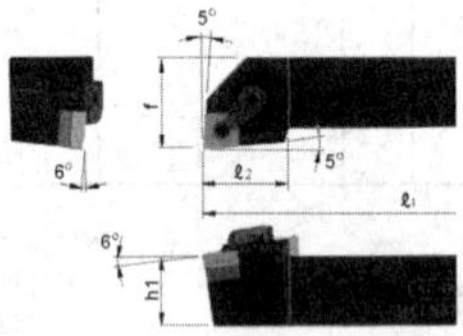	自动	1.5	0.25	400	外轮廓
T02	02	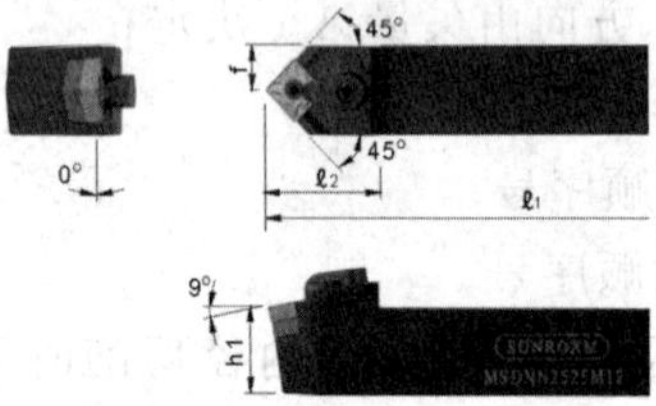	手动	1	0.2	800	端面
T03	03	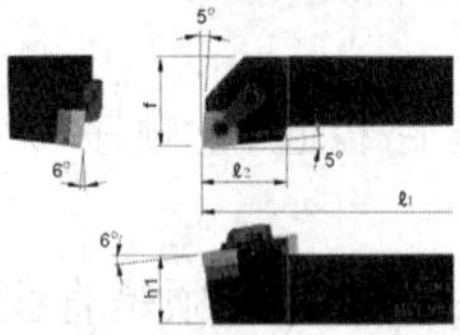	自动	0.25	0.1	1 000	外轮廓

四、加工程序编制

对所要加工零件编程,华中世纪星 21T 系统编程程序如下(表 6-6):

表 6-6 华中世纪星 21T 系统编程程序

%3 000	程序名
N10M03S400;	主轴以 400 r/min 正转
N20G95G97G40;	
N30G00X100Z100;	刀具退到安全位置
N40T0101;	调 1 号刀,刀补号 01
N50G00X46Z3;	刀具到循环起点位置
N60G71U1.5R0.5P130Q230X0.5Z0.08 F0.25;	粗车背吃刀量:1.5 mm 精车背吃刀量:X0.5 mm,Z0.08 mm 进给量 F0.25
N70G00X100Z100;	刀具退到安全位置
N80M05;	主轴停
N90M00;	程序暂停
N100M03S1000;	主轴以 1 000 r/min 正转
N110T0303G95;	调 3 号刀,刀补号 03
N120G00X46Z3:	刀具到循环起点位置
N130G00X0:	精加工轮廓起始行
N140G01Z0F0.1;	
N150G01X10C2;	精加工 C2 倒角

续表 6-6

%3 000	程序名
N160Z-20；	精加工 ϕ10 mm 外圆
N170G02X20W-5R5；	精加工 R5 mm 圆弧
N180G01W-10；	精加工 ϕ20 mm 外圆
N190G03X34W-7R7；	精加工 R7 mm 圆弧
N200G01Z-52；	精加工 ϕ34 mm 外圆
N210X44W-10；	精加工外圆锥
N220W-20；	精加工 ϕ44 mm 外圆
N230X50；	退出已加工面，精加工轮廓结束
N240G00X100Z100；	刀具退回到安全位置
N250M05；	主轴停
N260M30；	主程序结束并复位

【评分标准】

成绩分现场得分与试件得分两部分，实操成绩为现场得分和试件得分之和，满分为 100 分，其中现场得分最高 40 分，试件得分最高 60 分。

现场得分成绩由现场老师按评分标准评定，试件得分成绩由老师根据试件检测结果。

【思考题与练习题】

试比较华中系统与法那克系统 G71 指令的区别？

课题 2　内轮廓加工

知识点：

掌握 G80 指令的功能及格式。

掌握孔类零件加工刀具的选用原则。

会制定通孔加工工艺。

技能点：

能合理装夹工件和安装刀具。

会编制简单内轮廓零件的加工程序。

掌握简单套类零件加工方法。

【任务引入】

加工图 6-59 所示的套筒零件。毛坯直径为 ϕ45 mm，长为 80 mm，材料为 45＃钢，未注倒角 C1，未注的表面粗糙度为 $R_a 12.5\ \mu m$。

【相关知识】

一、圆柱面内(外)径切削循环 G80

1. 格式

G80X_Z_F_。

2. 说明

X、Z：绝对值编程时，为切削终点 C 在工件坐标系下的坐标；

增量值编程时，为切削终点 C 相对于循环起点 A 的有向距离，图形中用 U、W 表示。

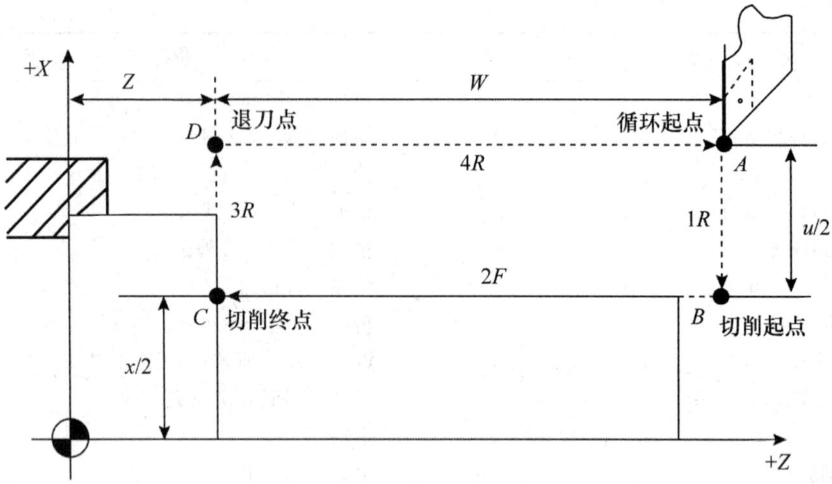

图 6-57 圆柱面内(外)径切削循环

该指令执行如图 6-57 所示 A→B→C→D→A 的轨迹动作。

二、圆锥面内(外)径切削循环

1. 格式

G80X_Z_I_F_。

2. 说明

X、Z:绝对值编程时,为切削终点 C 在工件坐标系下的坐标;

增量值编程时,为切削终点 C 相对于循环起点 A 的有向距离,图形中用 U、W 表示。

I:为切削起点 B 与切削终点 C 的半径差。其符号为差的符号(无论是绝对值编程还是增量值编程)。

该指令执行如图 6-58 所示 A→B→C→D→A 的轨迹动作。

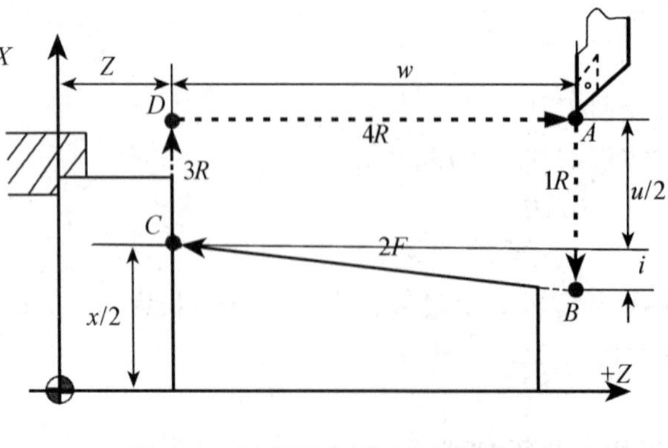

图 6-58 圆锥面内(外)径切削循环

【任务实施】

一、夹具选用

根据零件的图样特点和加工部位,安装工件时采用通用夹具:三爪自定心卡盘。零件可以在三爪自定心卡盘上直接装夹。

二、加工工序

(1)装夹 $\phi45$ mm 的外圆,找正,见图 6-60。粗加工 $\phi34$ mm 的外圆、加工 $\phi42$ mm 的外圆、车 2 mm×0.5 mm 的槽。所用刀具有外圆加工正偏刀(T01)、刀宽为 2 mm 的车槽刀(T02)。加工工艺路线为:粗加工 $\phi42$ mm 的外圆(留余量)—粗加工 $\phi34$ mm 的外圆(余留量)—精加工 $\phi42$ mm 的外圆—车槽—切断。

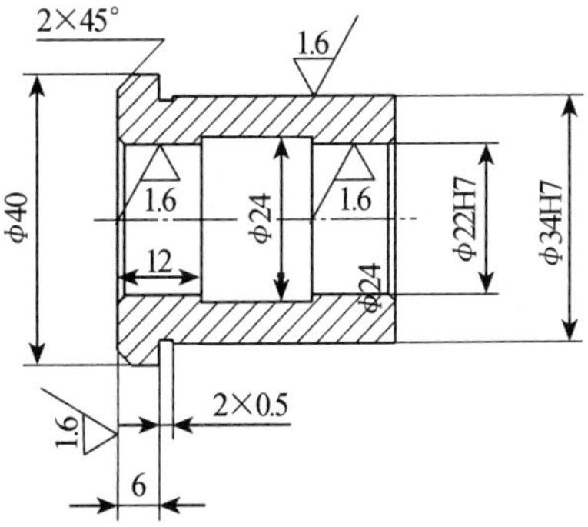

图 6-59　套筒零件

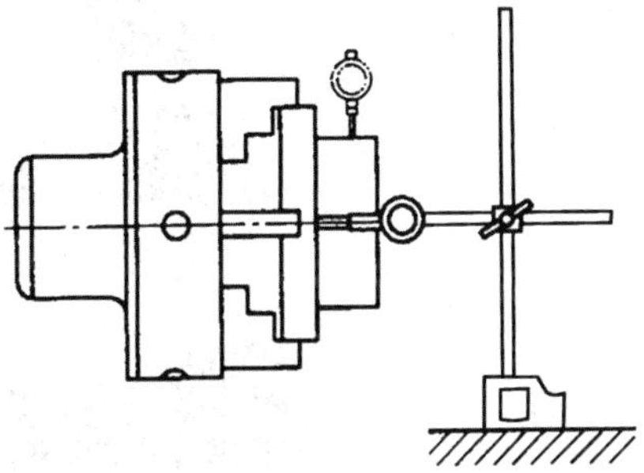

图 6-60　工件找正

(2)用软爪装夹 $\phi34$ mm 外圆,加工内孔。所用刀具有内孔车刀(T03)、刀宽为 4 mm 的内槽车刀(T04)。加工工艺路线为:加工端面—粗加工 $\phi22$ mm 的内孔—精加工 $\phi22$ mm 的内孔—车槽($\phi24$×16)。

(3)工件套心轴,精车 $\phi34$ mm 的外圆。所用刀具为精加工正偏刀(T01)。加工工艺路线为:精加工 $\phi34$ mm 的外圆。

三、刀具选择及切削参数确定

所要加工零件确定刀具及切削参数(表 6-7)。

表 6-7　刀具及切削参数选择

刀位号	刀补号	所选刀具	加工方式	背吃刀量/mm	进给量/(mm/r)	主轴转速/(r/min)	加工部位
T01	01	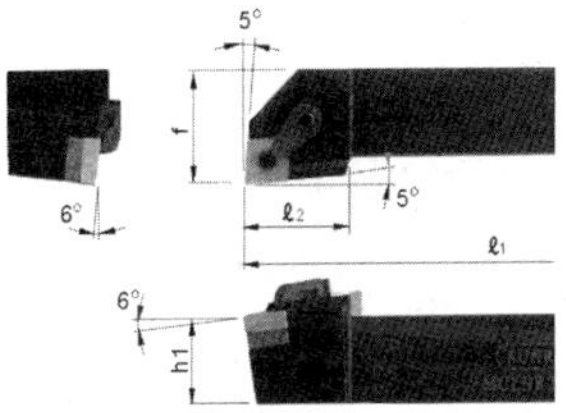	自动	1.5	0.3	600	外轮廓
T03	03	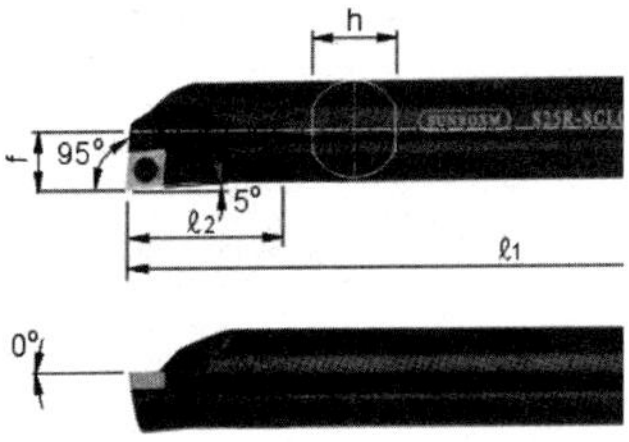	自动	1.5	0.1	600 500 (精倒内孔角)	内孔

续表 6-7

刀位号	刀补号	所选刀具	加工方式	背吃刀量/mm	进给量/(mm/r)	主轴转速/(r/min)	加工部位
T04	04	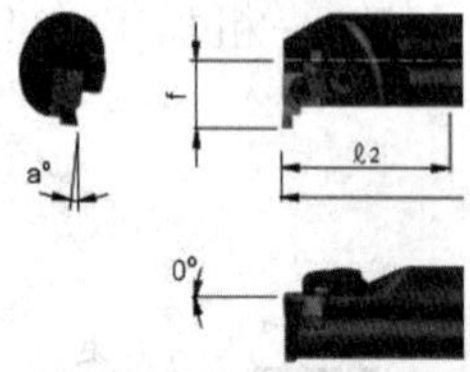	自动	4	0.05	600	内槽
T02	02	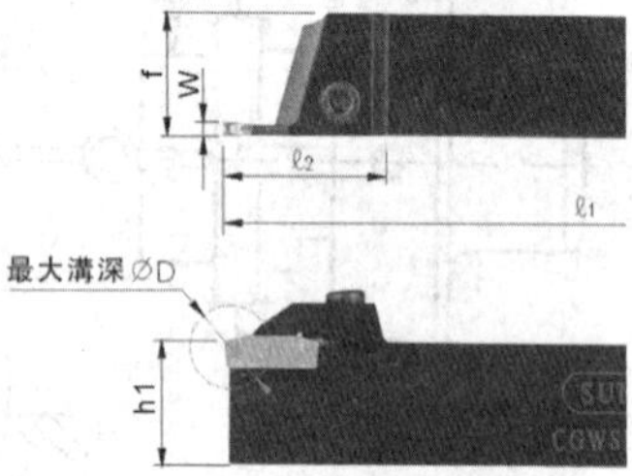	自动	2	0.05	600	外槽
T05	05	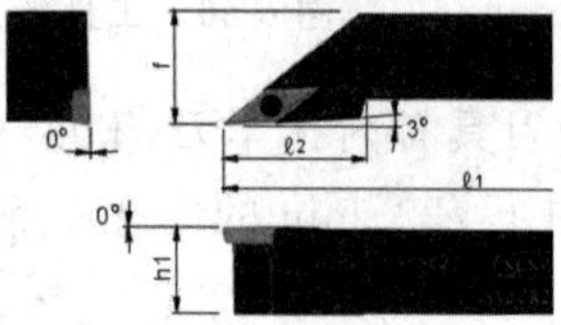	手动	1.5	0.1	1 200	端面

四、加工程序编制

1. 加工 ϕ34 mm、ϕ42 mm 外圆、车 2 mm×0.5 mm 槽的程序

```
%6111
N10M03S600              主轴正转,转速 600 r/min
N20G97G95G40            修正机床状态
N30G00X100Z100          运行到换刀点
N40T0101                调 T01 外圆车刀
N50G00X47Z2             运行到循环起刀点
N60G80X42.5Z-41F0.1     粗车 φ42 mm 外圆,留径向余量 0.5 mm
N70X39.5Z-34            粗车 φ34 mm 外圆
N80X36.5Z-34
N90X34.5Z-34
N100G01X31Z1
N110X35Z-1              倒角 C1
N120X42                 精车 φ42 mm 外圆
N130Z-41
N140X47
N150G00X100Z100         运行到换刀点
N160G95T0202
N170G00X44Z-34
N180G01X33F0.05         车槽
N190X44
```

N200G00Z-42.5	
N210G01X0F0.05	切断工件
N220G00X100Z100	运行到换刀点
N230M05	主轴停止
N240M30	程序结束

2.加工内孔的程序

%6112	
N10M03S600	主轴正转转速 600 r/min
N20G97G95G40	修正机床状态
N30G00X100Z100	运行到换刀点
N40T0202	调 T02 端面刀
N50G00X44Z2	
N60G01Z0F0.3	车端面
N70X20F0.05	
N80G00Z2	
N90X100Z100	运行到换刀点
N100G95T0303	调 T03 内孔刀
N110G00X18Z2	运行到循环起刀点
N120G80X21.5Z-41F0.1	粗车 ϕ22 mm 内孔,留径向余量 0.5 mm
N130G01X26Z1	
N140X22Z-1	倒角 $C1$
N150Z-41	精车 ϕ22 mm 的内孔
N160G01X18	
N170G00Z100	
N180X100	
N190G95T0404	调 T04 内槽刀
N200G00X20Z2	
N210Z-16	
N220G01X24F0.05	车槽
N230X20F0.3	
N240Z-20	
N250X24F0.05	车槽
N260X20F0.3	
N270Z-24	
N280X24F0.05	车槽
N290X20F0.3	
N300Z-28	
N310X24F0.05	车槽
N320Z-16	
N330X20F0.3	
N340G00Z100	
N350X100	
N360M05	主轴停止
N370M30	程序结束

3. 精车 ϕ34 mm 外圆的程序

%6113	
N10M03S1200	主轴正传,转速 1 200 r/min
N20G97G95G40	修正机床状态
N30G00X100Z100	运行到换刀点
N40T0505	调 T05 外圆车刀
N50G00X36Z2	运行到循环起刀点
N60G01X30Z1F0.3	
N70X34Z-1F0.1	倒角 *C*1
N80Z-34	精车 ϕ34 mm 的外圆
N90X45F0.3	
N100G00X100Z100	运行到换刀点
N110S500	
N120G95T0303	调 T03 内孔刀
N130G00X20Z2	
N140G01X26Z1F0.3	
N150X22Z-1F0.1	倒 *C*1 内孔角
N160X20	
N170G00Z1	
N180X100	
N190M05	主轴停止
N200M30	程序结束

【思考题与练习题】

1. 试比较华中系统 G80 与法那克系统 G90 指令格式的区别?
2. 加工如图 6-61 所示的零件,试使用 G80 指令编写加工程序。

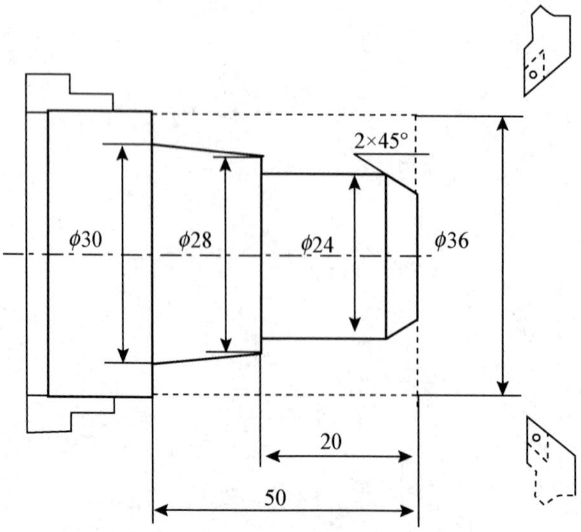

图 6-61　外轮廓加工零件图

课题 3　沟槽加工

知识点：

掌握子程序的功能及调用格式。

会编制槽类零件加工工艺。

技能点：

掌握切槽刀加工方法。

掌握工件的安装、找正方法。

【任务引入】

图 6-63 所示为车削不等距槽的示例。对等距槽采用循环比较简单，而不等距槽则调用子程序较为简单。已知毛坯直径 ϕ45 mm，长度为 ϕ70 mm。

【相关知识】

子程序调用及返回

M98 用来调用子程序。

M99 表示子程序返回。

1. 子程序的格式

% ****

……

M99

在子程序开头，必须规定子程序号，以作为调用地址。在子程序的结尾用 M99，以控制执行完该子程序后返回主程序。

2. 调用子程序的格式

M98P_L_。

P：被调用的子程序号。

L：重复调用次数。

【任务实施】

一、夹具选用

根据零件的图样特点和加工部位，安装工件时采用一夹一顶的方法，如图 6-62 所示。

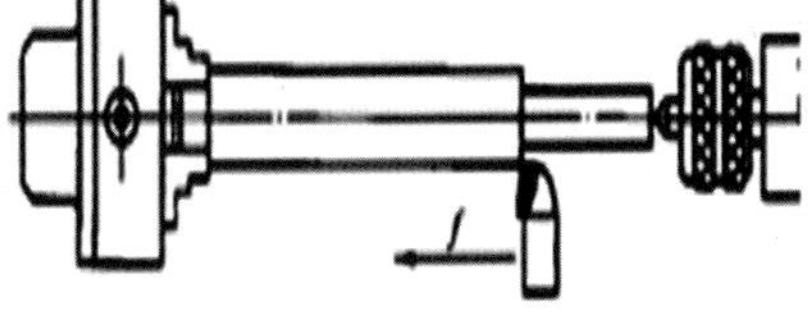

图 6-62　工件装夹

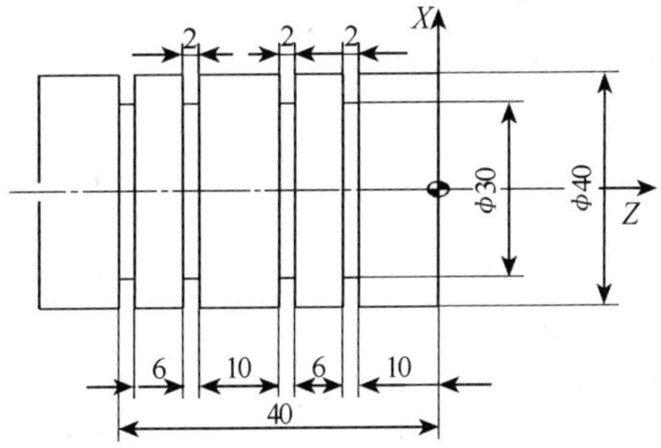

图 6-63　车槽

二、加工工序

(1)三爪自定心卡盘装夹工件,伸出 55 mm 左右。装夹 45°车刀,刀位 T03。装夹外圆车刀,刀位 T01。装夹车槽刀,刀位 T02。

(2)采用 45°车刀,车平面,车平即可。装夹中心钻,钻中心孔。

(3)采用一夹一顶装夹工件,装夹外圆车刀车削 ϕ40 外圆至尺寸要求。

(4)采用车槽刀,车槽至尺寸要求。

(5)调头切断,保证总长。

三、刀具及切削参数选择

刀具及切削参数选择见表 6-8。

表 6-8 刀具及切削参数选择

刀位号	刀补号	所选刀具	加工方式	背吃刀量/mm	进给量/(mm/r)	主轴转速/(r/min)	加工部位
T01	01	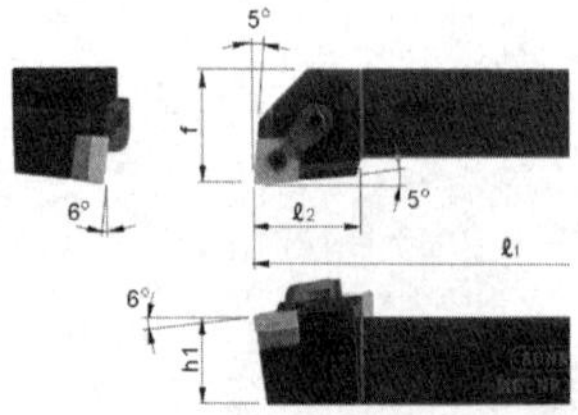	自动	1.5(粗) 0.25(精)	0.3(粗) 0.1(精)	600(粗) 1 000(精)	外轮廓
T02	02	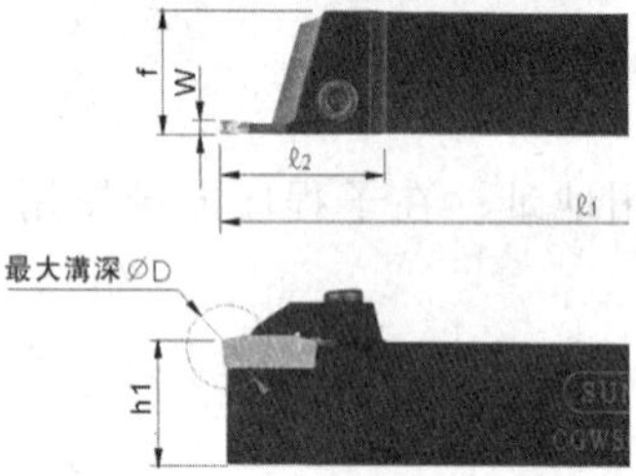	自动	2	0.05	600	槽
T03	03	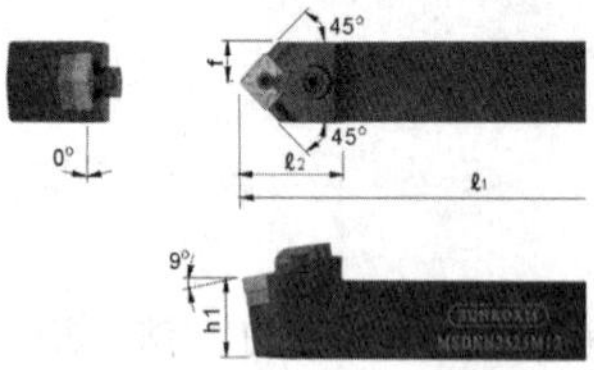	手动	0.5	0.05	400	端面

四、零件编程

%0004

N10M03S600;	主轴正转,转速 600 r/min
N20G95G97G40;	修正机床状态
N30G00X100Z3;	运行到换刀点
N40T0101;	调 T01 外圆车刀
N50G00X42Z2;	
N60G80X42Z-51F0.3;	粗车外轮廓
N70X40.5;	
N80G00X40S1000;	

```
N90G01Z-51;                 精车外轮廓
N100G00X100Z3;              运行到换刀点
N110M05;                    主轴停止
N120M30;                    程序结束
%0005
N10M03S600;                 主轴正转,转速 600 r/min
N20G95G97G40;               修正机床状态
N30G00X100Z3;               运行到换刀点
N40T0202;                   调 T02 车槽刀
N50G00X42Z-12;
N60M98P0006;                调用子程序
N70G00W-12;
N80M98P0006;                调用子程序
N90G00X100Z3;               运行到换刀点
N100M05:                    主轴停止
N110M30;                    程序结束
%0006
N010G01X30F0.05;            车槽
N020G04P1;                  暂停 1 s
N030X42F0.3:                快速退刀
N040W-8:
N050X30F0.05;               车槽
N060G04P1;
N070X42F0.3;
N080M99;                    子程序结束
```

成绩评分标准参照前面课题内容。

【思考题与练习题】

试比较华中系统子程序调用格式与法那克系统的异同。

课题 4　螺纹加工

知识点:

掌握螺纹加工指令及应用。

掌握螺纹加工刀具选择。

会制定螺纹加工工艺。

技能点:

掌握螺纹车刀的安装及对刀。

掌握螺纹加工的方法。

【任务引入】

加工如图 6-68 所示的螺纹,以工件左端面中心为工件坐标系原点,毛坯直径为 ϕ40 mm,长为 110 mm,材料为 45#钢,未注倒角 C1,表面粗糙度 R_a3.2 μm。圆柱螺纹的螺纹导程为 1.5 mm,每次吃刀量(直径值)分别为 0.8 mm、0.6 mm、0.4 mm、0.16 mm。

【相关知识】

一、螺纹切削 G32 指令

1. 圆柱直螺纹切削

(1)格式。G32X(U)_Z(W)_R_E_P_F_。

(2)说明。X、Z:为绝对值编程时,有效螺纹终点在工件坐标系中的坐标。

U、W:为增量值编程时,有效螺纹终点相对螺纹切削起点的位移量。

F:螺纹导程,即主轴每转一圈,刀具相对工件的进给值。

R、E:螺纹切削的退尾量,R 表示 Z 向退尾量,E 为 X 向退尾量。

R、E 在绝对或增量编程时都是以增量方式指定,其为正表示沿 Z、X 正向回退,为负表示沿 Z、X 负向回退。使用 R、E 可免去退刀槽。R、E 可以省略,表示不用回退功能;根据螺纹标准,R 一般取 2 倍的螺距,E 取螺纹的牙型高。

P:主轴基准脉冲处距离螺纹切削起始点的主轴转角。

2. 圆锥螺纹切削

(1)格式。G32X(U)_Z(W)_I_R_E_P_F_。

(2)说明。I 为螺纹起点 B 相对于螺纹终点 C 的半径差,无论是绝对值编程还是增量值编程,均表示半径差值。对于前端小后段大的正锥螺纹段,I 为负,对于车前端大后端小的倒锥螺纹内螺纹,I 为正号。其他参数与圆柱螺纹相同。

二、螺纹切削循环 G82 指令

1. 直螺纹切削循环

(1)格式。G82 X(U)_Z(W)_R_E_C_P_F(J)_。

(2)说明。X、Z:绝对值编程时,为螺纹终点 C 在工件坐标系下的坐标。

增量值编程时,为螺纹终点 C 相对于循环起点 A 的有向距离,图形中用 U、W 表示。

R,E:螺纹切削的退尾量,R,E 均为向量,R 为 Z 向回退量;E 为 X 向回退量,R、E 可以省略,表示不用回退功能。

C:螺纹头数,为 0 或 1 时切削单头螺纹。

P:单头螺纹切削时,为主轴基准脉冲处距离切削起点的主轴转角(默认值为 0);多头螺纹切削时,为相邻螺纹头的切削始点之间对应的主轴转角。

F:螺纹导程。

J:英制螺纹。

该指令执行如图 6-64 所示 $A \to B \to C \to D \to A$ 的轨迹动作。

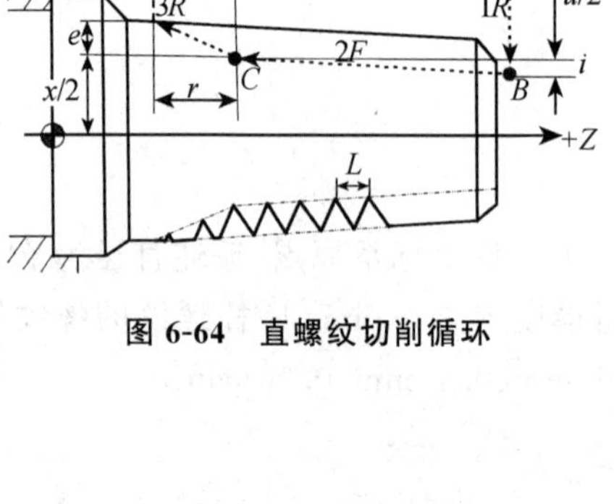

图 6-64 直螺纹切削循环

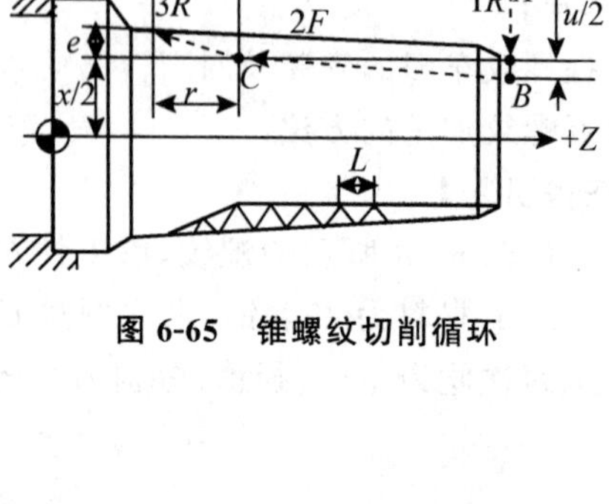

图 6-65 锥螺纹切削循环

2.锥螺纹切削循环

(1)格式。G82 X(U)_Z(W)_I_R_E_C_P_F_。

(2)说明。X、Z:绝对值编程时,为螺纹终点 C 在工件坐标系下的坐标。

增量值编程时,为螺纹终点 C 相对于循环起点 A 的有向距离,图形中用 U、W 表示。

I:为螺纹起点 B 与螺纹终点 C 的半径差。其符号为差的符号(无论是绝对值编程还是增量值编程)。

R,E:螺纹切削的退尾量,R,E 均为向量,R 为 Z 向回退量;E 为 X 向回退量,R、E 可以省略,表示不用回退功能。

C:螺纹头数,为 0 或 1 时切削单头螺纹。

P:单头螺纹切削时,为主轴基准脉冲处距离切削起点的主轴转角(默认值为 0);多头螺纹切削时,为相邻螺纹头的切削始点之间对应的主轴转角。

F:螺纹导程。

该指令执行如图 6-65 所示 $A \to B \to C \to D \to A$ 的轨迹动作。

三、螺纹切削复合循环 G76 指令

1.格式

G76C(c)R(r)E(e)A(a)X(x)Z(z)I(i)K(k)U(d)V(Δd_{min})Q(Δd)P(p)F(L);

2.说明

螺纹切削固定循环 G76 执行如图 6-66 所示的加工轨迹。

其单边切削及其参数如图 6-67 所示。

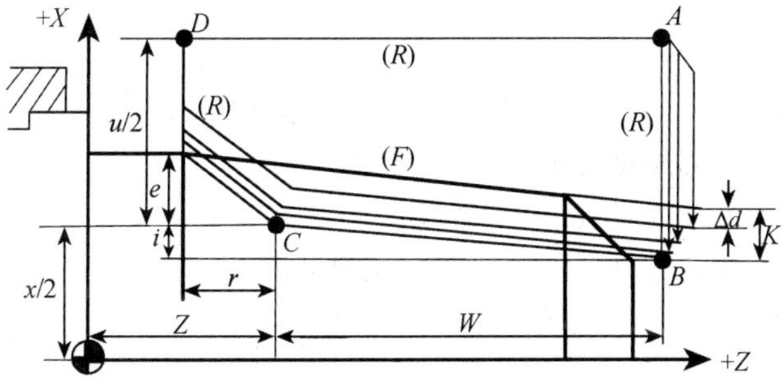

图 6-66　螺纹切削复合循环 G76

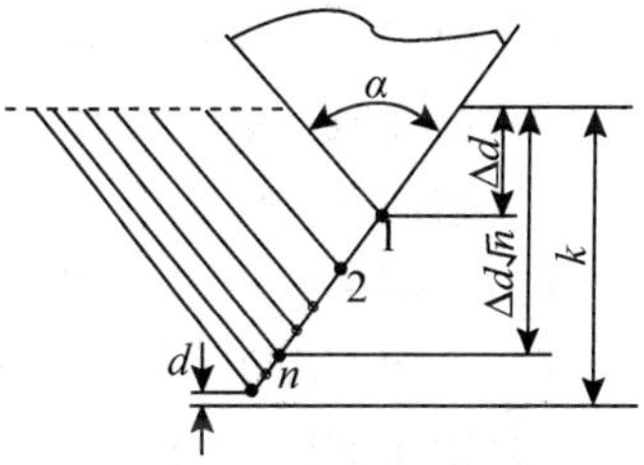

图 6-67　循环单边切削及其参数

其中:

C:精整次数(1~99),为模态值。

r:螺纹 Z 向退尾长度(00~99),为模态值。螺纹 X 向退尾长度(00~99),为模态值。

α:刀尖角度(二位数字),为模态值。在 80°、60°、55°、30°、29°和 0°六个角度中选一个。

X、Z:绝对值编程时,为有效螺纹终点 C 的坐标。增量值编程时,为有效螺纹终点 C 相对于起点 A 的有向距离(用 G91 指令定义为增量编程使用后用 G90 定义为绝对编程)。

i:螺纹两端的半径差。如 $i=0$,为直螺纹(圆柱螺纹)切削方式。

k:螺纹高度。该值由 X 轴方向上的半径值指定。

Δd_{min}:最小切削深度(半径值);当第七次切削深度($\Delta d\sqrt{n}-\Delta d\sqrt{n-1}$),小于 Δd_{min},则切削深度设为 Δd_{min}。

d:精加工余量(半径值)。

Δd:第一次切削深度(半径值)。

P:主轴基准脉冲处距离切削起点的主轴转角。

L:螺纹导程(同 G32)。

注意:

按 G76 段中的 $X(x)$ 和 $Z(z)$ 指令实现循环加工,增量编程时,要注意 u 和 w 的正负号(由刀具轨迹 AC 和 CD 段的方向决定)。

G76 循环进行单边切削,减小了刀尖的受力。第一次切削时切削深度为 Δd,第 n 次的切削总深度为 $\Delta d\sqrt{n}$,每次循环的背吃刀量为 $\Delta d\sqrt{n-1}$。

图 6-66 中,C 到 D 点的切削速度由 F 代码指定,而其他轨迹均为快速进给。

【任务实施】

一、工件装夹

根据零件的图样特点和加工部位,安装工件时采用一夹一顶的方法,如图 6-69 所示。

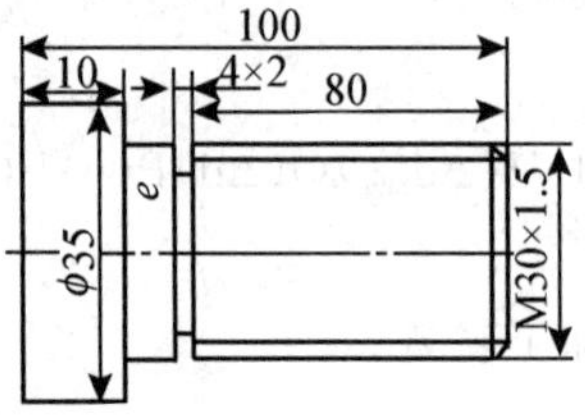

图 6-68 螺纹编程实例

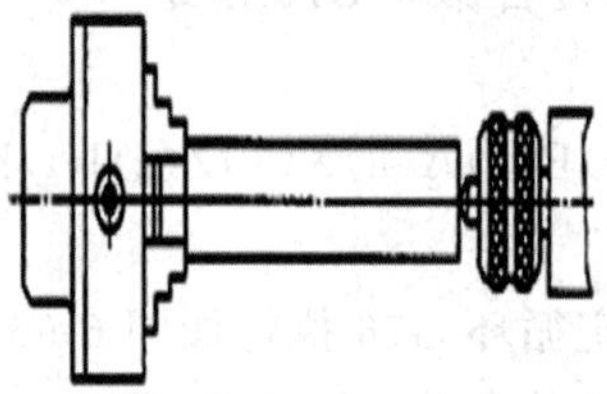

图 6-69 工件装夹

二、加工工序

(1)用三爪自定心卡盘装夹工件,伸出 30 mm 左右。装夹 45°车刀,刀位 T03。装夹外圆车刀,刀位 T01。装夹车槽刀,刀位 T02。装夹外螺纹车刀,刀位 T04。

(2)采用 45°车刀,车平面,车平即可。装夹中心钻,钻中心孔。

(3)采用一夹一顶装夹工件,装夹外圆车刀车削 ϕ30 mm 外圆至尺寸要求。

(4)采用车槽刀,车槽至尺寸要求,车削 M30×1.5 螺纹至尺寸要求。

(5)调头切断,保证总长。

三、刀具及切削参数选择

刀具及切削参数选择见表 6-9。

表 6-9 刀具及切削参数选择

刀位号	刀补号	所选刀具	加工方式	背吃刀量/mm	进给量/(mm/r)	主轴转速/(r/min)	加工部位
T01	01	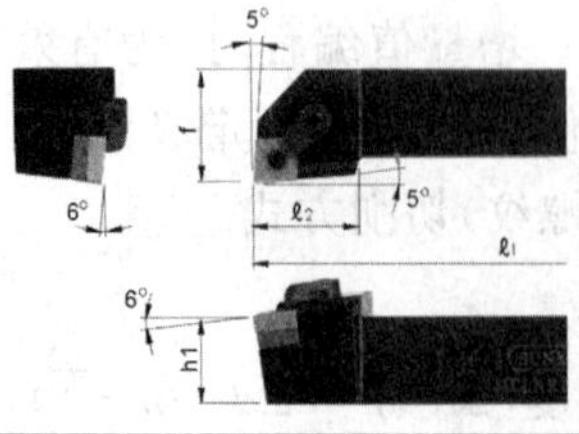	自动	1.5(粗) 1(精)	0.2	600(粗) 1 200(精)	外圆

续表 6-9

刀位号	刀补号	所选刀具	加工方式	背吃刀量/ mm	进给量 /(mm/r)	主轴转速 /(r/min)	加工部位
T02	02	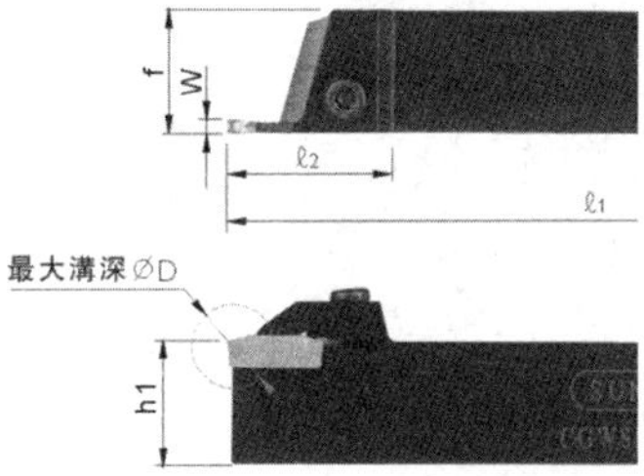	自动	4	0.05	400	槽
T03	03	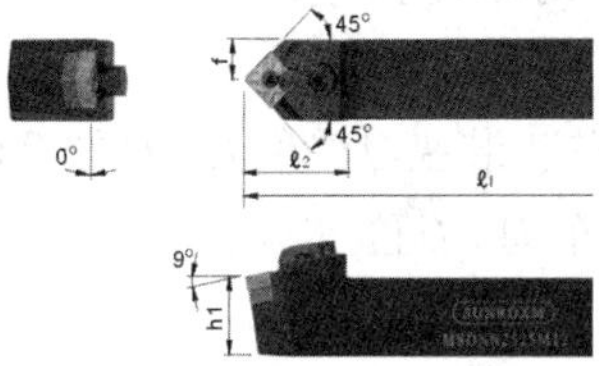	手动	1	0.05	400	端面
T04	04	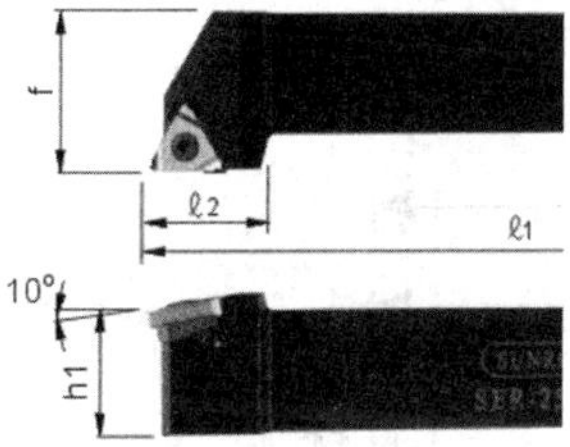	自动		1.5	600	外螺纹

四、加工程序编制

%1212

N10G00X100Z200;　　刀具移到安全位置

N20M03S600T0404;　　主轴以 600 r/min 正转

N30G00X32Z102;　　快速移至 $X32$,$Z102$ 处

N40X29.2Z101.5;　　到螺纹起点,升速段 1.5 mm,背吃刀量 0.8 mm

N50G32Z19F1.5;　　切削螺纹到螺纹切削终点,降速段 1 mm

N60G00X40;　　X 轴方向快退

N70Z101.5;　　Z 轴方向快退到螺纹起点处

N80X28.6;　　X 轴方向快进到螺纹起点处,背吃刀量 0.6 mm

N90G32Z19F1.5;　　切削螺纹到螺纹切削终点

N100G00X40;　　X 轴方向快退

N110Z101.5;　　Z 轴方向快退到螺纹起点处

N120X28.2;　　X 轴方向快进到螺纹起点处,背吃刀量 0.4 mm

N130G32Z19F1.5;　　切削螺纹到螺纹切削终点

N140G00X40;　　X 轴方向快退

N150Z101.5;　　Z 轴方向快退到螺纹起点处

N160U-11.96；	X 轴方向快进到螺纹起点处，背吃刀量 0.16 mm
N170G32W-82.5F1.5；	切削螺纹到螺纹切削终点
N180G00X40；	X 轴方向快退
N190X100Z102；	回安全位置
N200M05；	主轴停
N210M30；	主程序结束并复位

【巩固练习】

一、加工如图 6-70 双线螺纹切削循环编程实例所示工件的螺纹

以工件左端面中心为工件坐标系原点。

毛坯直径为 ϕ40 mm，长为 110 mm，材料为 45＃钢，未注倒角 C1，表面粗糙度 R_a3.2 mm。

1. 加工工序

(1)三爪自定心卡盘装夹工件，伸出 90 mm 左右。装夹 45°车刀，刀位 T03。装夹外圆车刀，刀位 T01。装夹车槽刀，刀位 T02。装夹外螺纹车刀，刀位 T04。

(2)采用 45°车刀，车平面，车平即可。装夹中心钻，钻中心孔。

(3)采用一夹一顶装夹工件，装夹外圆车刀车削 ϕ30 外圆至尺寸要求。

(4)采用车槽刀，车槽至尺寸要求，车削 M30×1.5 双线螺纹至尺寸要求。

(5)调头切断，保证总长。

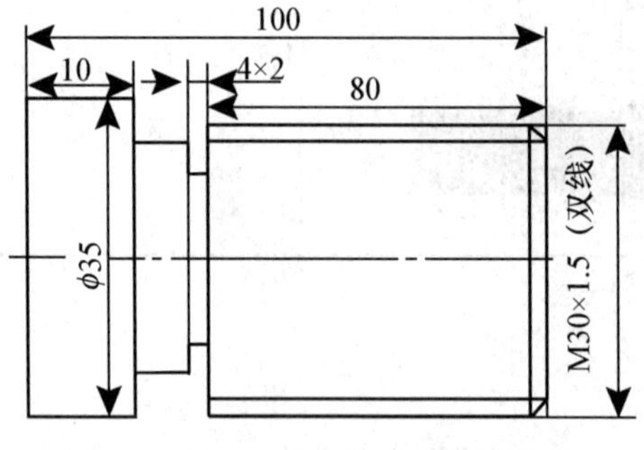

图 6-70 双线螺纹切削循环编程实例

2. 刀具及切削参数选择(表 6-10)

表 6-10 刀具及切削参数选择

刀位号	刀补号	所选刀具	加工方式	背吃刀量/mm	进给量/(mm/r)	主轴转速/(r/min)	加工部位
T01	01	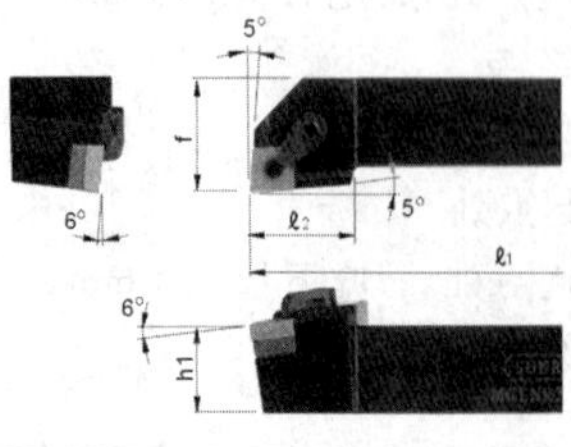	自动	1.5(粗) 1(精)	0.2	600(粗) 1 200(精)	外圆

续表 6-10

刀位号	刀补号	所选刀具	加工方式	背吃刀量/mm	进给量/(mm/r)	主轴转速/(r/min)	加工部位
T02	02	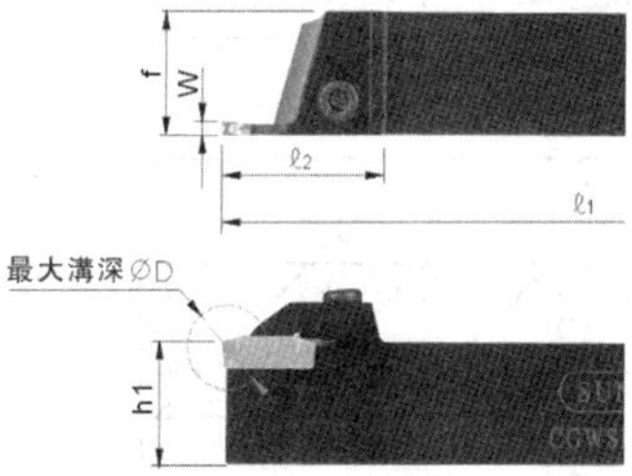	自动	4	0.05	400	槽
T03	03	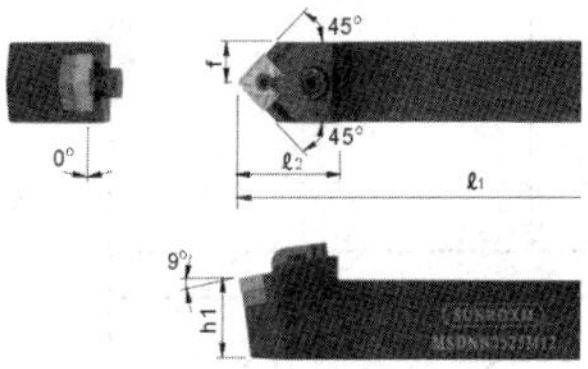	手动	1	0.05	400	端面
T04	04	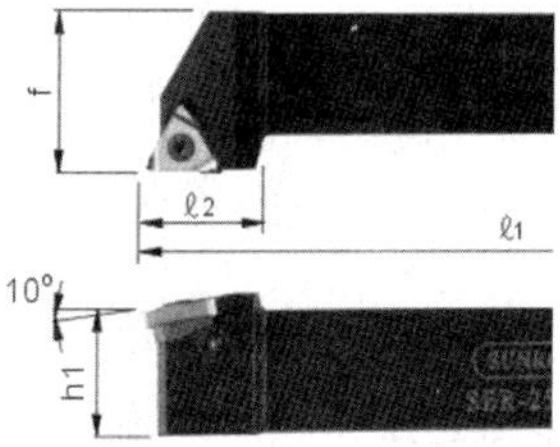	自动		3	600	外螺纹

3. 程序编制

%0002

N10G00X100Z110;	刀具移到安全位置
N20M03S600T0404;	主轴以 600 r/min 正转
N30G95G00X35Z108;	循环起点
N40G82X29.2Z18.5C2P180F3;	第一次循环切螺纹，背吃刀量 0.8 mm
N50X28.6Z18.5;	第二次循环切螺纹，背吃刀量 0.6 mm
N60X28.2Z18.5;	第三次循环切螺纹，背吃刀量 0.4 mm
N70X28.04Z18.5;	第四次循环切螺纹，背吃刀量 0.16 mm
N80M30;	主轴停、主程序结束并复位

二、加工图 6-71 所示工件的内螺纹

毛坯直径为 ϕ50 mm，长为 50 mm，材料为 45＃钢，未注倒角 $C1$，表面粗糙度 $Ra3.2\ \mu m$。对图 6-71 所示 M40×2 内螺纹编程。用六次吃刀，每次吃刀量（直径值）分别为 0.6 mm，0.4 mm、0.4 mm、0.3 mm、0.1 mm、0.1 mm，螺纹刀刀尖角为 60°。

1. 加工工序

(1)用三爪自定心卡盘装夹工件，伸出 40 mm 左右，并找正。装夹车孔刀，刀位 T01。装夹内螺纹刀，刀位 T02。

(2)加工螺纹底孔至尺寸要求。

(3)粗、精加工内螺纹至尺寸要求。

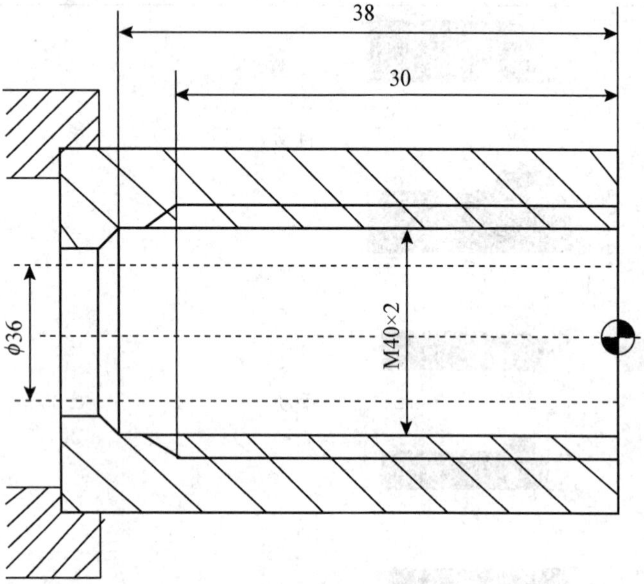

图 6-71 内螺纹编程实例

2. 刀具及切削参数选择

刀具及切削参数选择见表 6-11。

表 6-11 刀具及切削参数选择

刀位号	刀补号	所选刀具	加工方式	背吃刀量/mm	进给量/(mm/r)	主轴转速/(r/min)	加工部位
T01	01	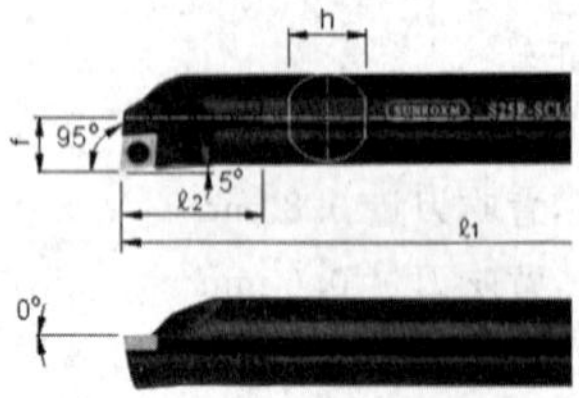	自动	1	0.1	600	内孔
T02	02	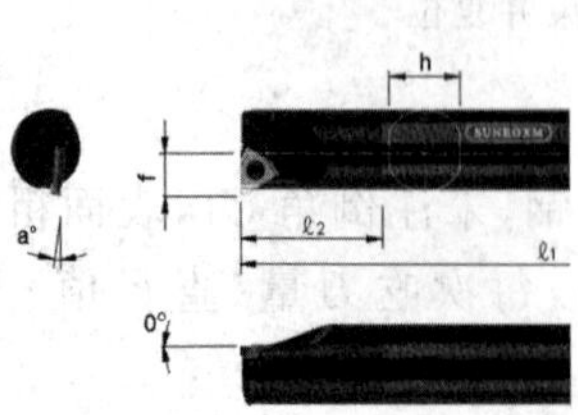	自动		2	600	内螺纹

3. 编程编制

%0003	
N10M03S600；	主轴以 600 r/min 正转
N20G95G97G40；	
N30G00X100Z100；	到换刀点位置
N40T0101；	换一号车孔刀
N50G00X36Z4；	到切削内圆循环起点位置
N60G80X38.1Z-38F2；	加工螺纹小径
N70G00X100Z100；	到换刀点位置
N80T0202；	换二号内螺纹刀
N90G95；	
N100G00X36Z4；	到螺纹切削循环起点位置
N110G82X38.7Z-30R-2E-1.3F2；	加工螺纹，背吃刀量 0.6
N120X39.1Z-30；	加工螺纹，背吃刀量 0.4
N130X39.5Z-30；	加工螺纹，背吃刀量 0.4
N140X39.8Z-30；	加工螺纹，背吃刀量 0.3
N150X39.9Z-30；	加工螺纹，背吃刀量 0.1
N160X40Z-30；	加工螺纹，背吃刀量 0.1
N170G00Z100；	到换刀点位置
N180X100；	
N190M05；	主轴停
N200M30；	主程序结束并复位

【思考题与练习题】

1. 试比较华中系统 G82、G76 指令的格式与法那克系统 G92、G76 的异同。

2. 使用 G82 编写图 6-72 所示零件的加工程序并加工练习，毛坯为 ϕ18 mm 铝棒。

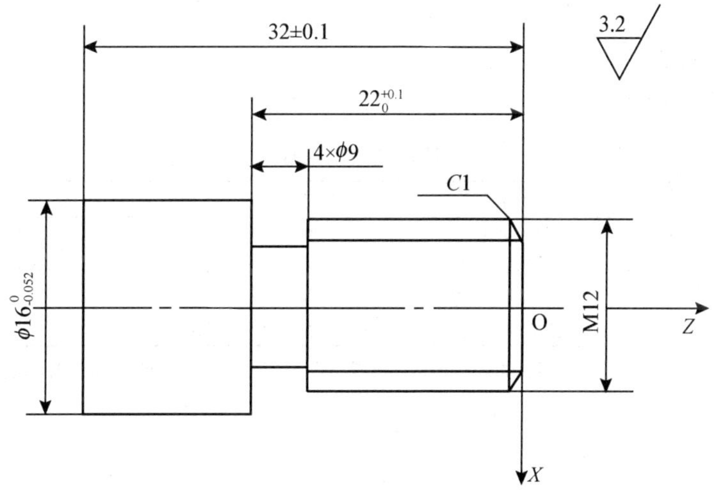

图 6-72　螺纹加工零件图 1

3. 用螺纹切削复合循环 G76 指令编程，加工螺纹为 ZM60×2，工件尺寸见图 6-73，其中括弧内尺寸根据标准得到。

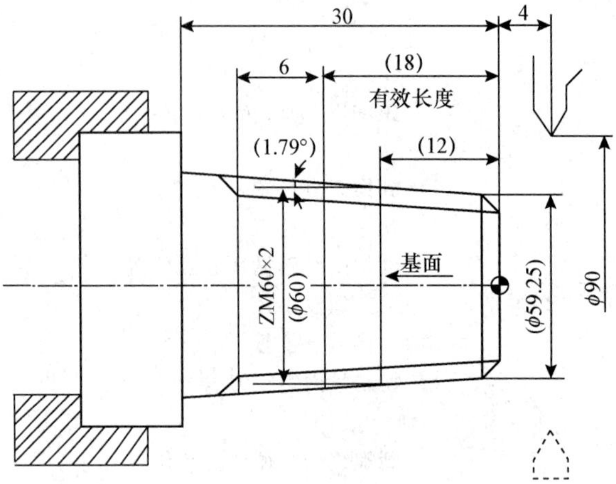

图 6-73　螺纹加工零件图 2

课题 5　宏指令编程

知识点：

掌握常用宏指令编程。

技能点：

能编制典型非圆曲线的宏程序。

【任务引入】

HNC-21/22T、HNC-18/19 为用户配备了强有力的类似于高级语言的宏程序功能，用户可以使用变量进行算术运算、逻辑运算和函数的混合运算，此外宏程序还提供了循环语句、分支语句和子程序调用语句，利用编制各种复杂的零件加工程序，减少乃至免除手工编程时进行烦琐的数值计算，以及精简程序量。

【相关知识】

一、宏变量及常量

1. 宏变量(表 6-12)

表 6-12　宏变量

＃0～＃49	当前局部变量	＃350～＃399	3 层局部变量
＃50～＃199	全局变量	＃400～＃449	4 层局部变量
＃200～＃249	0 层局部变量	＃450～＃499	5 层局部变量
＃250～＃299	1 层局部变量	＃500～＃549	6 层局部变量
＃300～＃349	2 层局部变量	＃550～＃599	7 层局部变量

注：用户编程仅限使用＃0～＃599 局部变量。＃599 以后变量用户不得使用；＃599 以后变量仅供系统使用(系统变量表略)。

2. 常量

PI：圆周率 π。

TRUE：条件成立(真)。FALSE：条件不成立(假)。

二、运算符与表达式

1. 算术运算符

＋，－，＊，/

2. 条件运算符

EQ(＝)，NE(≠)，GT(＞)，GE(≥)，LT(＜)，LE(≤)

3. 逻辑运算符

AND，OR，NOT

4. 函数

SIN(正弦)、COS(余弦)、TAN(正切)、ATAN(反正切－π/2～π/2)、ABS(绝对值)、INT(取整)、SIGN(取符号)、SQRT(开方)、EXP(指数)

5. 表达式

用运算符连接起来的常数，宏变量构成表达式。

例如：175/SQRT[2] * COS[55 * PI/180]；#3 * 6GT14；

三、赋值语句

格式：宏变量＝常数或表达式。

把常数或表达式的值送给一个宏变量称为赋值。

例如：#2＝175/SQRT[2] * COS[55 * PI/180]；

#3＝124.0。

四、条件判别语句

格式(i)：IF 条件表达式

…

ELSE

…

ENDIF

格式(ii)：IF 条件表达式

…

ENDIF

五、循环语句

格式：WHILE 条件表达式

…

ENDW

条件判别语句的使用参见宏程序编程举例。

循环语句的使用参见宏程序编程举例。

六、车削循环指令的实现及子程序调用的参数传递

HNC-21T 的固定循环指令采用宏程序方法实现，这些宏程序调用具有模态功能。

为便于用户阅读下面固定循环宏程序的源代码，先介绍一下 HNC-21T 宏程序/子程序调用的参数传递规则。

G 代码在调用宏(子程序或固定循环，下同)时，系统会将当前程序段各字段(A～Z 共 26 字段，如果没有定义则为零)的内容拷贝到宏执行时的局部变量#0～#25，同时拷贝调用宏时当前通道九个轴的绝对位置(机床绝对坐标)到宏执行时的局部变量#30～#38。

调用一般子程序时，不保存系统模态值，即子程序可修改系统模态并保持有效；而调用固定循环时，保存系统模态值，即固定循环子程序不修改系统模态。

表 6-13 列出了宏当前局部变量＃0～＃38 所对应的宏调用者传递的字段参数名。

表 6-13 宏调用者传递的字段参数名

宏当前局部变量	宏调用时所传递的字段名或系统变量
＃0	A
＃1	B
＃2	C
＃3	D
＃4	E
＃5	F
＃6	G
＃7	H
＃8	I
＃9	J
＃10	K
＃11	L
＃12	M
＃13	N
＃14	O
＃15	P
＃16	Q
＃17	R
＃18	S
＃19	T
＃20	U
＃21	V
＃22	W
＃23	X
＃24	Y
＃25	Z
＃26	固定循环指令初始平面 Z 模态值
＃27、＃28、＃29	不用
＃30	调用子程序时轴 0 的绝对坐标
＃31	调用子程序时轴 1 的绝对坐标
＃32	调用子程序时轴 2 的绝对坐标
＃33	调用子程序时轴 3 的绝对坐标
＃34	调用子程序时轴 4 的绝对坐标
＃35	调用子程序时轴 5 的绝对坐标
＃36	调用子程序时轴 6 的绝对坐标
＃37	调用子程序时轴 7 的绝对坐标
＃38	调用子程序时轴 8 的绝对坐标

对于每个局部变量，都可用系统宏 AR[]来判别该变量是否被定义，是被定义为增量或绝对方式。该系统宏的调用格式如下：

AR[＃变量号]

返回：

0：表示该变量没有被定义；

90：表示该变量被定义为绝对方式 G90；

91:表示该变量被定义为相对方式 G91。

【任务实施】

宏程序编程实例

［例 1］用宏程序编制如图 6-74 宏程序编制例图，图 6-74 所示抛物线在 A 区间[0,8]内的程序。

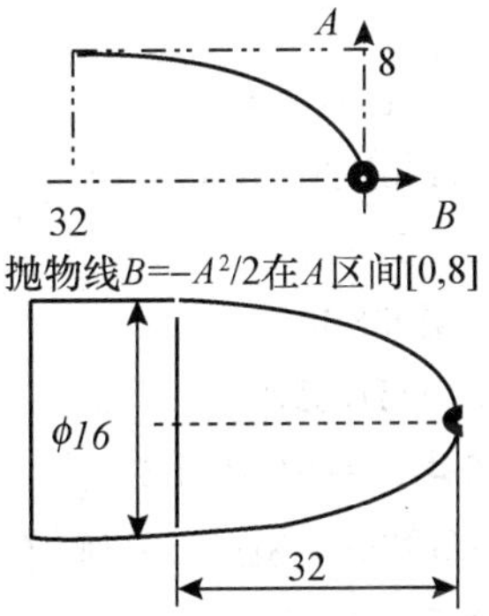

图 6-74　宏程序编制例图 1

```
%3401
N1 T0101
N2 G37
N3 #10=0;A 坐标
N4 M03 S600
N5 WHILE#10LE8
N6 #11=#10*#10/2
N7 G90G01X[#10]Z[-#11]F500
N8 #10=#10+0.08
N9 ENDW
N10 G00Z0M05
N11 G00X0
N12 M30
```

［例 2］用宏程序编制如图 6-75 所示零件加工程序。

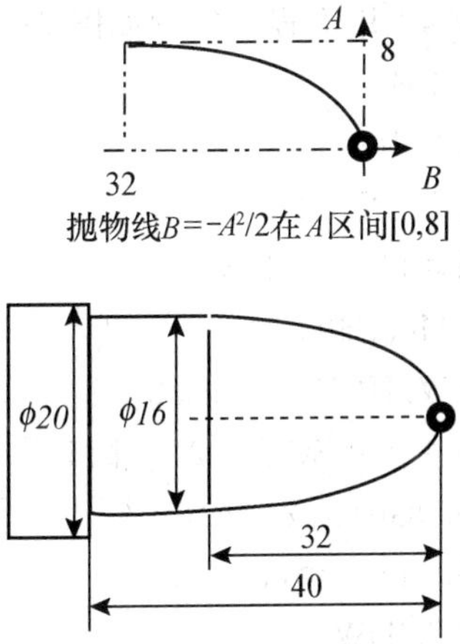

图 6-75　宏程序编制例图 2

```
%3402
T0101
G00X21Z3
M03S600
#10=7.5;A 坐标
WHILE#10GE0;粗加工
#11=#10*#10/2;B 坐标
G90G01X[2*#10+0.8]F500
Z[-#11+0.05]
U2
Z3
#10=#10-0.6
ENDW
#10=0;A 坐标
WHILE#10LE8;精加工
#11=#10*#10/2;B 坐标
G90G01X[2*#10]Z[-#11]F500
#10=#10+0.08
ENDW
G01X16Z-32
```

```
Z-40
G00X20.5Z3
M05
M30
```

［例 3］用宏程序编制如图 6-76 所示零件加工程序。

```
%3403
N1T0101
N2G00X20.5Z3
N3＃11=12
N4M03S600
N5WHILE＃11LE32
N6＃10=SQRT[2*[＃11]]
N7G90G01X[2*＃10]Z[-[＃11-12]]F500
N8＃11=＃11+0.05
N9ENDW
N10G01X16Z-20
N11Z-28
N12G00X20.5Z3M05
N13M30
```

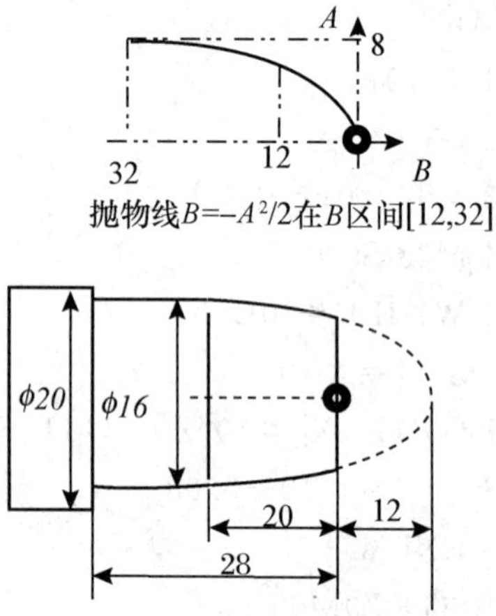

图 6-76 宏程序编制例图 3

［例 4］用宏程序编制如图 6-77 所示零件加工程序。

```
%3404
N1T0101
N2G00X25Z3
N3＃11=12;B 坐标
N4M03S600
N5WHILE＃11LE32
N6＃10=SQRT[2*[＃11]]
7G90G01X[2*＃10+6]Z[-[＃11-4]]F500
N8＃11=＃11+0.06
N9ENDW
N10G01X22Z-28
N11Z-36
N12X30
N13Z-40
N14X100Z100
N15M30
```

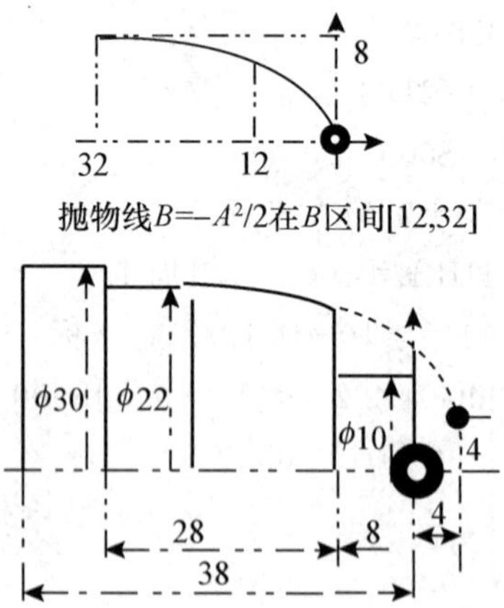

图 6-77 宏程序编制例图 4

［例 5］如图 6-78 所示，编辑切槽循环加工程序。

```
%3405(程序名)
N1T0101
```

N2G00X90Z30(起点坐标)

N3U10V50W80A20B40C3M98P01(#20=10、#21=50、#22=80、#0=20、#1=40、#2=3)

N4M30

%01(子程序名)

N1G00Z[-#22+#21+#20]

N2X[#1+5]

N3#10=#2

N4WHILE#10LE#21

N5G00Z[-#22+#21+#20-#10]

N6G01X[#0]

N7G00X[#1+5]

N8#10=#10+#2-1

N9ENDW

N10G00Z[-#22+#20]

N11G01X[#0]

N12G00X[#1+5]

N13G00X90Z30

N14M99

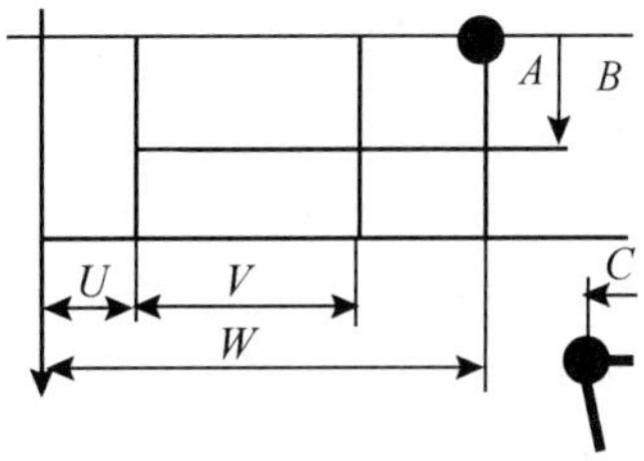

图6-78　切槽循环加工例图

【注意事项】

表6-14　注意事项

项目	注意事项
Z轴指令	与直径、半径无关
X轴指令	用直径值指令
坐标系的设定	用直径值指令
圆弧插补的半径指令(R、I、K)	用半径值指令
X轴方向的进给速度	半径的变化/转
	半径的变化/分
X轴的位置显示	用直径值显示

【思考题与练习题】

试比较华中系统与FANUC系统宏程序指令的区别?

任务3　综合练习

课题1　零件综合加工训练一

知识点:

熟悉数控编程中坐标系与坐标原点、起始点的确定。

掌握程序编制的相关知识。

掌握和运用加工运行轨迹和编程节点尺寸的数学计算。

技能点：

掌握三爪自定心卡盘和鸡心夹头一夹一顶的方式进行零件粗、精车的装夹定位。

会使用外圆精车车刀、车槽刀、圆弧车槽刀来进行零件的加工。

掌握华中世纪星 21T 的编程方法。

【任务引入】

完成曲面轴图 6-80 的加工。

本综合练习介绍在数控车床上，采用三爪自定心卡盘和鸡心夹头一夹一顶的方式进行零件粗、精车的装夹定位，使用外圆精车车刀、车槽刀、圆弧车槽刀来进行零件的加工。案例对曲面轴零件加工编程和数控车削加工的全过程进行解析。

一、综合练习要求

曲面轴为典型的轴类零件，生产规模为小批量加工，如图 6-79 所示。零件轨迹曲线复杂，有着严格的尺寸精度要求，所以加工难度大。必须保证曲面轴零件的尺寸精度、几何精度和位置精度。

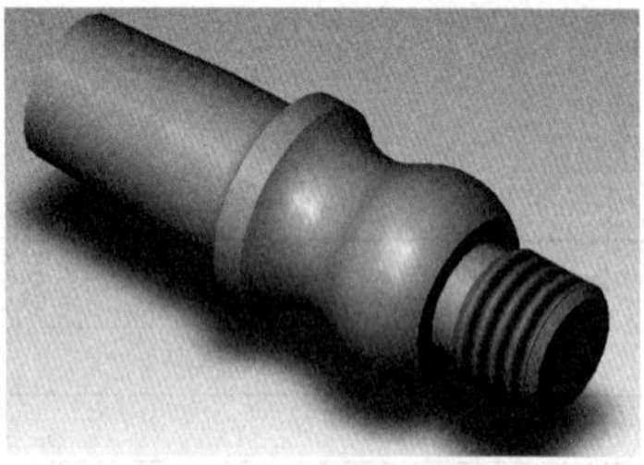

图 6-79 曲面轴外形图

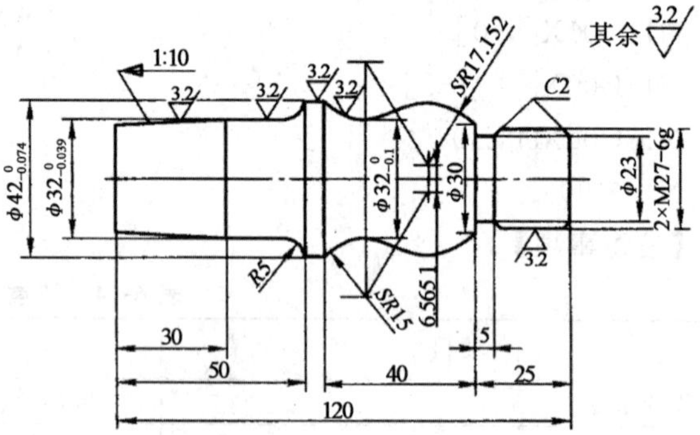

图 6-80 曲面轴零件图

(1)熟悉并掌握数控编程中坐标系与坐标原点、起始点的确定，以及程序编制的相关知识。从手工编程入手，掌握和运用加工运行轨迹和编程节点尺寸的数学计算。

(2)说明程序中使用的工件装夹方法，刀具类型，加工工艺，数控粗、精加工的内容和先后顺序。

(3)画出数控加工进给路线图，注意刀具切入和切出的方法。

(4)编制数控车削加工程序。

(5)掌握刀具、夹具的装夹与数控加工对刀等实际操作。

二、加工使用的设备、辅具与材料

(1)配备零件毛坯 1 件。毛坯材料：45＃钢；毛坯尺寸：ϕ50 mm×126 mm。

(2)配备三爪自定心卡盘、后顶尖等相关装夹辅具。

(3)配备：中心钻(B2.5)1 支；外圆精车车刀(正刀，主偏角 K_r＝93°，刀尖圆弧半径 R 0.2 mm) 1 把；车槽刀(刃宽 B＝5 mm)1 把；螺纹车刀 1 把。

【任务实施】

一、零件加工工艺分析

1. 结构分析

在数控车削加工中，零件车削加工成形轮廓的结构形状并不复杂，但零件的轨迹精度要求高，从零件的总体结构考虑，增加零件左端的倒圆角 $R2$，并将零件右端的倒角 $C2$ 改为 $R2$ 的倒圆角，等于增加了零件装配时的导入角，并且结构部位的改变，利用外圆精车车刀的刀尖圆弧就可以完成加工，并不需要增加新的刀具。

2. 精度分析

在数控车削加工中，零件重要的径向加工部位有：$\phi32^{0}_{-0.039}$ 圆锥段，$\phi42^{0}_{-0.074}$ 圆柱段，SR15 内球面的中点直径为 $\phi32^{0}_{-0.1}$，SR17 外球面，球面最小处直径为 $\phi30$，球面另一端与 SR15 内球面相切，球面半径为 SR17.152；零件右端为双线螺纹 2×M27，见图 6-79。零件重要的轴向加工部位为内外相切球面，其轴向尺寸应该以 $\phi42$ 圆柱段的右端面为准。零件其他轴向加工部位相对容易加工。

3. 零件装夹与定位基准分析

在数控粗精加工中，该零件可以先一夹一顶以外圆面和中心孔定位，粗精加工零件左端，再采用一夹一顶以 $\phi32$ 外圆和中心孔定位粗精加工零件右端。

4. 加工刀具分析

由图 6-79 可知，在该零件的数控车削加工中，为保证零件加工轨迹的连续性，外圆加工应使用主偏角 $K_r=93°$，副偏角 $K'_r=57°$，刀尖圆弧半径 $R0.2$ mm 外圆精车车刀，零件空刀槽加工使用 $B=5$ mm 车槽刀，零件的密封槽使用 $B=1.3$ mm 车槽刀，就可满足加工要求。

二、工艺处理

在生产实际中，并不单纯仅仅是数控工艺，大部分零件的加工，往往是以混合工艺的形式来进行编制。

(1)零件左端、右端打 B 型中心孔 B2.5。

(2)使用三爪自定心卡盘装夹零件，采用夹一端顶一端进行装夹定位，数控粗、精加工零件左端，包括锥体、$\phi32$ 外圆和 $R5$ 圆弧。

(3)零件掉头后使用三爪自定心卡盘装夹零件，采用夹一端顶一端进行装夹定位，数控粗、精加工零件右端，包括螺纹、退刀槽、$R17.152$ 和 $R15$ 圆弧、$\phi42$ 外圆。

三、数控车削加工工艺

(1)数控车削加工的数控编程任务书(表 6-15)。

表 6-15　数控编程任务书

******* 工艺处	数控编程任务书	产品零件图号		任务书编号
		零件名称	曲面轴	********
		使用数控设备	数控车床	共1页第1页

主要工艺说明及技术要求：
1. 数控车削加工零件上各部轨迹曲线尺寸的精度达到图样要求。数控车削加工要求详见产品工艺卡片。
2. 技术要求见零件图。

收到编程时间		月　日			经手人				
编制		审核		编程		审核		批准	

(2)数控车削加工时的零件装夹安装方式工件安装(示意图)和工件坐标系原点设定卡,见表 6-16。

表 6-16 数控工件安装和工件坐标系原点设定卡

零件图号	******	数控加工工件安装和零点设定卡	工序号	*******
零件名称	曲面轴		装夹次数	1 次

示意图

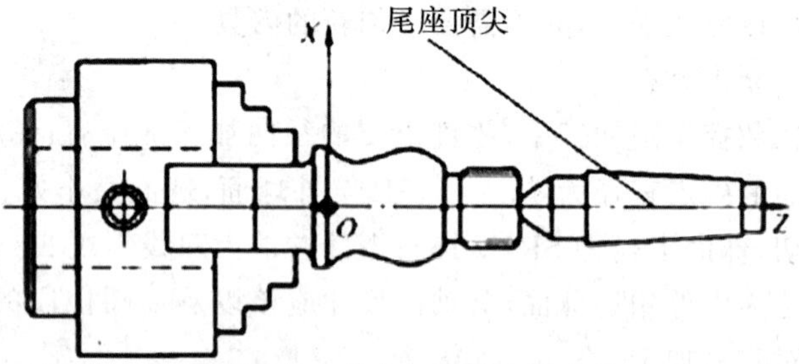

安装与工件坐标系零点设定卡

(3)数控车削加工工序数控加工分粗车加工和精车加工二次切削进行,其工序如下:

①粗、精车加工左端。使用主偏角 $K_r=93°$、副偏角 $K'_r=57°$,刀尖圆弧半径 $R0.2$ mm 外圆精车车刀,粗、精加工零件左端各部外圆轮廓面与所在端面。数控加工工序卡及切削用量选择见表 6-17。

表 6-17 数控加工工序卡

××××××	数控加工工序卡			产品名称和代号	零件名称		零件图号	
机械厂				******	曲面轴		*******	
工序序号	程序编号			夹具名称	使用设备		车间	
******	P******			三爪自定心卡盘	数控车床		*****	
工序号	工序内容	加工面	刀具号	刀具规格	主轴转速 /(r/min)	进给量 /(mm/r)	背吃刀量/mm	备注
1	零件两端打 B 型中心孔			中心钻 B2.5	1 000	0.1		
2	粗车加工零件左端外形轨迹		T1	$K_r=93°, K'_r=57°$	600	0.3	1.5	粗车
3	精车加工零件左端外形轨迹		T1	$K_r=93°, K'_r=57°$	1 200	0.1	0.5	精车
4	粗车加工零件右端外形轨迹		T1	$K_r=93°, K'_r=57°$	600	0.3	1.5	粗车
5	精车加工零件右端外形轨迹		T1	$K_r=93°, K'_r=57°$	1 200	0.1	0.5	精车
6	车削加工零件右端螺纹		T3		600			

②粗、精车加工右端:零件掉头重新安装装夹定位后,使用主偏角 $K_r=93°$、$K'_r=57°$ 刀尖圆弧半径 $R0.2$ mm 外圆精车车刀,粗、精加工零件右端各部外圆轮廓面和所在端面及螺纹。数控加工工序卡及切削用量选择,见表 6-9。

(4)数控车削加工刀具。中心钻 B2.5;T1:主偏角 $K_r=93°$、$K'_r=57°$ 刀尖圆弧半径 $R0.2$ mm 外圆精车车刀(可转位车刀);T2:刃宽 B=5 mm 车槽刀(可转位车刀);T3:螺纹车刀(可转位车刀)。数控刀具的结构与数控刀具明细表参见表 6-18。

表 6-18　数控刀具结构与明细表

零件图号		零件名称	材料	数控刀具明细表			程序编号		车间	使用设备
********		曲面轴	45#钢				*****		****	数控车床
刀具号	刀位号	刀具名称	刀具图号	刀具			刀补地址		换刀方式	加工部位
				规格		长度/mm	直径	长度	自动/手动	
				设定	补偿	设定				
		中心钻							手动	零件两端
T1	1	外圆车刀		$K=93°$					自动	零件外形
T2	2	切槽车刀		$B=5$ mm					自动	零件右端
T3	3	螺纹车刀							自动	零件右端

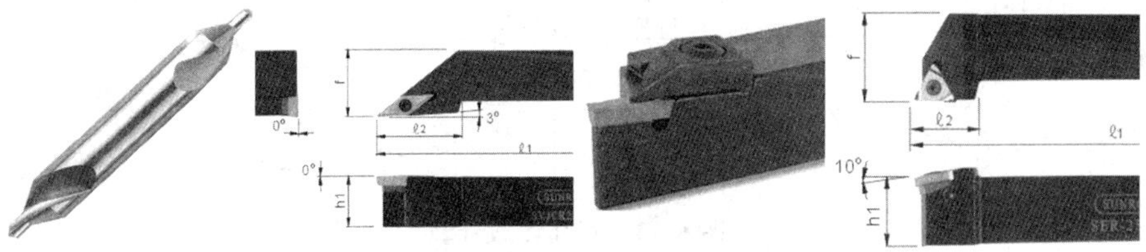

(5)加工用量的选择与确定　在数控精车车削加工中，零件轮廓的精车余量为 1/2＝0.4 mm。主轴转速、进给速度参见数控加工工序卡，见表 6-9。

(6)编程参数的计算　该零件车削加工的形状比较简单，因此由图 6-81 就可直接得到数控精车加工编程所需尺寸。

零件倒圆加工尺寸计算见图 6-81。

已知：零件的锥度为 1∶10，在 ΔSNT 中：$NT=28$，$ST=1.5$

所以　$SN=\sqrt{NT^2+ST^2}=28.040\ 15$

因为　$\Delta OMN \backsim \Delta SNT$

所以　$\frac{MO}{ML}=\frac{SN}{ST}$

$$ML=\frac{MO\times ST}{SN}=0.106\ 989$$

所以　$MP=28+0.107=28.107$

零件圆弧加工尺寸计算见图 6-81 和图 6-82。

在 ΔO_1AB 中：$O_1B=15+16-21=10$

$$AB=\sqrt{O_1A^2-O_1B^2}=11.18$$

在 ΔO_2CD 中：$O_2D=(30-6.565\ 1)/2=10.717\ 45$

$$CD=\sqrt{O_2C^2-O_2D^2}=12.525\ 67$$

在 ΔO_1O_2G 中：

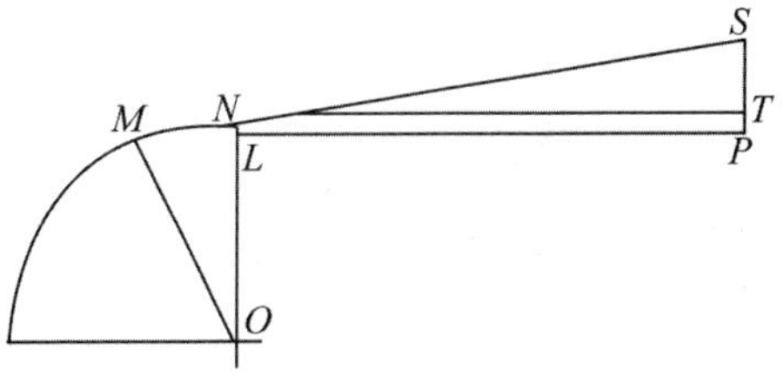

图 6-81　倒圆参数计算

$$O_1G=15+16-6.565\,1/2=27.717\,45$$

$$O_2G=\sqrt{O_1O_2^2-O_1G^2}=16.293\,988\,75$$

或 $$O_2G=40-11.18-12.525\,67=16.294$$

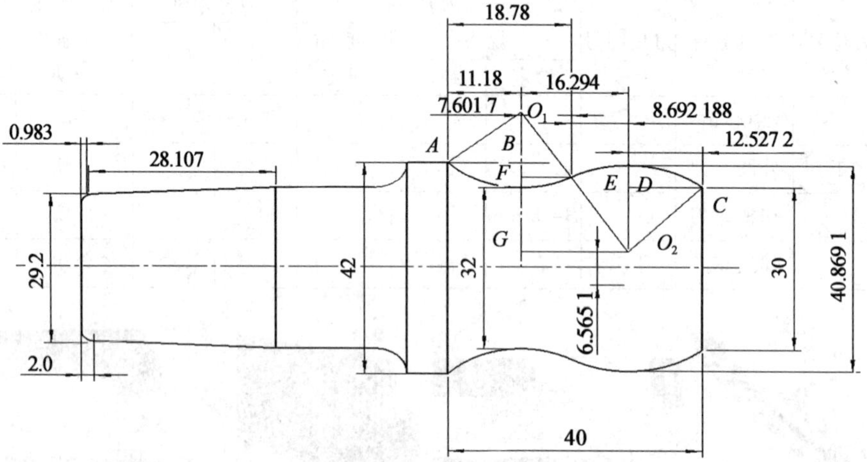

图 6-82 圆弧参数计算

在进行编程参数计算时，应该加上车刀刀尖的圆弧半径 $R2$。具体计算请读者自己进行。螺纹切削计算如下：

已知：螺纹直径为 ϕ27 mm，螺纹导程为 2 mm，经查表计算：螺纹小径为 ϕ24.835 mm，螺纹中径为 ϕ25.701 mm，螺纹深度为 $H=\frac{\sqrt{3}}{2}P=1.732$ mm，螺纹大径允许切小 0.216 5 mm（8/H=0.216 5，即螺纹大径最小为 ϕ26.78 mm）。

（7）程序编制。零件左端、右端用华中世纪星粗、精车加工程序清单见表 6-19、表 6-20。

表 6-19 数控加工程序单（华中世纪星）零件名称 曲面轴（零件左端粗、精加工）

程序	说明
%1233	程序名称
N010 G95 G97 G40	修正机床状态
N020 M03 S600	主轴正转、转速 600 r/min
N030 T0101	调 T1 外圆车刀
N040 G00 X100 Z2	运行到换刀点
N050 X52 Z2	运行到进刀点
N060 G71 U1.5 R0.3 P140 Q200 X1 Z0 F0.3	采用 G71 外圆粗加工循环加工左端轮廓
N070 G00 X100 Z2	运行到换刀点
N080 M05	主轴停止
N090 M00	程序暂停（检验工件尺寸）
N100 M03 S1 200	启动主轴
N110 0 T0101	调 T1 外圆车刀
N120 G95 G97	修正机床状态
N130 G00 X52 Z2	运行到进刀点

续表 6-19

程序	说明
N140 G42 G00 X18	精加工首段
N150 G01 Z0 F0.1	
N160 X29 R2	
N170 X32 Z-30	
N180 Z-45	
N190 G02 X42 Z-50R5	
N200 X52	精加工尾句
N210 G00 X100 Z2	运行到换刀点
N220 G00 M05	主轴停止
N230 M30	程序结束

表 6-20　数控加工程序单(华中世纪星)零件名称 曲面轴(零件右端粗、精加工)

程序	说明
%1234	程序名称
N010 G95 G97 G40	修正机床状态
N020 M03 S600	主轴正转、转速 600 r/min
N030 T0101	调 T1 外圆车刀
N040 G00 X100 Z2	运行到换刀点
N050 X52 Z2	运行到进刀点
N060 G71 U1.5 R0.3 P140 Q220 X1Z0 F0.3	采用 G71 外圆粗加工循环加工右端轮廓
N070 G00 X100 Z2	运行到换刀点
N080 M05	主轴停止
N090 M00	程序暂停(检验工件尺寸)
N100 M03 S1200	启动主轴
N110 T0101	调 T1 外圆车刀
N120 G95 G97	修正机床状态
N130 G00 X52 Z2	运行到进刀点
N140 G42 G00 X22.78	精加工首段
N150 G01 Z0 F0.1	
N160 X26.78Z-2	
N170 Z-25	
N180 X30	
N190 G03 X36.138 Z-46.218 R17.152	
N200 G02 X42 Z-65R15	
N210 G01Z-71	
N220 X51	精加工尾句
N230 G00 X100 Z2	运行到换刀点
N240 M05	主轴停止
N250 M00	程序暂停(检验工件尺寸)
N260 M03S600	启动主轴,转速 600 r/min
N270 T0202 G95	调 T2 车槽刀
N280 G00X31 Z-25	进刀点
N290 G01 X23 F0.05	车槽

续表 6-20

程序	说明
N300 X27 F0.5	
N310 Z-23	
N320 X27 F0.05	
N330 X23 Z-25	
N340 G00X100	
N350 Z2	运行到换刀点
N360 T0303 G95	调 T3 螺纹车刀
N370 G00 X28 Z5	运行到进刀点
N380 G82 X26.2Z-22F2	加工螺纹
N390 X25.6 Z-22	
N400 X25 Z-22	
N410 X24.835 Z-22	
N420 G00 X100 Z2	运行到换刀点
N430 M05	主轴停止
N440 M30	程序结束

(8)数控编程辅助参数的确定(刀号、刀补、间隙补偿等)。

①刀具 T0。中心钻 B2.5;1 号刀位-T1:外圆精车车刀(可转位车刀);2 号刀位-T2:刃宽 B=5 mm 车槽刀(可转位车刀);3 号刀位-T3:螺纹车刀(可转位车刀)。

②刀补值未设置(加工中使用刀具补偿)。

③刀偏值未设置(加工中运用程序在换刀点换刀)。

④间隙补偿值设置为使用机床的间隙测量值。

⑤快速运行值采用数控系统默认值。

(9)数控加工的刀具安装车削外圆、车削台阶圆、车削端面包括车削内孔时各种类型车刀的安装与要求相同。车刀安装得是否正确,将直接影响切削能否顺利进行和工件的加工质量。因此车刀安装后,必须做到:

①刀尖严格对准工件中心,以保证车刀前角和后角不变,否则车削工件端面时,工件中心将会留下凸头并损坏刀具,如图 6-83 所示。

②车刀刀杆应该与进给方向垂直,以保证主偏角和副偏角不变。

③为避免加工中产生振动,要求车刀刀杆伸出长度应该尽量短,一般不超过刀杆厚度的 1～1.5倍;内孔车削加工的刀杆伸出的长度以被加工孔的长度为准,且大于被加工孔的长度。

④ 最少要用刀台上的两个螺钉压紧车刀,并且要求轮流拧紧螺钉。

车刀对准工件中心的方法:使用垫片来达到车刀刀尖对准工件中心。垫片一般用 150～200 mm 的钢片。垫片要垫实,垫片的数量应该尽量少。正确的垫法是:使垫片在刀头一端与四方刀架垂直于刀杆的边对齐,如图 6-84 所示。

当车刀压紧后,试车切削端面,观察车刀刀尖是否对准中心,否则应该重新调整垫片并进行试切,直到车刀刀尖对准工件中心。

(10)三爪自定心卡盘一夹一顶方式装夹工件,工件的装夹就是工件在车床上或夹具中定位和夹紧的过程。三爪自定心卡盘的结构如图 6-85 所示。用扳手插入小锥齿轮 2 的方孔 1 转

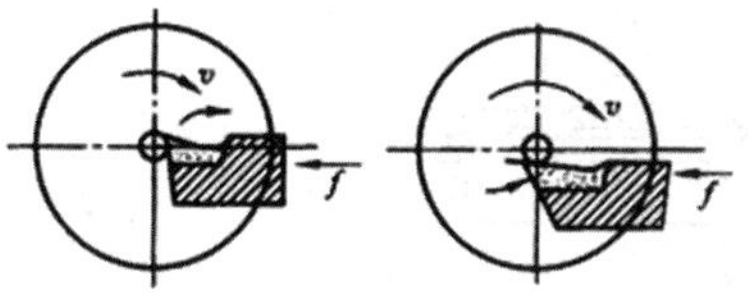

图 6-83　车刀刀尖与工件中心未对准

图 6-84　车刀垫片的使用

动时，小锥齿轮2带动大锥齿轮3转动，大锥齿轮3的背面是平面螺纹4，卡爪5背面的螺纹与平面螺纹啮合，所以当平面螺纹转动时，就带动三个卡爪同时做向心或离心运动。

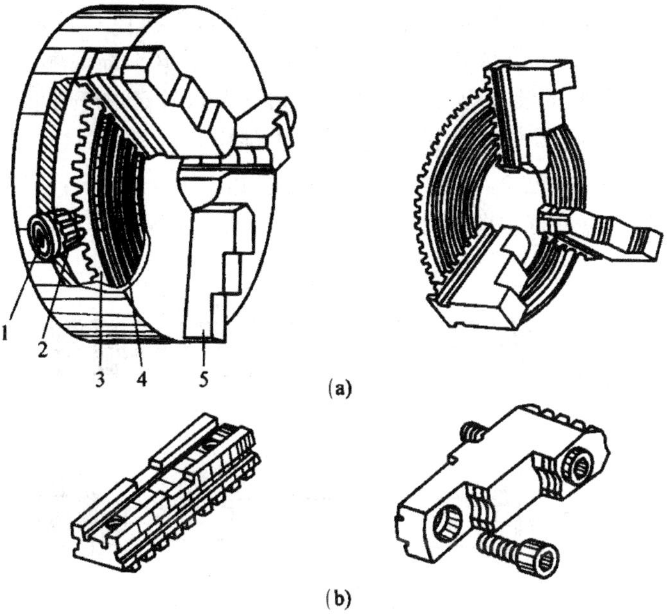

1-方孔　2-小锥齿轮　3-大锥齿轮　4-平面螺纹　5-卡爪

图 6-85　三爪自定心卡盘

顶尖的作用是实现零件中心的定位，并承受工件的重量和切削力。顶尖分前顶尖和后顶尖两类。

①前顶尖插在主轴锥孔内随主轴一起旋转，如图6-86(a)所示。前顶尖随主轴一起旋转，与中心孔无相对运动，不发生摩擦。

②后顶尖插在车床尾座套筒内使用。后顶尖分为固定顶尖和回转顶尖。固定顶尖与工件中心孔产生滑动摩擦而发生高热，目前一般多采用镶硬质合金的顶尖，如图6-86(b)所示。

③回转顶尖与工件中心孔的摩擦是滚动摩擦，能够承受很高的旋转速度，所以在加工中广泛应用，如图6-86(c)所示。

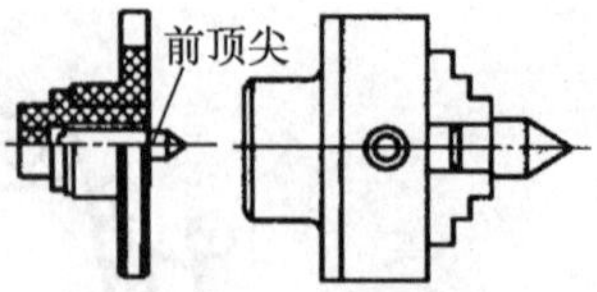

(a) 前顶尖

(b) 固定顶尖

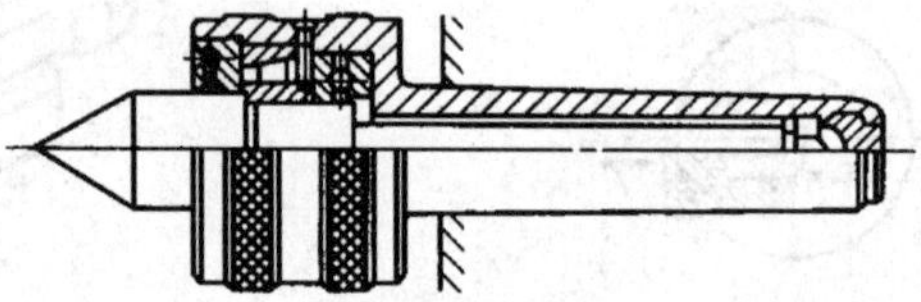

(c) 回转顶尖

图 6-86 顶尖

④安装前后顶尖前，必须把顶尖锥柄和锥孔擦拭干净。

⑤拆除后顶尖时，可摇动车床尾座手轮，使车床尾座套筒缩回，利用丝杠的前端将后顶尖顶出。对于重量较大、加工余量也较大的工件装夹，一般采取工件前端用三爪自定心卡盘夹紧，工件后端用后顶尖顶紧的装夹方法。对于加工精度要求较高的工件装夹，一般也采取一夹一顶的方式装夹工件。为了防止工件的轴向窜动，工件应该进行轴向定位。

⑥用限位支承进行轴向定位，如图 6-87(a)所示。

⑦用工件上台阶限位进行轴向定位，如图 6-87(b)所示。

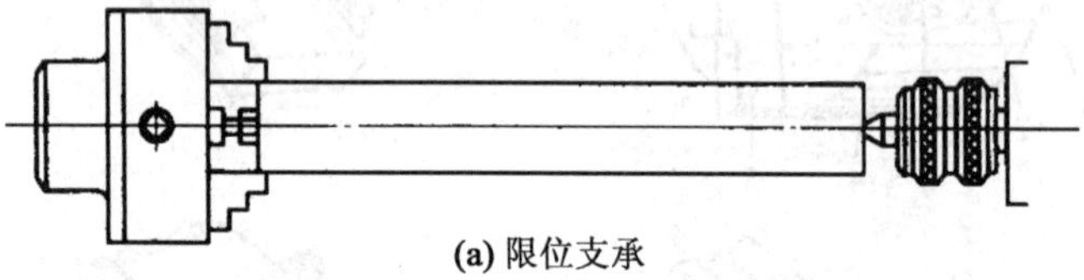

(a) 限位支承

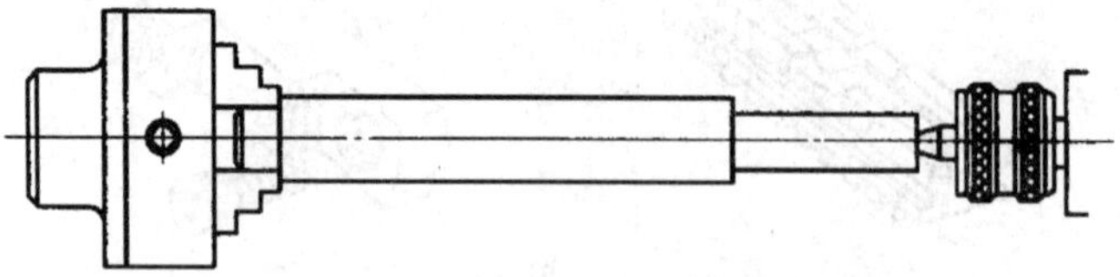

(b) 工件台阶限位

图 6-87 一夹一顶方式安装工件

(11)工件的校正。由于三爪自定心卡盘能够进行自动定心，所以当工件轴向长度不大并且加工精度要求不高时，可以不进行校正。但是，当装夹较长的工件或者加工精度要求较高的工件时，因为远离三爪自定心卡盘的工件一端有可能与车床的轴心不重合，所以仍需进行工件的校正。

①用划线盘校正工件外圆，如图 6-88(a)所示。

②用划线盘校正工件端面，如图 6-88(b)所示。

③用百分表校正工件，如图 6-89 所示。

(12)数控加工的对刀。

①在数控车床装夹零件，毛坯尺寸 $\phi 50$ mm×126 mm。

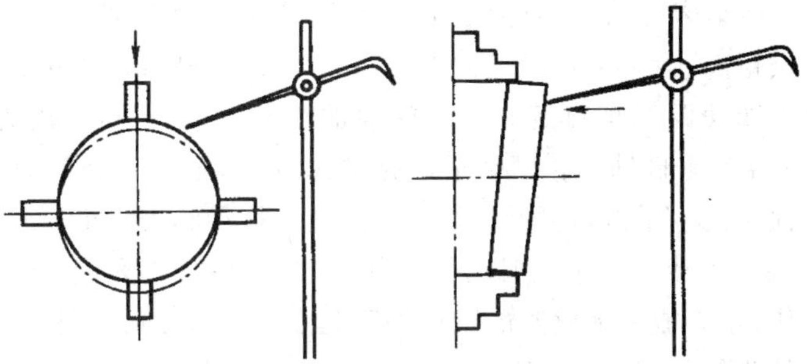

(a)　　(b)

图 6-88　用划线盘校正工件

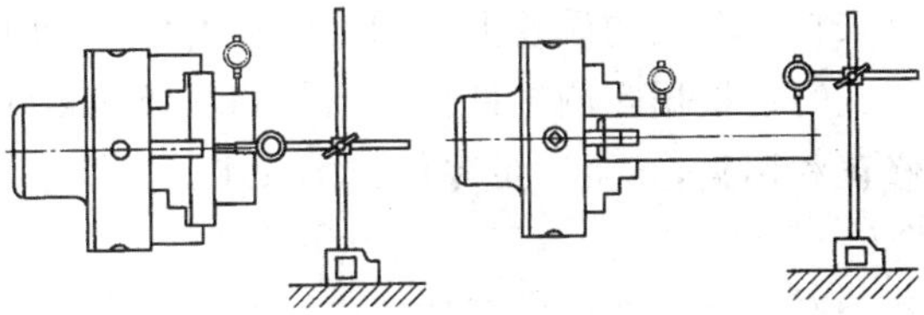

(a) 校正工件外圆　　(b) 校正工件端面

图 6-89　用百分表校正工件

②在数控车削加工中，是以车刀刀尖圆弧为中心进行加工的。因此在对刀时，对刀尺寸应该减去刀尖圆弧半径 $R2$ mm。

③X 向对刀。首先启动车床主轴，以刀尖上 A 点在 X 方向上接触工件毛坯，停机测量零件直径（设定测量零件直径为 50 mm），此时车刀刀尖 A 点在 X 轴方向上为零件直径之半（$D/2$：25 mm），再继续沿 X 轴正方向移动车刀 77 mm－25 mm－2 mm＝50 mm，即完成 X 方向的对刀。完成后记下此时的位置刻度，如图 6-90 所示。

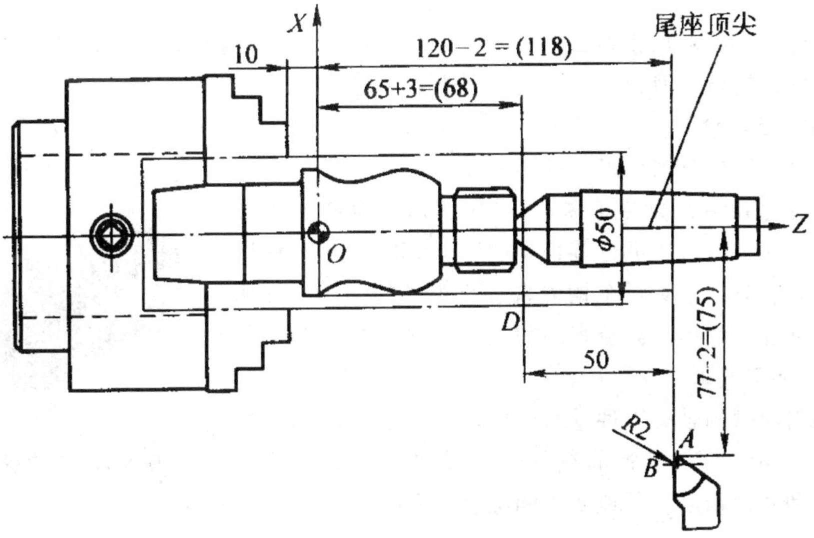

图 6-90　对刀示意图

④Z 向对刀。启动车床主轴，以刀尖上 B 点在 Z 方向上接触工件毛坯，停机测量零件加工端面距坐标系原点距离，设定测量距离为 65 mm＋3 mm＝68 mm(3 mm 为零件轴向长度余量)，或测量零件加工端面距三爪自定心卡盘端面的距离，设定测量距离为 65 mm＋3 mm＋10 mm＝78 mm(3 mm 为零件轴向长度余量)，此时先沿 X 轴正方向退出车刀，以防止在后续操作中车刀与尾座顶尖发生干涉，再继续沿 Z 轴正方向移动车刀 118 mm－68 mm＝50 mm，即完成 Z 方向的对刀。完成后记下此时的位置刻度，如图 6-90 所示。

⑤完成上述操作，还不能保证此时的工件加工起点就是最终的工件加工起点，必须经过首件试切或粗加工后的测量尺寸，经过 X 方向和 Z 方向尺寸的相应调整，才能最终确定工件加工起点。

(13)数控加工首件试切。制订完数控加工工艺并编制完程序和数控加工对刀后，要进行首件试加工。由于现场机床自身存在的误差大小和规律各不相同，使用同一程序，实际加工尺寸可能发生很大的偏差。此时可根据实测零件尺寸结果和现场问题处理方案对所制订的工艺以及所编制的程序进行修正和调整，直至满足零件技术要求。

【思考题与练习题】

1.总结出实际编制数控车削加工曲面轴工件的先后顺序过程。

2.写出调试曲面轴数控车削加工实际操作过程的步骤。如果你认为案例中描述的内容不尽合理或存在不符合实际操作过程的情况，请将你认为或理解的合理操作描述出来。

课题 2　零件综合加工训练二

知识点：

熟悉数控编程中坐标系与坐标原点、起始点的确定。

掌握程序编制的相关知识。

掌握华中世纪星 21T 的编程方法。

技能点：

掌握三爪自定心卡盘和鸡心夹头一夹一顶的方式进行零件粗、精车的装夹定位。

会使用外圆精车车刀、车槽刀、圆弧车槽刀来进行零件的加工。

【任务引入】

完成复合轴数控车削加工。见图 6-91。

本综合练习介绍在数控车床上，采用三爪自定心卡盘和鸡心夹头一夹一顶的方式进行零件粗、精车的装夹定位，使用外圆精车车刀、车槽刀、圆弧车槽刀来进行零件的加工。案例对复合轴零件加工编程和数控车削加工的全过程进行解析。

图 6-91　复合轴外形图

一、综合练习要求

复合轴为典型的轴类零件，生产规模为小批量加工，零件图如图 6-92 所示。零件轨迹曲线复杂，必须保证曲面轴零件的尺寸精度和几何精度。其他要求同综合练习一。

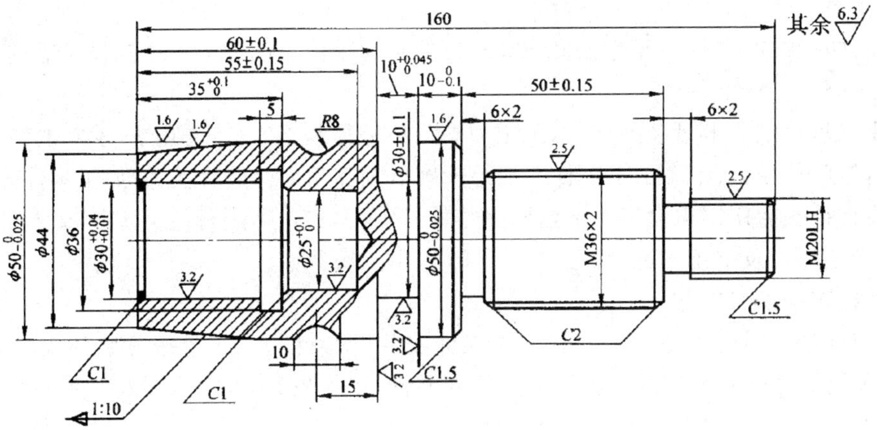

图 6-92　复合轴零件图

二、加工使用的设备、辅具与材料

(1)此综合练习在华中世纪星数控系统的数控车床上进行实际调试和加工。

(2)配备零件毛坯 1 件。毛坯材料为 45＃钢,毛坯尺寸为 ϕ55 mm×166 mm。

(3)配备三爪自定心卡盘等相关装夹辅具。

(4)配备:中心钻(B2.5)1 把;ϕ8、ϕ20 钻头各 1 支;外圆精车车刀(主偏角 $K_r=93°$,刀尖圆弧半径 R2 mm)1 把;内孔精车车刀(主偏角 $K_r=93°$、副偏角 $K_r'=3°$),刀尖圆弧半径 R0.2 mm,1 把;内孔车槽刀(刃宽 B＝5 mm)1 把;车槽刀(刃宽 B＝6 mm)1 把;螺纹车刀 1 把。

【任务实施】

一、零件加工工艺分析

(1)结构分析同综合练习一。

(2)精度分析。在数控车削加工中,零件重要的径向加工部位有:$\phi50^{0}_{-0.025}$圆柱段,$\phi30^{+0.04}_{+0.01}$圆柱孔,$\phi25_{0}^{+0.1}$ 圆柱孔,ϕ30±0.1 mm 圆柱沟槽。零件其他径向加工部位相对容易加工,见图 6-92。零件重要的轴向加工部位:零件左端 ϕ50 圆柱段的轴向长度为(60±0.1) mm,零件右端 ϕ30 圆柱孔的轴向长度为 $35_{0}^{+0.1}$ mm,零件 ϕ30 与 ϕ25 圆柱孔的轴向长度全长为 55±0.15 mm,零件 ϕ30 圆柱沟槽的轴向长度为 $10_{0}^{+0.045}$ mm,零件右端 ϕ50 圆柱段的轴向长度为 $10^{0}_{-0.1}$ mm。由上述尺寸可以确定零件的轴向尺寸应该以零件左端面为准。零件其他轴向加工部位要求较低,见图 6-92。

(3)零件装夹与定位基准分析(同综合练习一)。零件粗加工、精加工的轴向定位基准均选择在 ϕ50 外圆柱段的左端面。

(4)加工刀具分析。由图 6-92 可知,在该零件的数控车削加工中,零件外圆加工应该使用主偏角 $K_r=93°$、刀尖圆弧半径 R 2 mm 外圆精车车刀,零件加工应该使用内孔精车车刀,零件内、外圆空刀槽加工使用内孔、外圆车槽刀,螺纹加工使用螺纹车刀,就可以满足加工要求。

二、工艺处理

在生产实际中,大部分零件的数控加工,往往仍然需要以混合工艺的形式来进行工艺编制。具体工艺内容如下：

（1）零件左端、右端打B型中心孔B2.5，目的是为数控车削加工工序提供可靠的装夹工艺基准。

（2）用三爪自定心卡盘装夹零件，采用一夹一顶进行装夹定位，先用ϕ8、ϕ20的钻头手动加工ϕ20孔，然后数控粗、精车加工零件左端外轮廓以及倒角$C1$，最后粗、精加工零件内轮廓。

（3）零件掉头后用三爪自定心卡盘装夹零件，采用一夹一顶进行装夹定位，数控粗、精车加工零件右端外形以及倒角$C1$。

三、数控车削加工工艺

数控车削加工时的零件装夹安装方式工件安装（示意图）和工件坐标系原点设定卡见表6-21。精车加工时也采用三爪自定心卡盘装夹零件，工件安装（示意图）和工件坐标系原点设定卡见表6-21。

表6-21 数控工件安装和工件坐标系原点设定卡

零件图号	****	数控加工工件安装和零点设定卡工序号	工序号	****
零件名称	复合轴		装夹次数	4次

示意图

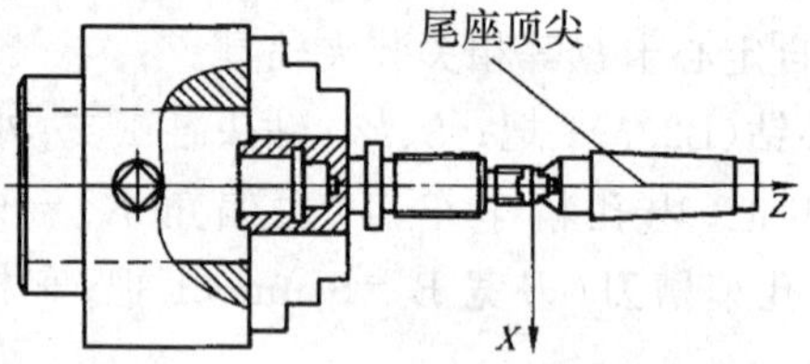

粗、精车右端外形

编制日期		批准(日期)	第 页	序号	夹具名称	夹具图号
			共 页		鸡心夹头、双顶尖	*****

1.数控车削加工工序

（1）粗、精加工左端外轮廓：使用主偏角$K_r=93°$、副偏角$K_r'=3°$、刀尖圆弧半径R 0.2 mm外圆精车车刀，车削加工零件左端各部外圆与所在端面。数控加工工序卡及切削用量选择见表6-22。

（2）粗、精加工左端内轮廓：先用ϕ8、ϕ20的钻头手动加工ϕ20孔，再使用主偏角$K_r=93°$、刀尖圆弧半径R 0.2 mm内孔精车车刀、内车槽刀，车削加工零件左端各部内轮廓面与所在端面，数控加工工序卡及切削用量选择见表6-22。

（3）粗、精加工右端轮廓：零件掉头重新安装装夹定位后，使用主偏角$K_r=93°$、刀尖圆弧半径R 0.2 mm外圆精车车刀、车槽刀、螺纹车刀，车削加工零件右端各部外圆形面与所在端面达到要求。数控加工工序卡及切削用量选择见表6-22。

表6-22 数控加工工序卡

工序号	工序内容	加工面	刀具号	刀具规格	主轴转速(r/min)	进给速度/(mm/r)	背吃刀量/mm	备注
1	零件两端打B型中心孔			中心钻B2.5	1 000			手动

续表 6-22

工序号	工序内容	加工面	刀具号	刀具规格	主轴转速(r/min)	进给速度/(mm/r)	背吃刀量/mm	备注
2	粗车加工零件右端外形轨迹		T	$K_r=90°$	600	0.3	1.5	粗车
	手动钻孔		T0	钻头 $\phi8$、$\phi20$	1 000			手动
3	精车、研磨 B 型中心孔		T0	中心钻 B2.5	1 000			手动
4	粗车加工零件左端内、外形轨迹		T1、T2、T3	R1	600	0.3	1.5	粗车
5	精车加工零件左端内形轨迹		T1、T2、T3	$K_r=93°$	1 200	0.1	0.25	精车
6	精车加工零件左端外形轨迹		T1	$K_r=93°$	1 200	0.1	0.25	精车
7	精车加工零件右端外形轨迹、车槽		T3	$K_r=93°$	1 200	0.1	0.25	精车

2.数控车削加工刀具

T0:中心钻 B2.5,钻头 $\phi8$、$\phi20$。

T1:主偏角 $K_r=90°$、刀尖圆弧半径 R 0.2 mm 外圆精车车刀(可转位车刀)。

T2:主偏角 $K_r=$P3 、$K'_r=3°$ 、刀尖圆弧半径 R 0.2 mm 内孔精车车刀(可转位车刀)。

T3:$B=5$ mm 内孔车槽刀(可转位车刀)。

T4:刃宽 $B=6$ mm 车槽刀(可转位车刀)。

T5:螺纹车刀(可转位车刀)。

数控刀具结构与数控刀具明细表参见表 6-23。

表 6-23　数控刀具结构与数控刀具明细表

刀具号	刀位号	刀具名称	刀具图号	刀具			刀补地址		换刀方式	加工部位
				规格		长度/mm	直径	长度	自动/手动	
				设定	补偿	设定				
T0		中心钻		B2.5					手动	零件两端
T0		钻头		$\phi8$ mm					手动	零件左端
T1	1	外圆车刀		$K_r=90°$					自动	零件外形
T2	2	内孔车刀		$K_r=93°$					自动	零件左端
T3	3	内孔切刀		$B=5$ mm					自动	零件左端
T4	4	车槽刀		$B=6$ mm					自动	零件左端
T5	5	螺纹车刀							自动	零件右端

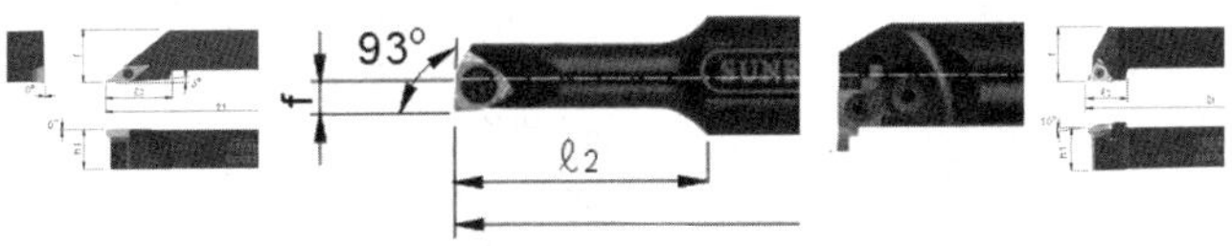

3.加工用量的选择与确定

在数控精车车削加工中，零件轮廓轨迹的精车余量为1/2=0.5（mm）主轴转速、进给速度具体参见数控加工工序卡。

4.编程参数的计算

该零件车削加工的形状比较简单，因此由图6-92就可直接得到数控精车加工编程所需尺寸。

5.程序编制

零件左端外、内形华中世纪星加工程序清单见表6-24、表6-25，零件右端粗、精车加工程序清单见表6-26。

表6-24 数控加工程序单（华中世纪星）零件名称 复合轴（零件左端外轮廓粗、精加工）

程序	说明
%1235	程序名称
N010 M03S600	主轴正转转速600 r/min
N020 G95 G97 G40	修正机床状态
N030 T0101	调T1外圆车刀
N040 G00 X100 Z100	运行到换刀点
N050 X57 Z2	运行到循环起点
N060 G71U1.5R0.3 P130 Q180 X1 Z0 F0.3	采用G71外圆粗加工循环加工左端轮廓
N070 G00 X100 Z100	运行到换刀点
N080 M05	主轴停止
N090 M00	程序暂停(检验工件尺寸)
N100 M03 S1200	启动主轴
N110 G95 T0101	调T1外圆车刀
N120 G00 G42 X57 Z2	运行到循环起点
N130 G00 X44	精加工首段
N140 G01 Z0 F0.1	
N150 X50 Z-30	
N160 G2 W-10 R8	
N170 G01 Z-81	
N180 X57	精加工尾句
N190 G40 G00 X100 Z100	运行到换刀点
N200 M05	主轴停止
N210 M00	程序暂停
N220 M03 S400	主轴正转转速400 r/min
N230 G95T0404	调T4车槽刀
N240 G00 X52 Z-66	运行到车槽循环起点
N250 G01 X30 F0.05	
N260 X52 F0.3	
N270 Z-70	
N280 X30 F0.05	
N290 W6	
N300 X52 F0.3	
N310 G00 X100 Z100	运行到换刀点
N320 M05	主轴停止
N330 M30	程序结束

表 6-25　数控加工程序单(华中世纪星)零件名称 复合轴(零件左端内轮廓、精加工)

程序	说明
%1236	程序名称
N010 M03S600	主轴正转转速 600 r/min
N020 G95 G97 G40	修正机床状态
N030 T0202	调 T2 内孔车刀
N040 G00 X100 Z100	运行到换刀点
N050 X18 Z2	运行到循环起点
N060 G71 U1.5 R0.3 P130 Q200 X-1 Z0 F0.3	采用 G71 外圆粗加工循环加工左端内轮廓
N070 G00 Z100	运行到换刀点
N080 M05	主轴停止
N090 M00	程序暂停(检验工件尺寸)
N100 M03 S1200	启动主轴
N110 G95 T0202	调 T2 内孔车刀
N120 G41 G00 X18 Z2	运行到循环起点
N130 G00 X32	精加工首段
N140 G01 Z0 F0.1	
N150 X30Z-1	
N160 Z-35	
N170 X27	
N180 X25 W-1	
N190 Z-55	
N200 X18	精加工尾段
N210 G40 G00 Z100	运行到换刀点
N220 M05	主轴停止
N230 M00	程序暂停
N240 M03 S400	主轴正转转速 400 r/min
N250 G95 T0303	调 T3 内孔车槽刀
N260 G00 X18 Z2	运行到车槽循环起点
N270 G01 Z-35 F0.3	
N280 G01 X36 F0.05	
N290 X18 F0.3	
N300 Z2	
N310 G00 X100 Z100	运行到换刀点
N320 M05	主轴停止
N330 M30	程序结束

表 6-26　数控加工程序单(华中世纪星)零件名称 复合轴(零件右端粗、精加工)

程序	说明
%1237	程序名称
N010 M03 S600	主轴正转转速 600 r/min
N020 G95 G97 G40	修正机床状态
N030 T0101	调 T1 外圆车刀

续表 6-26

程序	说明
N040 G00 X100 Z100	运行到换刀点
N050 X57 Z2	运行到循环起点
N060 G71 U1.5 R0.3 P130 Q220 X1 Z0 F0.3	采用 G71 外圆粗加工循环加工右端轮廓
N070 G00 X100 Z100	运行到换刀点
N080 M05	主轴停止
N090 M00	程序暂停(检验工件尺寸)
N100 M03 S1200	启动主轴
N110 G95 T0101	调 T1 外圆车刀
N120 G42 G00 X57 Z2	运行到循环起点
N130 G00 X16.85	精加工首段
N140 G01 Z0 F0.1	
N150 X19.85 Z-1.5	
N160 Z-30	
N170 X31.85	
N180 X35.85 W-2	
N190 W-48	
N200 X47	
N210 X51 W-2	
N220 X57	精加工尾段
N230 G40 G00 X100 Z100	运行到换刀点
N240 M05	主轴停止
N250 M00	程序暂停
N260 M03 S400	主轴正转转速 400 r/min
N270 G95 T0404	调 T4 车槽刀
N280 G.00 X38 Z-30	运行到车槽循环起点
N290 G01 X16 F0.05	
N300 X38 F0.3	
N310 G00 Z-80	
N320 G01 X32 F0.05	
N330 X38 F0.3	
N340 W2	
N350 X36	
N360 X32 W-2	
N370 X38 F0.3	
N380 G00 X100 Z100	运行到换刀点
N390 M05	主轴停止
N400 M00	程序暂停
N410 M03 S600	主轴正转转速 600 r/min

续表 6-26

程序	说明
N420 G95 T0505	调 T1 螺纹刀
N430 G00 X22 Z3	运行到循环起点
N440 G82 X18.85 Z-27 F2.5	第一次循环切螺纹，背吃刀量 1 mm
N450 X18.15 Z-27	第二次循环切螺纹，背吃刀量 0.7 mm
N460 X17.55 Z-27	第三次循环切螺纹，背吃刀量 0.4 mm
N470 X17.15 Z-27	第四次循环切螺纹，背吃刀量 0.4 mm
N480 X16.85 Z-27	第五次循环切螺纹，背吃刀量 0.3 mm
N490 X16.75 Z-27	第六次循环切螺纹，背吃刀量 0.1 mm
N500 G00 X38Z-27	运行到循环起点
N5l0 G82 X34.95 Z-76 F2	第一次循环切螺纹，背吃刀量 0.9 mm
N520 X34.35 Z-76	第二次循环切螺纹，背吃刀量 0.6 mm
N530 X33.75 Z-76	第三次循环切螺纹，背吃刀量 0.6 mm
N540 X33.5 Z-76	第四次循环切螺纹，背吃刀量 0.15 mm
N550 X33.4 Z-76	第五次循环切螺纹，背吃刀量 0.1 mm
N560 G00 X100 Z100	运行到换刀点
N570 M05	主轴停止
N580 M30	程序结束

6. 数控编程辅助参数的确定(刀号、刀补、间隙补偿等)

(1)刀具。T0：中心钻 B2.5。

T0：钻头 ϕ8、ϕ20

1 号刀位-T1：外圆精车车刀(可转位车刀)。

2 号刀位-T2：内孔精车车刀(可转位车刀)。

3 号刀位-T3：刃宽 $B=5$ mm 内孔切槽车刀(可转位车刀)。

4 号刀位-T4：刃宽 $B=6$ mm 车槽刀(可转位车刀)。

5 号刀位-T5：螺纹车刀(可转位车刀)。

(2)刀补值未设置(加工中未使用刀具补偿)。

(3)刀偏值未设置(加工中运用程序在起始点处换刀)。

(4)间隙补偿值设置为使用机床的间隙测量值。

(5)快速运行值采用数控系统默认值。

7. 数控加工的刀具安装

外圆精车车刀、车槽刀、螺纹车刀的装刀及要求同于综合练习一。

8. 工件装夹

工件装夹三爪自定心卡盘一顶尖方式装夹工件同于综合练习一。两顶尖一鸡心夹头方式装夹工件同于综合练习一。

9. 工件校正

三爪自定心卡盘一顶尖方式装夹后的工件校正同于综合练习一。两顶尖一鸡心夹头方式装夹后的工件校正同于综合练习一。

10.数控加工的对刀

(1)在数控车床上装夹零件,毛坯尺寸 ϕ55 mm×166 mm。

(2)在数控车削加工中,是以车刀刀尖圆弧中心进行加工的。因此在对刀时,对刀尺寸应该减去刀尖圆弧半径。

(3)内孔车刀 X 向对刀,同综合练习一。不同之处在于:设定测量零件直径为 ϕ20 mm,沿 X 轴正方向移动车刀 100 mm－10 mm＋2 mm＝92 mm,见图 6-93。

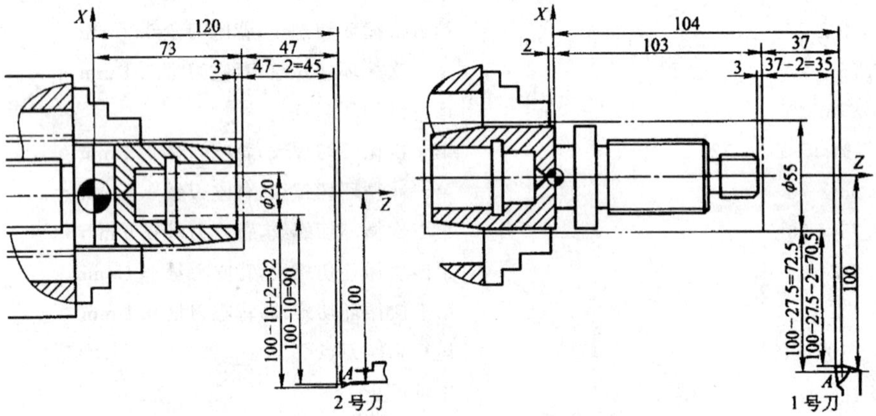

图 6-93 对刀示意图 1

(4)内孔车刀 Z 向对刀,同综合练习一。不同之处在于:设定测量距离为 70 mm＋3 mm＝73 mm(3 mm 为零件轴向长度余量),沿 Z 轴正方向移动车刀 120 mm－73 mm－2 mm＝45 mm,见图 6-93。

(5)外圆车刀 X 向对刀,同综合练习一。不同之处在于:设定测量零件直径为 55 mm,沿 X 轴正方向移动车刀 110 mm－27.5 mm－2 mm＝70.5 mm,见图 6-93。

(6)外圆车刀 Z 向对刀,同综合练习一。不同之处在于:设定测量距离为 70 mm＋3 mm＝73 mm(3 mm 为零件轴向长度余量),沿 Z 轴正方向移动车刀 140 mm－103 mm－2 mm＝35 mm,见图 6-93。

(7)精车零件左端时外圆车刀的 X 向对刀与上述相同。具体见图 6-94。

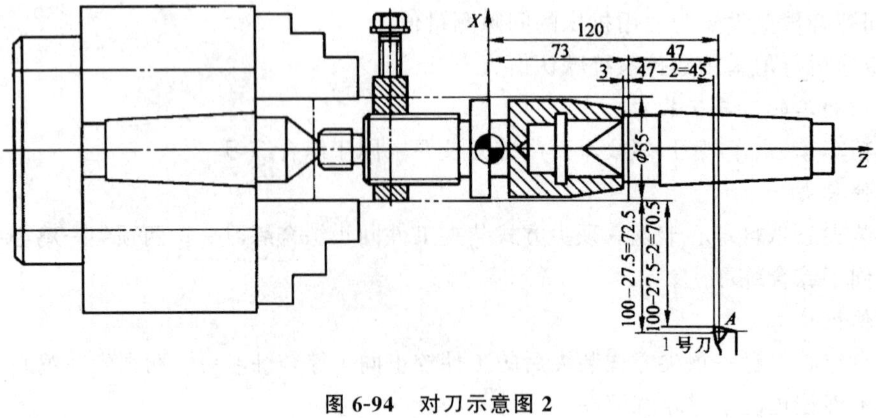

图 6-94 对刀示意图 2

(8)精车零件左端时外圆车刀的 Z 向对刀与上述相同。仅与坐标尺寸相差 140 mm－120 mm＝20 mm，对刀尺寸相差 45 mm－45 mm＝0。具体见图 6-94。

(9)完成上述操作，还必须经过首件试切或粗加工后的测量尺寸，经过 X 方向和 Z 方向尺寸的相应调整，才能最终确定工件加工起点。

11. 数控加工首件试切

同综合练习一。

【思考题与练习题】

写出调试复合轴数控车削加工实际操作过程的步骤。如果你认为案例中描述的内容不合理或存在不符合实际操作过程的情况，请将你认为或理解的合理操作描述出来。

数控车工国家职业技能鉴定标准

二维码 7　数控车工国家职业技能鉴定标准

职业技能鉴定模拟试题

二维码 8　职业技能鉴定模拟试题

全国各省数控技能大赛试题精选

二维码 9　全国各省数控技能大赛试题精选

参考文献

1. 沈建锋，虞俊. 数控车工(高级). 北京：机械工业出版社，2006.

2. 崔兆华. 数控车工(中级). 北京：机械工业出版社，2006.

3. 袁锋. 数控车床培训教程. 北京：机械工业出版社，2004.

4. 朱明松. 数控车床编程与操作项目教程. 北京：机械工业出版社，2008.

5. 姚小强. 数控加工工艺编程与操作 SIEMENS 系统车床分册. 北京：中国劳动社会保障出版社，2008.

6. 肖珑，赵军华. 数控车削加工操作实训. 北京：机械工业出版社，2008.

7. 顾力平. 数控机床编程与操作(数控车分册). 2 版. 北京：中国劳动社会保障出版社，2005.

8. 陈建军. 数控车编程与操作. 北京：北京理工大学出版社，2007.

9. 徐国权. 数控加工技术. 北京：中国劳动社会保障出版社，2005.

10. 韩鸿鸾. 数控加工工艺学. 2 版. 北京：中国劳动社会保障出版社，2005.

11. 武汉华中数控股份有限公司. 世纪星车削数控装置操作说明书 V3.1，2008.

12. 武汉华中数控股份有限公司. 世纪星车削数控系统编程说明书，2007.

13. 北京斐克科技有限责任公司. FANUC 系统操作手册.

14. 北京斐克科技有限责任公司. SIEMENS 系统操作手册.